Ernst Engelberg
Wie bewegt sich, was uns bewegt?

Ernst Engelberg

Wie bewegt sich, was uns bewegt?

Evolution und Revolution in der Weltgeschichte

Herausgegeben, bearbeitet und ergänzt von Achim Engelberg

Mit einer Einführung von Peter Brandt

Franz Steiner Verlag

Die Rosa-Luxemburg-Stiftung förderte die Arbeit am Manuskript.

Bibliografische Information der Deutschen Nationalbibliothek:
Die Deutsche Nationalbibliothek verzeichnet diese Publikation in der Deutschen Nationalbibliografie; detaillierte bibliografische Daten sind im Internet über <http://dnb.d-nb.de> abrufbar.

Druck: AZ Druck und Datentechnik, Kempten
Gedruckt auf säurefreiem, alterungsbeständigem Papier.
Printed in Germany.
ISBN 978-3-515-10270-4

Inhalt

Achim Engelberg

Vorwort

Die Geschichte ist nun einmal die grausamste aller Göttinnen, und sie führt ihren Triumphwagen über Haufen von Leichen, nicht nur im Krieg, sondern auch in Zeiten »friedlicher« ökonomischer Entwicklung. Und wir Männer und Frauen sind unglücklicherweise so stupide, dass wir nie den Mut zum wirklichen Fortschritt aufbringen können, es sei denn, wir werden dazu durch Leiden angetrieben, die beinahe jedes Maß übersteigen.

Friedrich Engels[1]

I.

Ein Jahr nach der Reaktorkatastrophe von Fukushima ist dieses Buch beendet worden. Unglaubliche 24 110 Jahre dauert die Halbwertzeit des freigesetztem Plutoniums 239 – also mehr als doppelt so lang wie die Geschichte der menschlichen Zivilisation von den allerersten Anfängen im Zweistromland zwischen Euphrat und Tigris vor ca. 11 000 Jahren bis in die vernetzte Welt der Gegenwart.[2] Zwei vollständige Geschichten der

1 Marx-Engels-Werke (MEW), Bd. 39, S. 38

2 Der älteste bislang entdeckte Monumentalbau, Göbekli Tepe in Südostanatolien,

menschlichen Kultur von der allmählichen Sesshaftigkeit bis heute passen in eine atomare Halbwertzeit.[3]

In einer Zeit, in der Entscheidungen fallen und sich Katastrophen ereignen, die über das Doppelte so lang wirken können wie die Geschichte der menschlichen Zivilisationen, gilt umso mehr, was stets gegolten hat: Bevor man stirbt, sollte man wenigstens einmal über die Weltgeschichte nachgedacht haben, zu der man durch sein eigenes Leben schließlich auch gehört.

II.

Kein Historiker kann die gewaltige Geschichte der Menschen, selbst den verhältnismäßig geringen Teil der überlieferten, voll überblicken. Sie ähnelt einem Eisberg. Nur ein kleiner Teil ist sichtbar, der weitaus größere bleibt verborgen.

Zeit seines Lebens schrieb Ernst Engelberg (1909–2010) neben historischen Erzählwerken wie seiner zweibändigen Bismarckbiographie Aufsätze über Sinn und Bewegung der Geschichte. Er wollte die Unendlichkeit der Fakten und Ereignisse in einer durchdachten Ordnung soweit bändigen, dass sie begreifbar werde. Ein Resultat in Form eines Buches zu geben, war sein Wunsch. Aus seinen publizierten Aufsätzen und unveröffentlichten Fragmenten beendete ich dieses Vorhaben.

---

entstand vor fast 12 000 Jahren. Erstaunlicherweise errichteten Nomaden ihn. Vgl. dazu: Klaus Schmidt, Sie bauten die ersten Tempel. Das rätselhafte Heiligtum der Steinzeitjäger, München 2008

3 Siehe hierzu: E. Altvater, Fukushima, mon horreur. Mit ökonomischer Rationalität in die Katastrophe, in: Blätter für deutsche und internationale Politik, 56. Jahrgang, 5/2011, S. 71.
Wichtig in diesem Zusammenhang sind die Arbeiten von Wolfgang Fritz Haug zum High-Tech-Kapitalismus. So heißt es bei ihm z. B.: »Je mächtiger die Produktivkräfte sind, desto gefährlicher und unverantwortbarer werden Politiken der Privatisierung und Deregulierung.« Der Kampf darum, dass die Folgen nicht unkalkulierbar werden, ist verloren, »bettet er sich nicht ein in den Kampf um Sozialisierung (nicht Verstaatlichung) der Technikkontrolle. … Verbietet sich eine kapitalistische Gesellschaft ihre soziale Umgestaltung, tabuisiert sie Kapitalismuskritik und konkrete Utopie, wird irrationale Technikfeindlichkeit an deren Stelle treten.« Wolfgang Fritz Haug, High-Tech-Kapitalismus. Analysen zu Produktionsweise, Arbeit, Sexualität, Krieg und Hegemonie, Hamburg 2003, S. 177

Neben diesem persönlichen Motiv gibt es ein wichtigeres: Ein plurales, auf Marx und Engels fußendes Geschichtsdenken, wie es Ernst Engelberg vor allem in seinem Spätwerk praktizierte, könnte für globalhistorische Studien belangvoll werden. Die Geschichte national wie weltweit als Ablauf von Gesellschaftsformationen zu sehen und zu erzählen, scheint spätestens nach der Neuausbreitung des Marxismus im Zuge der 2008 einsetzenden Krise des finanzmarktgeleiteten, digitalen Kapitalismus[4] *nicht nur möglich, sondern auch sinnvoll, selbst wenn es im Hauptstrom der Geschichtswissenschaft noch wenig diskutiert wird.*[5]

---

4 Oder wie es im ersten Satz des »Kapitals« von Karl Marx heißt: »Gesellschaften, in welchen kapitalistische Produktionsweise herrscht«. Man könnte auch von Kapitalismen sprechen. Da das sprachlich unschön ist, nur der Hinweis, es gibt nicht den Kapitalismus, sondern mehrere zeitlich wie räumlich verschiedene Formen.

5 Jürgen Osterhammel, Autor der in jeder Hinsicht gewichtigen Globalgeschichte »Die Verwandlung der Welt – Eine Geschichte des 19. Jahrhunderts«, schreibt: »Da kein allgemeiner ideologischer Rahmen von der Reichweite des Marxismus mehr bereitsteht, kann man sogar von einer gewissen De-Globalisierung sprechen.« So in seinem Vorwort zu »Moderne Historiker – Klassische Texte von Voltaire bis zur Gegenwart«, hrsg. von F. Stern und J. Osterhammel, München 2011, S. 55. Allerdings: Wenn man nichts anderes hat, warum erneuert man nicht das Alte?

Eine Ausnahme bildet Eric Hobsbawm, der den Ansatz und die Betrachtung der Geschichte als Abfolge von Gesellschaftsformationen nicht nur immer noch für produktiv hält, sondern der bekennt, »dass der Ansatz von Marx noch immer der einzige ist, mit dem sich die ganze Spanne der menschlichen Geschichte erklären lässt und der auch für die gegenwärtige Diskussion der fruchtbarste Ausgangspunkt ist.« in: Eric Hobsbawm, Wieviel Geschichte braucht die Zukunft, Aus dem Englischen von Udo Rennert, München, Wien 1998, S. 202

Vgl. hierzu auch Eric Hobsbawm, Wie man die Welt verändert. Über Marx und den Marxismus, Aus dem Englischen von Thomas Atzert und Andreas Wirthensohn, München 2012

Das Buch endet mit den Worten: »Wieder einmal ist offenkundig, dass die Funktionsweisen eines Wirtschaftssystems sowohl historisch, als bestimmte Phase und nicht als Ende der Geschichte, als auch realistisch zu analysieren sind, das heißt nicht im Hinblick auf ein ideales Marktgleichgewicht, sondern auf einen eingebauten Mechanismus, der immer wieder potentiell systemverändernde Krisen erzeugt. Die gegenwärtige mag eine dieser Krisen sein. Erneut zeigt sich, dass der ›Markt‹ selbst zwischen den größeren Krisen keine Antwort auf das zentrale Problem liefert, vor dem das 21. Jahrhundert steht: dass unbegrenztes und zunehmend durch Hochtechnologie generiertes Wirtschaftswachstum im Streben nach nicht nachhaltigem Profit zwar globalen Reichtum schafft, allerdings auf Kosten eines immer entbehrlicher werdenden Produktionsfaktors, nämlich der menschlichen Arbeitskraft, und, so könnte man hinzufügen, der natürlichen Ressourcen unseres Planeten. Wirtschaftlicher und politischer Liberalismus, jeder für sich

Und heute gilt noch mehr, was Edward Hallett Carr im Jahre 1961 über die Geschichtsphilosophie – der Ausdruck stammt vom Aufklärer Voltaire – schrieb: »Im Angesicht des Gottes der Geschichte ergingen sich die Historiker im Garten Eden ohne jeden Fetzen Philosophie zu ihrer Bedeckung und schämten sich ihrer Blöße nicht. Inzwischen sind wir gefallen, wir haben die Sünde kennengelernt; und jene Historiker, die heutzutage vorgeben, ohne Geschichtsphilosophie auszukommen, versuchen nur, eitel und selbstbewusst wie die Anhänger der Nacktkultur, den Garten Eden in ihren Schrebergärten wieder erstehen zu lassen.«[6]

III.

Über den intellektuellen Werdegang Ernst Engelbergs brauche ich nicht zu schreiben, da es dazu einen unveröffentlichten Text von ihm gibt. Ausgehend von einem Referat über »Die Dialektik bei Marx und Engels«, das er als Student 1931 im Seminar des Friedrich-Engels-Biographen Gustav Mayer hielt und das all die Wirren der Zeit überstanden hat, erläuterte er im Jahre 1996 rückblickend seine geistige Biographie:

Es war das Säkularjahr des Todes von G.W. Friedrich Hegel. Zur gleichen Zeit etwa kamen die MEGA-Bände mit den Frühschriften von Marx und Engels heraus wie auch Lenins Hegelkommentare. Die Aufsätze des sowjetischen Philosophen Deborin über die Dialektik bei Kant und Fichte wurden ins Deutsche übersetzt und sehr wohl beachtet. Vor allem beschäftigten sich damals Hermann Duncker und der 1943 in Plötzensee hingerichtete Wilhelm Guddorf intensiv mit dem Höhepunkt und der Auswirkung der klassischen deutschen Philoso-

---

oder im Zusammenspiel, können die Probleme des 21. Jahrhunderts nicht lösen. Es ist wieder einmal an der Zeit, Marx ernst zu nehmen.« Ebenso zur Problematik: A. Engelberg, Interpretieren, um zu verändern, in: Blätter für deutsche und internationale Politik, 57. Jahrgang, Heft 9/2012, S. 119–122. Entscheidend darin für die Themen des Buches: »Eric Hobsbawm erzählt nicht, wie der Marxismus wiederentdeckt und -belebt wird, sondern wie sich seine Interpretationen und Ideen allmählich – mit Rückschlägen und Niederlagen – ausbreiten und dabei sich und andere verändern.«

6 E.H. Carr, Was ist Geschichte?, Aus dem Englischen von Siglinde Summerer und Gerda Kurz, Stuttgart 1963, S. 20. Carr war wie Engelberg ein sowohl theoretisch wie auch erzählerisch versierter Historiker.

phie. Im Jahre 1932 verfasste Bertolt Brecht bezeichnenderweise sein »Lob der Dialektik«, das er später auch in seine Ausgabe der »Hundert Gedichte« übernahm. Mein Seminarreferat war also ein schülerhafter Reflex auf eine bestimmte geistige Atmosphäre.

Nach dem Faschismus war in der DDR zunächst die Tendenz vorherrschend, dialektische Grundsätze in Katechismusform zu bringen. Da hatten wir alle dem alten Hermann Duncker viel zu verdanken, der jene Altersbriefe von Friedrich Engels wieder herausbrachte, die wahre Lehrstücke dialektischen Denkens waren und es bis zum heutigen Tage geblieben sind.

Die Neuauflage des Hauptwerkes von Clausewitz »Vom Kriege« in den fünfziger Jahren gab mir Gelegenheit, in der Einleitung[7] auch auf Fragen der Dialektik einzugehen, jetzt bereits im Hinblick auf ihre methodische Anwendung in der Geschichtswissenschaft. Es war erstaunlich, wie Carl von Clausewitz immer wieder den Kern der Dialektik traf, die Einheit der Gegensätze in ihrer Wechselwirkung und Bewegung.

Am interessantesten ist bei ihm die Untersuchung des Verhältnisses von Krieg und Politik; bei ihm steht der Krieg der Politik gegenüber wie das Teil dem Ganzen, dem letztlich Bestimmenden, wobei das Teil auch wieder auf das Ganze zurückwirken kann.

Weitere Leitmotive des Werkes sind das dialektische Verhältnis von Angriff und Verteidigung, von materiellen und moralischen Faktoren, von festen und veränderlichen Größen, von Zufälligem und Wesentlichem. Sicherlich stand Clausewitz unter dem Einfluss der klassischen deutschen Philosophie, wenn er die Bedingungen und Formen aufdeckte, unter denen sich die verschiedenen Erscheinungen, Faktoren und Momente zueinander in Beziehung setzen und vor allem entwickeln. Aber er kann weder als Kantianer, Fichtianer oder Hegelianer bezeichnet werden. Seine Denkweise lag sozusagen im geistigen Klima seiner Zeit. Darum sprach Friedrich Engels nicht allein auf Hegel bezogen von der »deutschen Dialektik«.

Als ich an den Hochschullehrbüchern über deutsche Geschichte von 1849 bis 1871 und von 1871 bis 1898 arbeitete, war ich gezwun-

---

7 Carl von Clausewitz, Vom Kriege, Berlin 1957. Einen Nachdruck von der Einleitung »Carl von Clausewitz in seiner Zeit« findet man in: Ernst Engelberg, Die Deutschen. Woher wir kommen, hrsg. von A. Engelberg, Berlin 2009, S.123–167

gen, mich mit der Dialektik von Wesen und Erscheinung, von Struktur und Ereignis zu beschäftigten, insbesondere zu untersuchen, wie das vielfältige Erscheinungsbild des Militarismus oder das des Cäsarismus (Bonapartismus) begrifflich erfasst, anders ausgedrückt, wie es zu wissenschaftlichen Begriffen verdichtet werden kann.

Doch diese begrifflichen Bemühungen im Einzelnen genügten nicht mehr; es ging darüber hinaus darum, die Umsetzung der Theorie der Dialektik in Methode der geschichtswissenschaftlichen Erkenntnis – im Ganzen – ins Auge zu fassen. Nachdem Ende der sechziger Jahre die »Forschungsstelle für Methodologie und Geschichte der Geschichtswissenschaft« zu arbeiten begonnen hatte, standen wir vor der Frage, wie die im Geiste des Positivismus und Historismus entstandene Methodik im Geiste der materialistischen Dialektik aufgenommen und angewendet werden kann.

Auch auf internationalen Kongressen drängte sich eine Thematik auf, die das Verhältnis von Ereignis, Struktur und Entwicklung untersuchte. Dabei war der Doppelaspekt im Ereignis und in der historischen Persönlichkeit herauszuarbeiten, es ging um den dialektischen Zusammenhang zwischen singulärem Geschehen, persönlichem Handeln und länger währenden, wenn auch dynamisch bewegten Strukturen.

Auch das Problem des Narrativen in der Geschichtsschreibung war zu beantworten, wobei die Anschaulichkeit in der historischen Darstellung nicht der theoretischen Begrifflichkeit geopfert werden darf. In diesem Sinne halte ich es, salopp gesprochen, damit, dass die beste Theorie diejenige ist, die man in der Geschichtsdarstellung kaum merkt.

Peter Brandt

Einführung

Die Geschichtswissenschaft der DDR gehört – eigentlich selbstverständlich – zur Gesamtgeschichte des Fachs in Deutschland. Die für das Verhältnis der beiden deutschen Staaten bis 1989 charakteristische Beziehung wechselseitiger, wenn auch asymmetrischer Ausrichtung – ob konfrontativ oder kooperativ oder sei es in der für die 1970er und 80er Jahre vorherrschenden Kombination beider Aspekte – galt auch für die Historikergemeinden, ihre Organisations- und Äußerungsformen beiderseits der innerdeutschen Grenze.

Der Abgrenzungszwang gegenüber der bundesdeutschen Historiographie begünstigte seitens der DDR-Geschichtswissenschaft zwar einerseits eine ausgeprägte, politisch induzierte Dogmatisierung, wie sie für die 1950er und 60er Jahre zu konstatieren ist, auch im Vergleich mit einigen anderen Ländern des östlichen Blocks, schärfte aber auch das Bewusstsein für methodologisch-theoretische bzw. konzeptionelle Probleme, die eben nicht mit einigen »Klassiker«-Zitaten zu bewältigen waren. Fraglos fand in der zweiten Hälfte der Existenz der DDR eine Professionalisierung und Niveausteigerung der nach 1945 bzw. 1949 in vieler Hinsicht neu aufgebauten, marxistisch-leninistischen Geschichtswissenschaft statt, auch wenn die systembedingten politischen Restriktionen der Forschung und des wissenschaftlichen Diskurses fortbestanden.

Den Historikern fiel dann sogar eine weitere wichtige Legitimationsaufgabe zu, indem sie für die Diskussion um »Erbe« und »Tradition« das notwendige Fundament schufen und wesentliche Beiträge dazu leisteten. Paradoxerweise machte es gerade der plötzliche Übergang von der Zwei-Staaten- zur Zwei-Nationen-Doktrin erforderlich, ein stärker ganzheitliches, auch die Leistungen früherer herrschender Klassen sowie ihrer Protagonisten aufnehmendes Geschichtsbild zu kreieren, das auch von denjenigen DDR-Bürgern angenommen werden konnte, die nicht Anhänger der SED waren. So war die Integration vieles Altvertrauten, besonders, wenn man es östlich der Elbe lokalisierte – stichwortartig seien nur Friedrich II. von Preußen und Luther (wegen seiner Stellung zum Bauernkrieg noch heikler) genannt – gleichsam der Ersatz für den Verlust der gesamtdeutschen Perspektive, die in der Ära Ulbricht mit der populären und zugleich simplifizierenden Stilisierung des dauernden Gegensatzes der »Krupps« und der »Krauses«, der Millionäre und der Millionen, aufrechterhalten worden war, so noch in der Präambel der 1968 neu beschlossenen (und 1974 angepassten) Verfassung der DDR.

Ernst Engelberg war mir aus meinem Geschichtsstudium an der Freien Universität Berlin (1968–1972) als Autor der beiden Lehrbücher »Deutschland 1849–1871« (1959) und »Deutschland 1871–1897« (1965) gut bekannt, später dann auch als Verfasser theoretisch-konzeptioneller Arbeiten, so des Aufsatzes über die »Revolution von oben«, den er 1974 in der »Zeitschrift für Geschichtswissenschaft« veröffentlichte. Auch wenn ich politisch eher mit sozialistischen Oppositionellen wie Robert Havemann und nicht mit der SED-Linie sympathisierte, war es für mich (auch in der Folgezeit) selbstverständlich, die Arbeiten der Historiker der DDR zur Kenntnis zu nehmen (auch wenn ich unbewusst manches ignoriert habe, das ich hätte einbeziehen sollen).

Meine spätere Engelberg-Euphorie, wenn ich das so nennen darf, war dann 1985 das Ergebnis der Lektüre des ersten Bandes der Bismarck-Biographie, dessen Erscheinen sowohl ein wissenschaftliches wie auch ein kulturpolitisches Großereignis war; sie erschien parallel in Ost- und in West-Berlin. Die beiden Bände der Bismarck-Biographie sind für mich bis heute ein Meisterwerk der Geschichtsschreibung, insbesondere im Hinblick auf die Verbindung von Personenbezogenem und Allgemeinhistorischem, von Einzelereignis und Strukturellem. Es gibt mehrere bemerkenswerte Bismarck-Biographien; Engelbergs opus magnum überragt sie alle. Es wurde deutlich, dass – zusammen mit dem erfolgreichem Bemühen um eine »schöne« sprachliche Form – erst die gründlichen methodologisch-theoretischen Studien seit den 1960er Jahren, statt zu hemmen, die Hervorbringung des Werkes ermöglicht hatten.

Meine Sympathie für den großen deutschen Historiker Ernst Engelberg wuchs noch, als ich – zuerst in dem am 22. September 1985 im Fernsehen ausgestrahlten Interview mit Günter Gaus – feststellte, dass er offenbar die »deutsche Frage« nicht für erledigt hielt. In verklausulierter Form und unter Vermeidung demonstrativer Illoyalität distanzierte er sich von der Honecker-Linie, betonte vielmehr die Bedeutung, die das Nationale, auch im gesamtdeutschen Verständnis, seit seiner Jugend für ihn gehabt hatte und immer noch habe. Bei seinem Eintritt in die KPD 1928 »war die Verbindung von Patriotismus und Internationalismus selbstverständlich«[1] gewesen. Das war nicht nur eine emotionale, generationsbedingte Haltung: auch geschichtswissenschaftlich-konzeptionell beharrte er bis zum Schluss auf der Bedeutung des nationalen Faktors für das Verständnis der letzten Jahrhunderte wie der Gegenwart. Anders als heutzutage in weiten Teilen der Historiographie wie der politischen Öffentlichkeit der Bundesrepublik sah Engelberg in der Entstehung, der Unabhängigkeit bzw. der staatlichen Einigung der großen Nationen Europas, »mit Ausnahme Polens«[2], keine pathologische Begleiterscheinung der Moderne, sondern in Übereinstimmung mit Jean Jaurès ein konstruktives und Jahrzehnte lang Frieden stiftendes Prinzip. Da ich mich im westlichen Teil Deutschlands darum bemühte, das Nationale als eine gewiss »weiche« Kategorie, aber jedenfalls außerhalb individueller Wünsche existierende soziale und mentale Gegebenheit nicht abzuwerten, es vielmehr unvoreingenommen-rational zu erforschen und, darüber hinaus, politisch in einen progressiven Sinnzusammenhang zu integrieren, registrierte ich aufmerksam diesbezügliche Stellungnahmen aus der DDR.

---

1 In diesem Buch S. 170

2 In diesem Buch S. 146

Als Ernst Engelberg und ich uns völlig unabhängig voneinander auf eine Umfrage der ZEIT anlässlich der staatlichen Vereinigung unter deutschen Intellektuellen nahezu identisch zu den gewünschten Staatssymbolen (Name, Flagge, Hymne, Nationalfeiertag) äußerten, luden mich die Engelbergs, und das war meine erste leibhaftige Begegnung, zu einem ausführlichen Meinungsaustausch in ihre Treptower Wohnung ein. Später lernte ich dann auch Achim Engelberg kennen.

Das Marx'sche (und Engel'sche) bzw. marxistische (und marxistisch-leninistische) Geschichtsverständnis hat an die Aufklärungshistoriographie, die klassische deutsche Philosophie, namentlich die Hegel'sche Dialektik, und den Historismus mit seiner methodischen und handwerklichen Systematisierung der Quellenkritik angeknüpft. Die Begründer der materialistischen Geschichtsauffassung verstanden ihre Analysen vor allem als Schlüssel zum Verständnis des bürgerlichen Zeitalters und gleichzeitig als Teil einer politischen Praxis, in der dieses Zeitalter überwunden werden sollte. Die wissenschaftliche Kritik der kapitalistischen Produktionsweise und ihrer inneren Widersprüche diente der Erkenntnis derjenigen Bedingungen, unter denen eine neue egalitäre und freie Gesellschaftsordnung (»Sozialismus« bzw. »Kommunismus«) errichtet werden könnte, wobei der eigentliche Sinn in der Emanzipation des Individuums lag – über die Befreiung des Kollektivs.

Ausgehend von der »Arbeit« als der zentralen Kategorie zum Verständnis menschlicher Gesellschaften, wird der historische Prozess in der Marx'schen Theorie vom Widerspruch zwischen Produktivkräften (menschlicher Arbeitskraft bzw. menschlichen Fertigkeiten und materiellen Produktionsmitteln) und Produktionsverhältnissen (sozialen Organisations- und Herrschaftsformen, Rechts- und Eigentumsverhältnissen) bestimmt, wobei es zu gesellschaftlichen Krisen und zu politisch-sozialen Umwälzungen kommt, wenn Produktivkräfte und Produktionsverhältnisse miteinander in Kollision geraten. Dass die sozialökonomische »Basis« in der gegebenen konkreten Gesellschaftsformation (gekennzeichnet durch die Vorherrschaft einer bestimmten Produktionsweise) »in letzter Instanz« den mit ihr in dialektischer Wechselbeziehung verbundenen politisch-kulturellen »Überbau« dominiert, bedeutet nicht, dass die historische Entwicklung im Selbstlauf vonstatten geht. Dies geschieht vielmehr durch das Handeln lebendiger menschlicher Kräfte, namentlich der als »Klassen« bezeichneten, gemäß der Stellung im Produktionsprozess unterschiedenen sozialen Großgruppen, auf deren unterschiedliche bzw. gegensätzliche Interessen und deren Ringen letztlich das Handeln der historischen Akteure zurückzuführen ist. Die Menschen machen ihre Geschichte zwar selbst, aber unter vorgegebenen Umständen.

Soziale Herrschaft beruht seit der Entstehung von Klassengesellschaften auf der Einziehung des im Hinblick auf die Versorgung der Produzenten von diesen erzeugten Überschusses, des gesellschaftlichen Mehrprodukts, durch die Oberklasse. Die immanenten Entwicklungstendenzen des auf der Aneignung des von der Masse der besitzlosen Arbeiter hervorgebrachten »Mehrwerts« durch die Kapitaleigner (Akkumulationszwang und Krisenhaftigkeit, soziale Polarisierung und Kapitalkonzentration, tendenzieller Fall der Profitrate) wirken späterhin in Richtung der Ablösung des Kapitalismus und bereiten diese vor; vollzogen werden könne er aber nur von der Klasse der Lohnarbeiter in bewusster Aktion.

Obwohl sich Marx und Engels (letzterer war übrigens der leidenschaftlichere und m. E. auch der bessere Historiker) – entsprechend dem Forschungsstand der Zeit – intensiv mit geschichtlichen Themen von der Urgeschichte bis zur Gegenwart beschäftigten und in ihrer Lehre – ganz im Geist des Historismus – nachdrücklich die Historizität der menschlichen Praxis betonten, ging es ihnen im Grunde stets um Kapitalismuskritik und den proletarischen Emanzipationskampf. Wissenschaftliche Objektivität bestand für sie im Bemühen, den Gang der gesellschaftlichen Entwicklung und deren Gesetze zu erkennen und die Analyse unter Vernachlässigung aller persönlichen Sympathie, sine ira et studio, durchzuführen.

Natürlich wirft diese äußerst knappe Skizze viele, sogar prinzipielle Fragen auf, auch und gerade für Historiker und Gesellschaftswissenschaftler, die sich in der Tradition des historischen Materialismus sehen. Sicher ist heute, dass die von Stalin und in seinem Gefolge vorgenommene dogmatische Kodifizierung des »Histomat«, in angeblich untrennbarer Verbindung mit einem »Diamat«, zu einer vermeintlich naturgeschichtlichen Legitimationswissenschaft zum Ruhme eines menschenvernichtenden Herrschaftssystems, eine Verballhornung des Ansatzes von Marx und Engels ist.

Zur Diskussion stehen nicht nur Fragen, die das materialistische Geschichtsverständnis grundsätzlich berühren: die nach der Abfolge der Gesellschaftsformationen, darin eingeschlossen die nach der »asiatischen Produktionsweise« (ist es wirklich vertretbar, wie Engelberg vom »arabischen« sowie »chinesischen Feudalismus« zu sprechen?[3]); nach dem »Staatskollektivismus« als »einer neuen – vom Marxismus nicht vorausgesehenen – Variante der Klassengesellschaft«[4], auch die nach seinem sozialen Wesen und Untergang; das Verständnis des Kapitalismus nach 1945 (mit historisch einmaliger Prosperität und Wohlstandszuwachs in den Metropolen) sowie dessen Umgestaltung in den letzten drei Jahrzehnten. All das ist für die politische Praxis unmittelbar relevant.

Hier kann es nur angedeutet werden. Es ist aber wichtig, weil sich Ernst Engelberg zeit seines Lebens in diesen geistigen Bahnen bewegte, seine wissenschaftliche, marxistisch inspirierte Tätigkeit im weiteren Sinn auch politisch verstand und um im engeren Sinn politische, gegen Ende der DDR-Periode zunehmend kritische Wortmeldungen ergänzte, soweit es die Verhältnisse bzw. seine Stellung in ihnen aus seiner Sicht erlaubten. Besonders interessant ist in diesem Zusammenhang das hier abgedruckte, in einem Freundeszirkel entstandene Papier aus den frühen 1980er Jahren, das in seiner Betonung der globalen Gefährdungen und der menschheitlichen Fragen auch im Hinblick auf breite politische Allianzen und die offene, gegenüber Ost wie West kritische Debatte, auf parallele Impulse aus der westdeutschen Umwelt- und Friedensbewegung zu reagieren scheint.

Ernst Engelberg war ein Aufklärer durch und durch und zugleich dem Erbe des Denkens der klassischen deutschen Philosophie verpflichtet. In seinen theoretisch-konzeptionellen Schriften wie in seinen empirisch-historischen Arbeiten vermag er zu zeigen, wie die zentralen Kategorien des historischen Materialismus und die dialektische Auffassung der Geschichte im Wesentlichen Erkenntnis fördernd sind und nicht als doktrinäres Wortgeklingel abgetan werden können.

Wenn er die sozialökonomische Gesellschaftsformation ins Zentrum stellt, dann geht es ihm nicht um die Reduktion des geistig Bewussten auf einen ökonomischen, materiellen »Faktor«, sondern wie schon Marx »um die Aufhebung jener Separation und Isolation, die mit der Bewusstseins- und Ideenabstraktion verfügt ist, oder positiv:

---

3 Vgl. in diesem Buch S. 35

4 In diesem Buch S. 156

um eine integrative Zusammenschau von Bewusstsein und Leben (= bewusster Lebensfähigkeit)«[5]. Es sei Marx und Engels darum gegangen, »in der Gesellschaft alles, auch den Staat, um die Produktion und Reproduktion des menschlichen Lebens kreisen« zu lassen[6]. In diesem Sinne gelte das Primat des Ökonomischen, nicht im Sinne einer kurzschlüssigen und direkten, dabei abstrakten Rückführung von allem und jedem auf wirtschaftliche Zwänge und Interessen.

Einen zentralen Platz im Engelbergs Geschichtsdenken nimmt die Revolution in der Weltgeschichte ein, namentlich in der Geschichte Europas, und das Wechsel-Verhältnis von Revolution und Evolution. Wie schon die marxistischen Klassiker unterscheidet der Autor technisch-wissenschaftliche, soziale, politische, militärische, geistige usw. Umwälzungen von teilweise sehr langer Dauer; deren Zusammenwirken er »totale Revolution« nennt. Bekanntlich gingen in der DDR wichtige Impulse für die theoretische Durchdringung und die empirische Erforschung des weltgeschichtlichen Phänomens der Revolution(en), neben der von Ernst Engelberg geleiteten Berliner Forschungsstelle vom Leipziger Kreis um Walter Markov und Manfred Kossok aus.

Nun kann man durchaus fragen, ob die Benutzung ein- und desselben, sei es auch spezifizierten Begriffs für so unterschiedliche historische Erscheinungen wie den sich über Jahrtausende hinziehenden Übergang zu sesshaften Ackerbaukulturen im Neolithikum, die Industrialisierung (bzw. den industriellen Durchbruch) seit dem mittleren 18. Jahrhundert und die gewaltsamen Staatsumstürze in Frankreich (seit 1789), Russland (seit 1917) usw. zweckmäßig und sinnvoll ist. Für Engelberg ist wesentlich nicht allein die Beschleunigung des Wandels, sondern auch die Zuordnung zu einer internationalen revolutionären Epoche, die durch die Notwendigkeit bestimmt ist, die Produktionsverhältnisse im Hinblick auf die Rebellion der Produktivkräfte, welche zu jenen in einen Gegensatz geraten sind, neu zu ordnen. Dabei können auch Fraktionen oder Protagonisten der herrschenden Klassen eine »revolutionäre«, der (grundlegenden, nicht nur kosmetischen) Anpassung an die epochalen Erfordernisse dienende Funktion erfüllen.

---

5 Helmut Fleischer, Marxismus: Sieg der Ideologie über die Ideologiekritik, in: ders. (Hrsg.), Der Marxismus in seinem Zeitalter, Leipzig 1994, S. 209

6 In diesem Buch S. 24

Natürlich hatte Engelberg aufgrund seiner eigenen Forschungen dabei vor allem die von den ersten Einwirkungen der Französischen Revolution in den 1790er Jahren bis zur kleindeutschen Reichsgründung reichenden Epoche der bürgerlichen Revolution in Europa im Auge, die in Deutschland im Anfangsstadium (durch die rheinbündischen sowie preußischen Reformen) und am Ende (durch Bismarcks Umsturz des mitteleuropäischen Status quo) hauptsächlich als »Revolution von oben« erfolgte. Auch in den Phasen der vom Autor zu Recht relativierten »Restauration« (1820er Jahre) und »Reaktion« (1850er Jahre) ging der Grundprozess weiter. Engelberg beharrt dabei nicht nur auf den Staaten und Nationen übergreifenden wechselseitigen Einflüssen, sondern ebenso auf der Bedeutung und Unverzichtbarkeit populärer Elemente (der »Volksmassen«) im Prozess: Ohne die Drohung durch irgendeine relevante Bewegung von unten keine Revolution von oben. Alle diese Zusammenhänge hat der Autor im ersten Band seiner Bismarck-Biographie minutiös erzählt, allgemeinverständlich analysiert und so plausibel gemacht.

Neben dem 19. Jahrhundert gilt Engelbergs Aufmerksamkeit dem, was die Historiker der DDR als »frühbürgerliche Revolution« des 16. Jahrhunderts charakterisierten (einschließlich der spätmittelalterlichen Vorgeschichte), also der Periode der Entstehung eines kapitalistischen Weltmarkts, der beschleunigten Ausbildung des Handelskapitals, von Manufaktur und Verlag im gewerblichen Bereich sowie der zunehmenden Kommerzialisierung der Landwirtschaft in den fortgeschrittenen Regionen Europas, während Deutschland mit dem lutherischen religiösen Aufstand des Gewissens, dem großen Bauernkrieg und mit der bürgerschaftlichen Reformation in den Städten das Zentrum des Geschehens war, ehe der Schwerpunkt des Protestantismus sich unter der Fahne des Calvinismus in die Schweiz verlagerte und dann auch zum ideologischen Rüstzeug der niederländischen Unabhängigkeitsrevolution wurde. An eine Engel'sche Denkfigur anknüpfend, wird die »frühbürgerliche Revolution« von Engelberg als erster Akt des welthistorischen Aufstiegs der Bourgeoisie zur herrschenden Klasse verstanden, deren zweiter Akt die englische Revolution des 17. Jahrhunderts und deren dritter, entscheidender Akt die Französische Revolution des späten 18. Jahrhunderts, die »Leitrevolution« für die damit eingeleitete Epoche, gewesen sei.

Nach alledem versteht es sich fast von selbst, dass Ernst Engelberg mit Konzepten nichts anfangen konnte, die die Möglichkeit jeder objektiven geschichtswissenschaftlichen Erkenntnis leugnen und die von Historikern dargestellte Geschichte als reines Konstrukt begreifen, er vielmehr das realistische Ziel darin erblickte, »einen möglichst hohen Grad von Übereinstimmung der Erkenntnisse (der Resultate der Erkenntnisfähigkeit) mit dem Erkenntnisobjekt zu erstreben, d.h. einen möglichst hohen Wahrheitsgehalt«.[7] Ohne Voraussetzung der objektiv-realen Existenz ihres Gegenstands verliert die Geschichtswissenschaft in der Tat ihren sicheren Boden und wird in letzter Konsequenz sinnlos.

In einer Zeit, da die neoliberale Bewusstseins(konter)revolution nicht allein sozialistische, sondern alle sozialkritisch und ethisch bestimmten Ideen marginalisiert hat, da andererseits Angehörige einer jungen, von den Frontstellungen der Vergangenheit unbelasteten Generation wieder beginnen, Interesse an radikaler Gesellschaftskritik und deren wissenschaftlicher Fundierung zu entwickeln, möge auch das Werk eines der bedeutendsten marxistischen Historiker deutscher Zunge wieder die Aufmerksamkeit finden, die ihm gebührt.

---

7 In diesem Buch S. 177

1.

Ernst Engelberg

Was brachten die Werke von Marx und Engels für die Geschichtsbetrachtung?

Im Preußen-Deutschland der vierziger Jahre des 19. Jahrhunderts, als sich die Widersprüche zwischen dem bereits zersetzten Feudalabsolutismus und dem Bürgertum, aber auch schon zwischen diesem und den Arbeitern nicht nur in den Beziehungen zwischen den Klassen, sondern auch in denen zu den großen Staaten West- und Osteuropas entwickelten, drängten sich praktisch und theoretisch die Fragen nach Reform oder Revolution auf, wie auch die nach dem Charakter der politischen und sozialen Revolution. Wer darauf gültige Antworten haben wollte, musste sich mit zwei geschichtstheoretischen Grundfragen befassen. Die erste bezieht sich auf die nach dem Verhältnis von Staat und Gesellschaft, die zweite auf die nach Gesellschaft und Individuum.

Die erste Frage gehörte zu einem Leitmotiv im geistigen Ringen des jungen Karl Marx, und er entschied sich für das Primat der Gesellschaft, wobei er den Staat ins Strukturgefüge der Gesellschaftsformation integriert sah. Das stand in diametralem Gegensatz zum preußisch-deutschen Historismus, der ebenso wie an seiner Ablehnung jeglicher Version einer Gesetzmäßigkeit in der Geschichte an der These vom Primat des Staates festhielt.

Bei der Beantwortung der zweiten Grundfrage ging Karl Marx von den Individuen aus, indem er erklärte: »Die erste Voraussetzung aller Menschengeschichte ist natürlich die Existenz lebendiger menschlicher Individuen«.[1] In einem Brief an den Publizisten und Puschkin-Herausgeber Pawel Wassiljewitsch Annenkow bezeichnete er zudem die Gesellschaft als das »Produkt des wechselseitigen Handelns der Menschen«.[2] Schon 1844 mahnte er: »Es ist vor allem zu vermeiden, die ›Gesellschaft‹ wieder als Abstraktum dem Individuum gegenüber zu fixieren.«[3] Indem wir auf die Menschen als Ausgangspunkt der Betrachtung der Gesellschaft und ihrer Geschichte hinweisen, soll nicht einem Individualismus das Wort geredet werden; wie wenig dies im Sinne von Marx wäre, zeigt sich auch darin, dass er die Geschichte zunächst als eine »Geschichte der sich entwickelnden und von jeder neuen Generation übernommenen Produktivkräfte und damit die Geschichte der Entwicklung der Kräfte der Individuen selbst«[4] ansieht.

Aus den Tätigkeiten der Individuen entstanden die Produktions- und Eigentumsverhältnisse, denen dann wiederum eine selbständige Macht über die Einzelnen zukam. In den unterschiedlichen Formen des Eigentums drückten sich die verschiedenen »Verhältnisse der Individuen zueinander in Beziehung auf das Material, Instrument und Produkt der Arbeit«[5] aus. Die Menschen schaffen also nicht nur Produkte in ihrem jeweiligen geschichtlichen Verhältnis zur Natur, sondern unmittelbar damit verknüpft auch die Beziehungen untereinander in der Gesellschaft; das drückt sich in Klassen- und Herrschaftsbeziehungen aus, die wiederum auf das Verhalten, Denken und Handeln der Individuen zurückwirken.

Die kopernikanische Wende, die Marx und Engels im Denken vollzogen, bestand darin, dass sie – um im astronomischen Bild zu bleiben – in der Gesellschaft alles, auch den Staat, um die Produktion und Reproduktion des menschlichen Lebens kreisen ließen.

Kurzum: In der praktisch-sinnlichen Tätigkeit gehen die Menschen sowohl Beziehungen zur äußeren Welt wie auch untereinander ein und lassen das Wechselverhältnis des gesellschaftlichen Seins und Bewusst-

1 MEW, Bd. 3, S. 20
2 MEW, Bd. 27, S. 452
3 MEW, Erg.-Bd. 1, S. 538
4 MEW, Bd. 3, S. 72
5 MEW, Bd. 3, S. 22

seins wirken. Zuerst müssen die Menschen essen, trinken, wohnen und sich kleiden, ehe sie sich mit Politik, Wissenschaft, Kunst oder Religion befassen können.

Die Klassen- und Herrschaftsbeziehungen in der Gesellschaft verursachen ökonomische Ausbeutung und politische Gewalt zugunsten relativ weniger und zu Lasten vieler. Das ließ die Frage nach Reform oder Revolution aufkommen.

In jeder akut gewordenen Ablösung einer Gesellschaftsformation durch eine andere tendiert das Geschehen, mehr und mehr auch das subjektive Bewusstsein, auf die Bildung einer neuen Staatsform. Die Formel Staat – Revolution – Staat bildet für alle Umbruchzeiten der Weltgeschichte einen Untersuchungsrahmen. Das manchmal unvermeidliche Gegensatzpaar Staat und Gesellschaft kann leicht in die Irre führen, wenn übersehen wird, dass der Staat nur in der Gesellschaft zu existieren vermag. Im kausalen und finalen Spiel der Kräfte, der Klassen und Staaten, wird in jeder Revolution der noch zu schaffende Überbau der Institutionen im Interesse der Festigung der schon stark herausgebildeten, aber noch nicht vollendeten sozial-ökonomischen Basis außerordentlich wichtig. Hier liegt der Sinn der Machtfrage; das ist der rationelle Kern der Auffassung vieler Liberaler und Konservativer, die in einer Revolution fast nur eine Staatsumwälzung sehen.

Methodologisch ist bemerkenswert, dass Karl Marx die Parteien nie als isolierte, autonome und damit als zufällige Größen betrachtete, sondern sie stets in Beziehung setzte zu den verschiedenen Eigentumsformen einer Gesellschaftsformation und den damit gegebenen Interessen. Doch diese Zusammenhänge zwischen Klasse und Partei, zwischen Ökonomie und Politik, waren keineswegs immer direkt und geradlinig. Marx berücksichtigte auch das historische Milieu mit seinen jeweiligen geschichtlichen Erfahrungen, Traditionen, Verdiensten, eigenen Vorstellungen, auch Vorurteilen und Illusionen. Die Verhältnisse bargen vielfältige Bewegungs- und Entwicklungszusammenhänge. Vulgärökonomische, idealtypische oder kybernetische Modellfälle kannten weder Marx noch Engels. Vielmehr unterzogen sie das historische Material einer räumlich und zeitlich konkreten Analyse. Letztere bestand darin, nicht von Institutionen und Ideologen auszugehen, sondern von der ökonomischen Basis, nicht von den Parteien, sondern von den Klassen, nicht von den politischen Ideologien, sondern von den ökonomischen Interessen.

Allerdings: Wenn schon die Ökonomie als die Anatomie der Gesellschaft angesehen wird, so hat man, im Bilde bleibend, daran erinnert, dass sie allein den lebendigen Körper nicht ausmacht, dieser jedoch ohne anatomisches Gerüst nicht existenzfähig ist, ebenso wie die Anatomie allein keine Medizin ausmacht, aber ohne sie die Wissenschaft von der Medizin unfruchtbar bliebe.

2.

Was ist Weltgeschichte?

Die Vorgeschichte ist wohl objektiv ein Strom von Veränderungen, aber geistig insofern noch keine Geschichte, als Geschichte nur ist, wo auch Wissen von Geschichte, wo Überlieferung, Dokumentation, Bewusstsein der Herkunft und des gegenwärtigen Geschehens ist. Es ist ein Vorurteil, dass, wo die Überlieferung fehle, doch die Sache selbst – die Geschichte – gewesen sein könne, oder gar notwendig gewesen sei.

Karl Jaspers[1]

Die Weltgeschichte im weiteren Sinn umschließt die Entwicklung der Menschheit von ihren frühen Gesellschaftsformationen bis zur Gegenwart. Im engeren Sinn beginnt sie mit der Ausbildung des Weltmarktes, den der Kapitalismus schuf. Erst in der Zusammenschau dieser beiden Aspekte der Weltgeschichte wird die Einheit der Menschheit im Auge behalten. In der Aufeinanderfolge der Gesellschaftsformationen bilden die Revolutionen die Knotenpunkte.

---

1 Karl Jaspers, Vom Ursprung und Ziel der Geschichte, Frankfurt/M. 1955, S. 38
In seinen letzten Arbeitsjahren beschäftigte sich Ernst Engelberg mit Karl Jaspers' Werk »Vom Ursprung und Ziel der Geschichte«. Mit drei Ausrufezeichen kennzeichnete er diese Passage.

Der Terminus »Formation« hat seit Karl Marx einen Doppelsinn: einmal erfasste er das französische »formation«, d. h. Bildung, Herausbildung, zum andern umschloss er die Bedeutung des Formierten. Prozess und Struktur sind in dem Begriff »Gesellschaftsformation« gleichsam zusammengefasst. Nur in der Struktur, Bewegung, Entwicklung und Ablösung der Gesellschaftsformationen ist die Gesetzmäßigkeit der Geschichte zu erfassen.

Die Widersprüche zwischen Produktivkräften und Produktionsverhältnissen und ihre Wechselwirkung ändern sich grundsätzlich in ihrem Charakter von einer Gesellschaftsformation zur anderen, was wesentlich zum Wandel der Systeme in Inhalt und Form beiträgt; auch innerhalb einer Gesellschaftsformation können die Widersprüche die verschiedensten Formen annehmen und Wandlungen durchmachen, bald latent, dann wieder sehr aktiv sein, immer wieder neue Lösungen erheischen, die je nach den Kräfteverhältnissen partiell oder vorübergehend sozusagen Zwischenlösungen sind, die dann früher oder später eine revolutionäre Generallösung verlangen. Diese Teil- oder Zwischenlösungen können für die Periodisierung bestimmend sein oder erklären letzten Endes die vorwiegend politischen Einschnitte.

Der Begriff der Evolution kam erst mit der Großen Französischen Revolution auf, um eine Alternative zur bewussten, gewollten und meistens gewaltsamen Revolution zu kennzeichnen. Tatsächlich ist die Evolution keine starre Alternative zur Revolution, sondern in Wirkung und Rückwirkung mit ihr verbunden. Die Evolution mit ihren Widersprüchen ökonomischer, sozialer und ideologischer Art bereitet die Revolution in Inhalt und Form vor, wie diese wiederum die ihr folgende Evolution bestimmt. Im weiteren Sinne ist die Evolution Synonym für die Gesamtentwicklung der Menschheit. Im Unterschied zur Revolution, die die Gesellschaft in relativ kurzer Zeit zu etwas qualitativ Neuem führt, handelt es sich bei der Evolution im engeren Sinne um quantitative, sich allmählich vollziehende gesellschaftliche Prozesse.

Die Fragen der Evolution und Revolution in der Weltgeschichte sind in ihrer für den Einzelnen nicht mehr zu bewältigenden Fülle des Stoffes und der Problematik unausschöpfbar. Eine Gesamtschau ist problematisch und kann dennoch geboten sein, um den Gefahren allzu großer Spezialisierung durch die Hervorhebung theoretischer Verallgemeinerungen zu begegnen und weil sich in einer mitunter frappierenden Weise gerade bei fachlicher Vertiefung in Spezialgebiete und anschließender vergleichender Betrachtung historische Parallelen zu erkennen geben, deren Negierung sich nur zum Schaden der Einzelforschung auswirken kann.

Im Gebrauch des Ausdrucks Revolution gibt es oftmals zwei entgegengesetzte Tendenzen: Einerseits alle möglichen gewaltsamen, explosionsartigen Ereignisse, Staatstreiche, Putsche, Generalsrevolten etc. durch das Kennzeichen als Revolution geschichtlich und politisch zu erhöhen; andererseits ist eine fast ängstliche Zurückhaltung zu beobachten, manche historische Zäsuren, insbesondere ältere Epochen als Revolutionen anzusehen.

Jede Revolution hat eine politisch-soziale Doppelrolle. Die politische Dimension ist stets die Voraussetzung dafür, dass die soziale in all ihrer Komplexität begonnen oder, soweit sie sich in der einen oder andern Weise vorbereitet hatte, endgültig durchgesetzt werden kann.

Zum Sturz der alten Gewalt bedarf es auch stets der Volksmassen, die deshalb von jeher in der politischen Revolution eine besonders große Rolle spielten. Selbst eine Revolution von oben ist ohne Drohung durch eine von unten nicht möglich.

Keine Revolution, die ihren Namen verdient, erschöpft sich in der Destruktion, vielmehr fordert sie die Konstruktion heraus. Das ist umso mehr der Fall, je mehr sie Elemente der neuen Gesellschaft oder zumindest einige materielle Voraussetzungen, die sich herausgebildet haben, von Fesseln befreit. Sie muss stets Widersprüche der vorausgegangenen Evolution lösen, deshalb vom Negativen zum Positiven übergehen.

Ein Kontinuitätsbruch schlechthin widerspricht dabei der Natur der gesellschaftlichen Entwicklung. Die Kontinuität in einem Revolutionszeitalter zeigt sich darin, dass die Geschichte »einerseits unter ganz veränderten Umständen die überkommene Tätigkeit fortsetzt und andererseits mit einer ganz veränderten Tätigkeit die alten Umstände modifiziert«.[2]

Zur Form einer Revolution gehören die Zeitdauer, Kontinuität oder Unterbrechung, das Gewaltsame oder Friedliche. Hinsichtlich der Dauer muss man betonen, dass sie sich nicht unbedingt plötzlich

---

2 MEW, Bd. 3, S. 45

und in einem Akt gleichsam von einem Tag zum anderen vollzieht. Theodor Geiger mag recht haben, wenn er 1931 im »Handwörterbuch der Soziologie« schrieb: »es ist unmöglich, die Revolution linear als die Grenzschwelle zwischen zwei Epochen schlechthin aufzufassen, vielmehr ist sie selbst eine (Übergangs-)Epoche«.

Mir scheint, dass auch die Relativität der Dauer beachtet werden muss, besonders wenn man die Veränderung der Dauer geschichtlicher Zeiträume, d.h. die Beschleunigung des geschichtlichen Ablaufs, in Rechnung stellt, insbesondere in modernen Epochen.

Unter diesen Umständen muss beispielsweise die Relativität der Dauer des revolutionären Übergangs von der Sklavenhaltergesellschaft zur Feudalgesellschaft, vom Altertum zum Mittelalter, beachtet werden.

Gerade weil sich die Revolution oft über eine ganze Epoche erstreckt, ist sie auch nicht immer kontinuierlich, sondern erfolgt mit Unterbrechungen in einzelnen Etappen. Ein charakteristisches Beispiel für eine solche Revolution, die sich über Jahrzehnte in mehreren charakteristischen Etappen vollzog, ist die bürgerliche Revolution im Deutschland des 19. Jahrhunderts.

Ebenso wenig wie die Dauer zum Wesen einer Revolution gehört, muss die Gewalt ein ihr inhärenter Bestandteil sein. In der Dialektik von Inhalt und Form der Revolution spielt der Charakter der Epoche, in der sich die Revolution vollzieht, die Zahl und die Qualität der Widersprüche, die zu lösen sind, beispielsweise der Charakter der Klassen und die Art der Beziehungen zueinander und zum jeweiligen Staat, ebenso das Wesen und die Art der Beziehungen der verschiedenen Staaten untereinander eine große Rolle. Kurz gesagt: der Charakter einer Revolution hängt von der Qualität und Quantität der Widersprüche ab, die in der vorangegangenen Evolution reiften.

Fassen wir die Evolution im weiteren Sinne, nämlich als geschichtlichen Gesamtprozess auf, dann ergeben sich u.a. folgende Grundauffassungen: Es war Hegel, der sich bemühte, den eine Geschichtsperiode kennzeichnenden Widerspruch auf idealistischer Basis zu definieren, seine allmählichen Veränderungen darzustellen und zu zeigen, auf welche Weise dieser Widerspruch in einer Synthese aufgehoben wird. Dabei schenkte er der Dialektik von Quantität und Qualität hohe Aufmerksamkeit.

Nach Hegel herrschte lange Zeit im bürgerlichen Geschichtsdenken der undialektische Evolutionismus vor. Eine seiner beliebtesten Methoden war und ist die, voneinander isolierte Entwicklungsreihen aufzuteilen, beispielsweise auch als Ursachenreihen für Revolutionen. In diesem Evolutionismus wird mit der Vernachlässigung der Dialektik von Quantität und Qualität insbesondere der Qualitätsbegriff negiert. Ein altes Problem der historischen Wissenschaften, nämlich das Verhältnis von historischen Besonderheiten und allgemeinen, sich wiederholenden Erscheinungen, drängte nach verschiedenen Lösungsversuchen. Der Historismus beispielsweise ging von dem Grundsatz aus, dass alle geschichtlichen Erscheinungen einmalige, individuelle Erscheinungen seien. Danach wurde die Geschichte als Prozess der Tätigkeit vor allem großer Persönlichkeiten und als Wechsel von einzelnen Ereignissen aufgefasst.

Die materialistische Dialektik fasste die historische Entwicklung als einen Prozess der Entstehung und Aufhebung gesellschaftlicher Widersprüche in einer bestimmten, allgemein feststellbaren Reihenfolge auf. Danach ist in letzter Konsequenz für die Veränderung des sozialen Organismus die Produktionstätigkeit, die den Stoffwechsel der Menschen mit der Natur vermittelt, entscheidend. Sie geht von der Totalität des gesellschaftlichen Organismus aus, dessen Teile in beständiger Wechselwirkung miteinander sind. Schließlich löst sie das Problem der Ungleichwertigkeit der Teile in einem Ganzen dadurch, dass sie die Verhältnisse in der Produktion heraushebt.

Wie steht es dabei mit der Stagnation in der geschichtlichen Entwicklung? Sie hat gleichsam zwei Seiten, einmal im Sinne einer vorübergehenden Stagnation, zum anderen in dem einer nachhaltigen Entwicklungshemmung. Für die Anfänge der Entwicklung können geographische Umstände entscheidend sein. Karl Marx wies darauf hin: »Nicht das tropische Klima mit seiner überwuchernden Vegetation, sondern die gemäßigte Zone ist das Mutterland des Kapitals. Es ist nicht die absolute Fruchtbarkeit des Bodens, sondern seine Differenzierung, die Mannigfaltigkeit seiner natürlichen Produkte, welche die Naturgrundlage der gesellschaftlichen Teilung der Arbeit bildet und den Menschen durch den Wechsel der Naturumstände, innerhalb deren er haust, zu Vermannigfachung seiner eigenen Bedürfnisse, Fähigkeiten, Arbeitsmittel und Arbeitsweise spornt.« Marx fügte aber auch hinzu: »In dem selben Maße, worin die Industrie vortritt, weicht diese

Naturschranke zurück.«[3] Damit ist selbstverständlich nur ein Aspekt der Stagnation berührt.

Begriffe wie Revolution und Evolution, die Kämpfe und Erfahrungen der neueren Geschichte, insbesondere seit der Großen Französischen Revolution, erweisen sich als geeignet, Strukturen und Entwicklungen früherer Gesellschaftsformationen im Vergleich in ihren charakteristischen Unterschieden wie in ihrer Gleichheit zu erkennen.

So kann der Übergang von der Ur- zu einer Klassengesellschaft, der sich erstmalig in der Weltgeschichte etwa um 3000 vor unserer Zeitrechnung in den altorientalischen Flusskulturen des Nil, des Euphrat und Tigris und des Indus vollzog, als Revolution bezeichnet werden.

Der englische Archäologe V. Gordon Childe glaubte, dass zwischen den Jahren 6000 und 3000 vor unserer Zeitrechnung, vor allem im 4. Jahrtausend, solch weitreichende Entdeckungen gemacht wurden wie zu keiner Zeit der Geschichte mehr bis zu den Tagen Galileis.[4]

---

3 MEW, Bd. 23, S. 536/37

4 V. G. Childe, Der Mensch schafft sich selbst, Dresden 1959, S. 108
Neuere Ausgrabungen, etwa in Göbelki Tepe, die ich (A. Engelberg) im September 2011 besuchte, zeigen, dass der Prozess des Sesshaftwerdens langwieriger und komplexer ist. Aber der Leiter der Ausgrabungen am berühmtesten Heiligtum der Steinzeitjäger in Südostanatolien, Klaus Schmidt, negiert nicht den Marxisten Childe, vielmehr heißt es bei ihm: »Die Erforschung einer der entscheidenden Umwälzungen der Menschheitsgeschichte, eine Umwälzung, die in Vorderasien ihren Anfang nahm und vor bald einem Jahrhundert von Gordon Childe mit dem Schlagwort ›neolithische Revolution‹ bezeichnet wurde und die den Übergang der Jäger- und Sammler-Gesellschaft zur Kulturstufe sesshafter Ackerbauern und Viehzüchter meint, hat mit dem Göbekli Tepe ein alles Bekannte überragendes Bodendenkmal erhalten.«
Weiterhin heißt es: »Mag das Ende der Tempel des Göbelki Tepe als revolutionäres Geschehen oder als Effekt klugen Kalküls bestehender Eliten zu denken sein – es war wahrhaft eine ›neolithische Revolution‹, und zwar mit einem bedeutend dramatischeren Verlauf, als es Gordon Childe im Sinn hatte. Der ›Jäger‹ hatte an Bedeutung verloren, und als seine Bedeutung schwand, schwand auch die Bedeutung seiner religiösen Riten und Zwänge, und mit ihnen verschwanden auch seine Kultanlagen. Als die wirtschaftlichen Grundlagen sich damals wandelten, sank auch der weltanschauliche Überbau in den Staub, so wie wir es an den gewaltigen und einstige Macht demonstrierenden Kultanlagen des Göbekli Tepe sehr schön beobachten können.
Vielleicht aber hatte Childe den Sachverhalt seinem Wesen nach schon begriffen, konnte ihn aber nur nicht so recht vergegenständlichen, da zu seiner Zeit die gesamte frühneolithische Periode Vorderasiens noch unbekannt war. Der Begriff *Revolution* besagt jedenfalls: ›Umdrehen von Althergebrachtem‹. Nicht Neuschöpfung. Ja, wahrscheinlich hatte Childe es schon richtig geahnt, dass sich die ersten Dörfer der Bauern nicht aus

Die Menschen hatte den Pflug, den Räderwagen und das Segelboot erfunden, sie hatten gelernt, die bewegende Kraft der Tiere und der Winde einzuspannen, und nach 3500 vor unserer Zeitrechnung bildete sich eine Metallurgie heraus; Kupfer wurde gewonnen und bearbeitet. Diese und ähnliche Fortschritte in der Technik erhöhten die Produktivität und machten die Arbeitsteilung sowohl notwendig wie möglich. Das ständige Mehrprodukt, das der Mensch über sein unmittelbares Bedürfnis zur Reproduktion seiner Arbeitskraft hinaus schuf, war die ökonomische Voraussetzung für das Abhängigmachen und Unterdrücken des einen Menschen durch den anderen. So entstanden erste Formen der Sklaverei – im Rahmen einer arbeitsteiligen Gesellschaft, in der eine herrschende Klasse von Königen, Priestern und Beamten der Klasse der Bauern und Handwerker gegenüberstand. Die Sklavenarbeit konnte insofern vorherrschend werden, als ihre Konkurrenz diejenigen Handwerker verarmte, die rechtlich frei waren.

Um das Jahr 3000 vor unserer Zeitrechnung etwa bieten Ägypten, Mesopotamien und das Indus-Tal nicht mehr das Bild von Gemeinden aus einfachen Bauern. Es waren vielmehr Staaten entstanden, die entweder die Form von Stadtstaaten wie am Euphrat und Tigris oder von zentralisierten Reichen wie im Niltal annahmen. Eine solche Konzentration der Macht in den Händen von Königen, Priestern und Schreibern war notwendig für die Errichtung, Instandsetzung und Kontrolle der Bewässerungsanlagen, mit anderen Worten: um die Produktion der erforderlichen Überschüsse zu sichern und nutzbar zu machen.

Beim Übergang von der Antike zum Feudalismus gab es zumindest in Europa keine politischen Revolutionen im Stil etwa der frühbürgerlichen, geschweige denn der französischen Revolution. Warum gab es diese nicht und wo sind dann die Knoten- und Wendepunkte?

---

primitiven Anfangspositionen heraus erhoben hatten, sondern eine Umkehrung der Verhältnisse repräsentierten. Damit einhergegangen ist zeitweise gewiss auch eine Primitivierung des Lebensstandards – wenn man so will das Dunkle Zeitalter der keramischen Jungsteinzeit, *die Dark Ages des Pottery Neolithic*. Diese schlichten Überreste, die armseligen Scherben, können einen durchaus verwirren und zu der irrigen Annahme gelangen lassen, damals hätte alles seinen Anfang erst aus ganz, ganz kleinen Verhältnissen genommen.«
Klaus Schmidt, Sie bauten die ersten Tempel. Das rätselhafte Heiligtum der Steinzeitjäger, München 2008, S. 10 bzw. S. 255 f.

Keine der unterdrückten Klassen und Gruppen verfolgte ein bewusst revolutionäres Ziel, dadurch trugen sie wesentlich dazu bei, dass der Kampf um die Beseitigung der alten und der Aufbau einer neuen, entwicklungsfähigen Gesellschaftsordnung so überaus qualvoll und langwierig waren. Dennoch dürfen wir nicht aus dem Blick verlieren, dass sich in diesen Jahrhunderten immer wieder Menschen zusammenfanden, die sich in wahrhaft dunklem Drange von den Fesseln eines leidvollen Daseins befreien wollten. Sie gaben moralisch-politische Impulse, die noch Jahrhunderte später gerade in revolutionären Umbruchsperioden Männer wie Michelangelo berührten, der Sklaven gestaltete, die sich aus ihrer Fesselung befreien wollten, oder im 20. Jahrhundert, wo sich Karl Liebknecht, um den revolutionären Charakter seiner Gruppe zu kennzeichnen, auf Spartakus berief.

Weil beispielsweise in Rom die subjektiven Kräfte nicht reif und stark genug waren, um es revolutionär zu verändern, fiel den sogenannten Barbaren, hauptsächlich den Germanen und Slawen, deren Stammesordnung in Auflösung war, die Aufgabe zu, dem weströmischen Reich den Todesstoß zu versetzen. Es entstand also eine historisch merkwürdige Situation: Die Germanen und Slawen, deren sozialökonomische Ordnung im Niedergang war, konnten nicht zur nächsthöheren, nämlich der Sklavenhalterordnung übergehen, spielten aber eine revolutionäre Rolle bei ihrer Beseitigung. Mit anderen Worten, sie übersprangen eine Gesellschaftsformation. Mir scheint, dass sich folgendes Gesetz fixieren lässt: Eine Nation oder Völkerschaft kann im Laufe ihrer historischen Entwicklung eine Gesellschaftsformation nur dann überspringen, wenn diese sich, universalhistorisch gesehen, bereits im Niedergang oder in einer allgemeinen Krise befindet und die neue Gesellschaftsformation sich durchzusetzen beginnt oder bereits Gestalt angenommen hat. So bewegt sich das Partikulare im Sog des Allgemein-Weltgeschichtlichen.

Zunächst änderten die meisten ostgermanischen Völkerschaften, die ihre Staaten auf dem Gebiet des untergehenden weströmischen Reich bildeten, in der staatlichen Verwaltung und in der sozialen Struktur nichts Wesentliches. Deshalb kommt der westgermanischen, insbesondere der fränkischen Landnahme, die eine Verbindung von herrschaftlicher und bäuerlicher Landnahme war, besondere revolutionäre Bedeutung zu. Mit der Herausbildung des merowingischen sowie karolingischen Großreiches, die in der zweiten Hälfte des 5. Jahrhunderts begann, bildete sich in Europa – wenn auch in einem langwierigen Prozess – der Feudalismus heraus; von nun an wurde schließlich in Europa das Christentum bestimmend.

Nur angedeutet sei, dass die Gründung des Frankenreiches ein Teil der weltgeschichtlichen Übergangsphase war, der sich vom fünften bis siebten Jahrhundert im vorder- und mittelasiatischen Raum vollzog. Dort entwickelte sich der Feudalismus sowohl aus der patriarchalischen Sklaverei als auch aus der sich auflösenden Gentilordnung. Dabei gab es recht gewaltsame Formen, mit denen die alte Gesellschaftsordnung überwunden wurde. Im Iran beispielsweise zerschlug die machtvolle Volksbewegung der Mazdakiten unter dem Schah Kawad I. (488–531) die alte Sklavenhalterordnung. An den arabischen Feudalismus, die Entstehung des Kalifats und die arabischen Eroberungszüge von Nordafrika bis nach Spanien unter der grünen Fahne des Islams sei hier nur erinnert.

In China begann der revolutionäre Übergang von der Sklavenhalter- zur Feudalgesellschaft infolge des Sturzes der Han-Dynastie, die durch Bauernbewegungen erschüttert war, bereits Ende des zweiten Jahrhunderts.

Um den Wandel zu verstehen, muss man sich auf die entscheidenden Momente beim Übergang von einer Gesellschaftsformation zu einer anderen konzentrieren: auf die Staats- und Gesellschaftsstruktur.

Hinsichtlich des Staates kann es keinen Zweifel geben, dass der Staat der Spätantike in Westeuropa innerhalb von zwei oder drei Generationen bis zum Ende des 6. Jahrhunderts zerstört war. Die römische Bürokratie wurde vernichtet und an ihre Stelle traten neue staatliche Gebilde, in denen die herrschenden Schichten der eingefallenen barbarischen Stämme den Platz der römischen herrschenden Klasse einnahmen oder mit ihren Resten verschmolzen. Die neuen Staatsgebilde waren im Vergleich mit dem römischen Staat recht unentwickelt; die Staatsgewalt beruhte wirtschaftlich auf dem königlichen Haushalt. Infolge dieser wenig ausgebildeten Organisation konnte die Kirche eine selbständige Rolle spielen.

Indem die ins römische Reich einfallenden barbarischen Stämme die alte politische Gewalt stürzten, vollzogen sie eine politische Revolution. Aber vollzog sich auch eine soziale?

Manches mag hier nicht so eindeutig erscheinen wie in der politischen und staatlichen Sphäre. Allein die feudale Grundherrschaft, die sich im Schoße der Spätantike herausgebildet hatte, war nach dem Sturz der römischen Bürokratie in ihrem Wachstum und ihrer Entwicklung nicht mehr durch den Staatsapparat gehemmt. Mit der politischen Revolution war also der Weg frei für die soziale im Sinne der Herausbildung des Feudalismus. Die Produktivkräfte, wie sie sich zumindest in der beherrschenden Landwirtschaft herausgebildet hatten, kamen jetzt in Übereinstimmung mit den Produktions- und Eigentumsverhältnissen.

Vollzog sich die politische Revolution über etwa drei Generationen hinweg, so dauerte die soziale, der Feudalisierungsprozeß, weit länger – zumal mit der fränkischen Landnahme noch der freie Bauernstand als neues Element ins Spiel der sozialen Kräfte kam.

Wegen des Kults, den der Nazismus mit den Germanen trieb, war es lange schwer, unvoreingenommen deren moralisch-politische Leistung beim Auseinanderbrechen des spätantiken Staates und bei der mehr oder weniger spontanen Durchsetzung eines neuen Staats- und Gesellschaftsgefüges vorbehaltlos und umfassend zu würdigen. Es ist dies aber nicht nur der historischen Gerechtigkeit wegen notwendig, sondern zur Klärung der Frage, warum der west- und mitteleuropäische Feudalismus befähigt war, jene sozialen Kräfte zu entwickeln, die den Kapitalismus herbeiführten.

Die Kennzeichnung der uns interessierenden Übergangsperiode mit dem Begriff der Revolution ist keine banale Negation der Kontinuität vom Altertum zum Mittelalter. Allein das Hauptaugenmerk wird auf die Befreiung der Produktivkräfte menschlicher und materieller Natur von den Fesseln eines überlebten Staates gerichtet, ohne die Verluste an geistigen und materiellen Gütern, die die Antike hervorgebracht hatte, zu übersehen oder zu verschweigen. Entscheidend ist, dass diese feudale Revolution den Weg frei machte für eine fruchtbare gesellschaftliche Entwicklung, die es nach Jahrhunderten wieder ermöglichte, kulturell von höherer Ebene an die Antike anzuknüpfen. Es eröffnete sich eine Perspektive, in der in Europa nationale Kulturen als Voraussetzung für die späteren Nationalstaaten entstanden.

Was die Kontinuität betrifft, so konnten die vorwärtsweisenden Kräfte der Barbaren trotz aller revolutionärer Wirren und unerhörter Grausamkeit an Produktivkräfte und materielle Einrichtungen anknüpfen, die die Antike hinterlassen hatte. Mit Karl Marx und Friedrich Engels gesprochen, die Kontinuität in einem Revolutionszeitalter zeigt sich darin, dass die Geschichte »einerseits unter ganz veränderten Umständen die überkommene Tätigkeit fortsetzt und andrerseits mit einer ganz veränderten Tätigkeit die alten Umstände modifiziert«.[5]

Hier kann die feudale Entwicklung nicht weiter verfolgt werden; nur noch eines sei hervorgehoben: die Bedeutung des Staates.

Wie sehr auch das Bestreben zurückzuweisen ist, den Staat als eine selbständige Größe, losgelöst von seinen gesellschaftlichen Entstehungsbedingungen, zu sehen und ihn damit zu überhöhen, so sind doch jene geschichtlichen Erfahrungen zu berücksichtigen, die zeigen, dass der Staat unerlässlich war zum Schutze solcher Verhältnisse der Produktion, die noch entwicklungsfähig waren. Erwies es sich doch als verhängnisvoll, dass das islamische Staatensystem dem Mongoleneinfall nicht gewachsen war, wodurch eine weitere Entwicklung abgebrochen und für Jahrhunderte zurückgeworfen wurde.

Der Feudalismus brachte in der langen Evolution vom Niedergang Roms bis zum Ausgang des Mittelalters in Europa mehrere Kulturvölker mit eigener Sprache hervor; er vervollkommnete die Produktion und beseitigte die Alleinherrschaft der feudalen Naturalwirtschaft; schließlich entwickelte er die sozialen Kräfte in Gestalt des Stadtbürgertums, das dem antifeudalen Kampf Führung und Richtung gab.

Die für diese Epoche charakteristische Ausprägung feudaler Verhältnisse setzt ein mehr oder weniger entwickeltes Privateigentum an Boden, dem damals wichtigsten Produktionsmittel, voraus. Das wiederum ist nur möglich bei einem gewissen Niveau der Produktivkräfte, insbesondere im Bereich der Bodenbewirtschaftung (Überwindung der wilden Feld-Gras-Wirtschaft, eiserne Pflugschar). Doch bleiben insgesamt trotz gewisser Fortschritte – besonders seit dem 10. Jahrhundert – das Niveau und das Ausmaß der Arbeitsteilung gering. Daraus resultiert das für diese Epoche charakteristische weitgehende Vorherrschen naturalwirtschaftlicher Verhältnisse.

Unter diesen Bedingungen sind die Verfügungsgewalt über den Boden und die Herrschaft über Menschen jenseits ökonomischer Zwänge entscheidende Voraussetzungen jeder Mehrproduktaneig-

5 MEW, Bd. 3, S. 45

nung. Neben einer großen Zahl freier Bauern, die noch nicht in feudale Abhängigkeit überführt sind, gibt es zahlreiche Unfreie, die nicht über eigene Wirtschaften verfügen und in einem der Sklaverei ähnlichen Ausbeutungsverhältnis stehen. Sowohl in der späturgesellschaftlichen Ordnung der Germanen und noch ausgeprägter in der spätantiken Gesellschaft gab es feudale Formen der Mehrproduktaneignung, die nach der Entstehung des fränkischen Reiches immer mehr an Gewicht gewannen. Da die Entwicklung zum Feudalismus tendierte, kann man die Epoche vom 6.–9. Jahrhundert in ihrem Gesamtprozess als frühfeudal charakterisieren.

Die relativ schnelle und nahezu völlige Überwindung von Formen der Sklaverei ist ein typischer und für die weitere Entwicklung wichtiger Zug des europäischen Feudalismus. Die Interessiertheit der unmittelbaren Produzenten an der Arbeit erhöhte sich und dadurch konnten Rückschläge im Niveau der Produktivkräfte, wie sie mit dem Verfall der Sklavenhaltergesellschaft eingetreten waren, bald wieder ausgeglichen werden.

Die feudale Grundherrschaft wird zur wichtigsten Erscheinung im sozial-ökonomischen Bereich, vor allem im Frühfeudalismus ein die Wirtschaftsentwicklung vorantreibender Faktor. Entscheidend für die grundherrschaftliche Struktur dieser Epoche sind die enge Bindung der meisten abhängigen Bauern, die sich oft im Status von Unfreien befanden, an die Herren- und Fronhöfe und das beträchtliche Ausmaß der Frondienste der Bauern, mit deren Hilfe die damals allgemein verbreiteten Eigenwirtschaften der Feudalherren betrieben wurden.

Die erste Hauptperiode (6.–9. Jahrhundert) war charakterisiert durch den Widerstand freier Bauern gegen die Überführung in feudale Abhängigkeit, der bis hin zu größeren Erhebungen reichte. Danach handelt es sich vorwiegend um Auseinandersetzungen zwischen bereits abhängigen Bauern und Feudalherren. Dabei sind niedere Protestformen wie Flucht und Dienstverweigerung vorherrschend.

Zur Festigung und Weiterentwicklung im sozial-ökonomischen Bereich entstehen entsprechende Formen von Staat und Recht. An die Stelle gentil-genossenschaftlicher Verhaltensregeln treten das Recht und seine zwangsweise staatliche Durchsetzung. Es entwickeln sich Normen mit Rechtscharakter, dahin tendierend, die Sippe zu zersetzen und das Privateigentum dominieren zu lassen. Doch ist der Staat in dieser Epoche, da angesichts des Vorherrschens der Naturalwirtschaft alle Voraussetzungen für eine straffe Verwaltungsorganisation mit besoldeten Beamten fehlen, durchweg sehr locker gefügt. Dennoch kann das Königtum über längere Zeiträume hinweg eine beträchtliche Stärke und Expansionskraft entwickeln. Das ist vor allem der Fall, solange der sich herausbildende Adel infolge geringer Produktivität und der nur teilweisen Durchsetzung feudaler Verhältnisse im Inneren zur Expansion nach außen drängt. In einem fortgeschrittenen Stadium des Feudalismus tritt infolge der Stärkung der Positionen der Oberschicht des Adels im Inneren eine Schwächung der Zentralgewalt ein.

Die lockere Form der europäischen Feudalstaaten trug wesentlich dazu bei, dass im lokalen Bereich sowohl die Bauern wie später die Stadtbewohner eigene genossenschaftliche Organisationsformen entwickeln, die teilweise an späturgesellschaftliche Formen anknüpfen. Das Spannungsverhältnis zwischen der staatlich-herrschaftlichen Organisation und den genossenschaftlich-demokratischen Verbänden stellt einen progressiven Faktor des europäischen Feudalismus dar. Vor allem schützten letztere die unmittelbaren Produzenten auf dem Lande und in der Stadt. Man kann sagen, dass gerade die Stärke dieser Verbände wesentlich dazu beigetragen hat, dass in Europa zuerst der Übergang zum Frühkapitalismus geglückt ist.

Im kulturellen Bereich sind die Missionierung noch heidnischer Stämme und die Konsolidierung der katholischen Kirche entscheidend. Sie trägt sowohl als Institution wie durch ihre Ideologie zur Festigung des sich herausbildenden Staates und damit zu einer schnellen Weiterentwicklung der gesamten sozialökonomischen Struktur bei. Zugleich bedeutet die Christianisierung einen zivilisatorischen Fortschritt und löst wirtschaftliche Impulse aus. Geistlichkeit und Mönchtum werden schnell zu entscheidenden Kulturträgern, da es auf Grund der Gesellschaftstruktur (Adel und Bauern) keine Kräfte gibt, die deren Bildungsmonopol infrage stellen können.

Im neunten und zehnten Jahrhundert entstanden zusammen mit der vollen Ausprägung der sozialökonomischen, politischen und ideologischen Grundlagen des Feudalismus die Vor- und Keimformen von Nationen. Das ist das Neue gegenüber den früheren Jahrhunderten. Friedrich Engels sah das Heranwachsen neuer Nationalitäten als das »Erzeugnis der unterdrückten Klassen«[6] an. Seit etwa 800 beginnt das

---

6 MEW, Bd. 21, S. 395

Latein außerhalb der Kirche auch in schriftlichen Denkmälern bäuerlichen Idiomen zu weichen, aus denen sich seit längerer Zeit Volkssprachen herausbildeten.

Der revolutionäre Übergangsprozess zum feudalen Gesellschaftssystem hin, der mit der Zerschlagung der Sklavenhaltergesellschaft und der ohnehin zersetzten Urgemeinschaft begonnen hatte, war in der Mitte des zehnten Jahrhunderts im Großen und Ganzen abgeschlossen; von da an entwickelte sich diese Basis des Feudalismus – vor allem im Agrarbereich – im größten Teil Europas gar mächtig. Das wiederum war nur möglich, weil sich im engen Zusammenhang damit eine epochale Wende auch im Staatswesen vollzog. Es ist das große Jahrhundert stabiler Staatsbildungen (Deutschland, Polen, Böhmen, Ungarn, Kiewer Rus) und der Herausbildung jener für Deutschland und Italien charakteristischen und ganz Europa in der einen oder anderen Weise beeinflussenden Machtkonstellation: königlich-kaiserliche Zentralgewalt, Papsttum und Partikulargewalt.

Das geschah mit dem im Jahr 962 wiederbelebten »römischen« Kaisertum und entwickelte sich geradezu zu einem wichtigen Leitmotiv der ganzen mittelalterlichen Geschichte bis zur Reformation hin. Das neu begründete Kaisertum trug auch zur Rettung des krisengeschüttelten Papsttums bei. Schon deshalb reicht es weit über den Rahmen des deutschen Feudalstaates hinaus. Die Papstkirche »vereinigte das ganze feudalisierte Westeuropa, trotz aller innern Kriege, zu einem großen politischen Ganzen, das im Gegensatz stand sowohl zu der schismatisch-griechischen wie zur muhamedanischen Welt. Sie umgab die Feudalverfassung mit dem Heiligenschein göttlicher Weihe. Sie hatte ihre eigne Hierarchie nach feudalem Muster eingerichtet, und schließlich war sie der größte aller Feudalherrn«.[7]

Das neugegründete Kaisertum veränderte das Kräfteverhältnis zu Byzanz und bewirkte, dass der polnische Herrscher Mieszko I. just vier Jahre danach, 966, den politischen Schachzug tat, das Christentum anzunehmen und damit Polen zu schützen.

Das Königtum verkörpert im Allgemeinen im Mittelalter das progressive Element. Die Kaiserkrönung des deutschen Königs Otto I. im Jahr 962, mit der das Bündnis mit dem Papsttum seinen Höhepunkt erreichte, führte dazu, dass als Stütze und Bestandteil des Königtums

---

7 MEW, Bd. 22, S. 299

die gesamte Organisation der katholischen Kirche ausgebaut, Klosterreformen gefördert und das Kunstschaffen in Gestalt der frühen Romanik beflügelt wurden.

Freilich, die letzten Ursachen für die national-staatliche Zersplitterung Deutschlands lagen in der Dialektik von kaiserlich-königlicher Zentralgewalt, Papsttum und Partikulargewalten. In jedem Feudalstaat gab es zentrifugale und zentripetale Kräfte; durch die enge Verbindung von Papsttum einerseits und Kaiser- und Königtum andererseits, die sich zuungunsten des letzteren spätestens nach dem Investiturstreit, also um die Amtseinsetzung von Geistlichen, auswirkte, siegten in Deutschland, aber auch in Italien die zentrifugalen Kräfte.

Es besteht ein großer und weiter Zusammenhang zwischen den staatlich-kirchlichen Machtstrukturen, die sich im zehnten Jahrhundert fixierten, und der frühbürgerlichen Revolution im sechszehnten Jahrhundert, die nicht zuletzt im Zeichen der Kirchen- und Reichsreform stand.

Der Feudalismus brachte in der jahrhundertelangen Evolution vom Niedergang Roms bis zum Ausgang des Mittelalters in Europa mehrere Kulturvölker mit eigener Kultursprache hervor; er vervollkommnete die Produktion, beseitigte die Alleinherrschaft der feudalen Naturalwirtschaft und ließ Handwerk und Gewerbe ausbilden und erweitern; schließlich entwickelte er die sozialen Kräfte in Gestalt des städtischen Bürgertums, die berufen waren, dem antifeudalen Kampf Führung und Richtung zu geben.

Von Europa aus vollzog sich der Durchbruch zum Kapitalismus; er offenbarte den Widerspruch seines Fortschritts unter anderem durch die Kolonialexpansion. War die Hoch-Zeit des Feudalismus durch einen Polyzentrismus in der Welt gekennzeichnet, so hob jetzt der Europazentrismus an. Er litt unter einem inneren Widerspruch: Europa entwickelte sich einerseits zum Zivilisationszentrum des weltgeschichtlichen Fortschritts, andererseits zum Zentrum der Ausbeutung und Unterdrückung von Völkern anderer Kontinente.

Friedrich Engels – und mit ihm auch gegnerische Ideologen wie der katholische Publizist Wilhelm Hohoff – sprach von drei großen Entscheidungsschlachten, die das europäische Bürgertum gegen den Feudalismus zu schlagen hatte:

1. Die bürgerlich-religiöse Revolution, die in Deutschland im sechszehnten Jahrhundert begann und sich in die Schweiz schwerpunktmäßig verlagerte.
2. Die englische Revolution im siebzehnten Jahrhundert.
3. Die Große Französische Revolution des achtzehnten Jahrhundert.

Hier werden die Revolutionen genannt, die in ihrer internationalen Wirkung weltgeschichtlich weittragend waren und in ihrem sozialhistorischen Gehalt und ihrer Zielstellung einen inneren Zusammenhang haben. Mochte auch in Deutschland das Luthertum zum Werkzeug des Fürstenabsolutismus werden, so stand der Protestantismus doch am Anfang des bürgerlichen Selbstverständnisses. Besonders der Calvinismus barg revolutionäre Sprengkraft in sich; er entwickelte ferner Charaktereigenschaften – wie den Antrieb zur Arbeit, zwanghaftes Pflichtgefühl, Sparsamkeit –, die den Kapitalismus mächtig förderten.

Die niederländische Revolution Ende des 16. Jahrhunderts zeigte besonders prägnant, dass die politische und soziale Revolution der vorherrschenden Handels-, aber auch der Manufakturkapitalisten, basierend auf der Evolution von Vorformen der Nationen, zugleich auch eine nationale Revolution war.

Mochte die englische Revolution des 17. Jahrhunderts noch so bedeutungsvoll gewesen sein für die Herausbildung der englischen Nation – welthistorisch lag darin nicht ihre Größe. Dass sie aber die Kontrolle des Staates über die Industrie beseitigte und dem bürgerlichen Geist der Forschung freie Bahn gab, schuf die entscheidenden Voraussetzungen für die industrielle Revolution und machte damit England zur Mutternation der modernen Industrie. So ist die politische Umwälzung des 17. Jahrhundert eine entscheidende Voraussetzung der industriellen Revolution des 18. Jahrhunderts und die Parlamentsreform von 1832 zugunsten der Industriellen ihre Folge.

Die Große Französische Revolution von 1789–1794, der die amerikanische als Sturmglocke gedient hatte, war stärker als jede andere bewusst vorbereitet worden. Bürgerliches Interesse setzte sich in der Vorstellung und in den Losungsworten derart um, dass es mit dem allgemein menschlichen Interesse gleichgesetzt wurde: Freiheit, Gleichheit, Brüderlichkeit.

In der ersten Hälfte des 19. Jahrhundert waren drei Nationen führend: England – technisch-ökonomisch, Frankreich – politisch, Deutschland – philosophisch. Das Einseitige in der Führungskraft dieser drei Nationen, was sich beispielsweise in Deutschland im eklatanten Widerspruch zwischen politischer Rückständigkeit und philosophischer Höhe ausdrückte, mag letztes Endes mit der spezifischen Stoßrichtung und dem besonderen Resultat der jeweils in Angriff genommenen Revolution zusammenhängen, aber ihre Besonderheiten prägten den Charakter der Evolution.

Alle bürgerlichen Umgestaltungen des neunzehnten Jahrhunderts, nicht nur in Europa, standen im Gefolge der Großen Französischen Revolution und mussten auf die eine oder andere Weise von ihr Anleihen aufnehmen. Dabei zeigte sich eine breite Skala der verschiedenen Formen der bürgerlichen Revolution, von der bürgerlich-demokratischen mit einer hohen Aktivität und Selbstbestimmungskraft der Massen bis zur bürgerlichen Revolution von oben, die unter einem Druck von außen und von innen durchgeführt wurde wie in Preußen-Deutschland oder in Japan.

Von nun an, mit der Ausbildung des kapitalistischen Weltmarktes, beginnt die Weltgeschichte im engeren Sinn.

3.

Warum begann die Revolution Nr. 1 der Bourgeoisie in Deutschland und wann endete sie?

Das internationale Zentrum des Feudalsystems war die römisch-katholische Kirche. Deren Vertreter, die in Gestalt der Renaissancepäpste die kulturell neuen Strömungen für ihre Machtzwecke adaptierten und kirchenfürstlich missbrauchten, machten sich auch dadurch zum Gegenstand ebenso umfassender wie hasserfüllter Kritik.

Weil Deutschland materiell und kulturell auf der Höhe der Zeit stand, vom Papsttum aber im Vergleich zu allen anderen Ländern Europas am stärksten ausgebeutet wurde, lag es in der inneren Logik der gesellschaftlichen Entwicklung, dass hier im Zeichen der Kirchen- und Reichsreform eine revolutionäre Massenbewegung ausbrach mit einer Gewalt, die ohnegleichen war im 16. Jahrhundert.

Die Reformation Luthers, die mit der gegen den päpstlichen Ablass ausgelösten nationalen Volksbewegung begann und im deutschen Bauernkrieg ihren Höhepunkt und ihre kritische Wende fand, war zusammen mit der abschließenden Reformation Calvins eine religiöse Revolution mit immensen und vielschichtigen Wirkungen auf Politik,

Ökonomie und Kultur in Deutschland und in Europa. Das Christentum, bislang ausschließlich vertreten von der politischen Machtstruktur der katholischen Papstkirche, war jetzt in der Organisation wie in der Dogmatik ein für allemal gespalten; der »neue Glaube«, der Protestantismus, schuf ein neues Ethos: Arbeitsantrieb, Pflichtgefühl, Sparsamkeit und anderes mehr. Es befähigte damit die Menschen, den Manufakturkapitalismus gleichsam mittelständisch zu verbreitern und die marktverbundene Gutswirtschaft intensiver zu fördern. Schließlich löste der alles aufwühlende Parteienkampf in der Reformationszeit eine Kulturrevolution von bleibender Wirkung aus: Flugblatter, Reden, Bücher erreichten weite Kreise; sie bildeten zusammen mit den höheren Schulen Melanchthons und nicht zuletzt mit der eine Einheitssprache fördernden Bibelübersetzung Luthers das Nationalbewusstsein weiter aus.

Alles in allem vollzog sich hier die erste Revolution der europäischen Bourgeoisie. Doch diese war, so merkwürdig das klingen mag, nicht die Voraussetzung, sondern die Folge der Revolution.

Das spätmittelalterliche Bürgertum, das so vieles hervorgebracht hatte, suchte nach einem neuen, gesicherten Platz im Kräftespiel der Klassen und Schichten, der kirchlichen und der staatlichen Gewalten des allseits krisengeschüttelten Feudalismus; es entwickelte sich erst in der vielschichtigen und langwierigen Reformationsbewegung zu einer Klasse. Die mittelständische Verbreitung des Manufakturkapitalismus zeigte sich darin, dass sie vom 16. Jahrhundert an nicht mehr allein getragen war von den großen Kaufleuten Fuggerschen Zuschnitts, sondern auch von relativ vielen kleinen. Das sich verändernde Bürgertum begann seine historische Laufbahn als Manufaktur-Bourgeoisie und erkannte später in der Zeit der industriellen Revolution immer mehr seinen Beruf, den Feudalismus durch den Kapitalismus abzulösen.

Die angestrebte Kirchenreform führte über die Kirchenspaltung zur frühbürgerlichen Revolution europäischen Ausmaßes.

Dagegen erlitt die Bewegung für eine Reichsreform eine Niederlage. Zur territorialen kam nun noch die religiöse Zerrissenheit Deutschlands. Mochte das Luthertum auch zum Werkzeug vieler Territorialfürsten werden, der Protestantismus stand dennoch am Anfang des bürgerlichen Selbstverständnisses. Gerade deshalb bildete sich besonders in den protestantischen Territorien der ständisch durchwirkte

Absolutismus aus, die »noch feudale« und »embryonal bürgerliche« Monarchie.[1]

Ist es schon für moderne Revolutionen keineswegs so leicht, ihr jeweiliges Ende zu erkennen, dann erst recht nicht für die erste bürgerliche Revolution, die in einer Zeit stattfand, in der es in Mittel- und Südeuropa keine ausgeprägten Nationalstaaten gab. Da verliefen die Grenzen zwischen nationaler und internationaler Revolution im rein territorialen Sinne recht fließend. Wo fing Deutschland damals an, und wo hörte es auf? Auch von dieser Sicht her ist es zumindest problematisch, angesichts der Niederlage einer revolutionären Bewegung in bewegten Zeiten ohne weiteres vom Endpunkt zu sprechen.

Begriffe wie Wendepunkt oder Angelpunkt sind deswegen zur Kennzeichnung der historischen Wirklichkeit adäquater, weil sie sowohl die nun eingeleiteten positiven wie negativen Entwicklungen zu erfassen vermögen.

Alle Aussagen von Friedrich Engels über die verhängnisvollen Entwicklungen in Deutschland beziehen sich auf solche, die sich über viele Jahrzehnte, ja sogar Jahrhunderte erstrecken. Wenn Engels sehr dezidiert sagt, dass die Reformation Deutschland zugrunde gerichtet habe, dann hat er bei aller verkürzten Aussage doch eine Entwicklung im Blick, in die die Verhärtung der religiösen Spaltung vermittels der territorialen Abgrenzung der verschiedenen Glaubensbekenntnisse (cuius regio, eius religio), die Verlagerung der Welthandelswege und der Dreißigjährige Krieg unbedingt mit einbezogen werden müssen. Von der Niederlage auf den Endpunkt zu schließen, von dem aus der revolutionäre Prozess abgeschlossen erscheint, ist eine Betrachtungsweise, die die verschiedenen Entwicklungswege, die sich nach dem Bauernkrieg 1526 national und international eröffneten, außer Acht lässt.

Was den historischen Platz des Bauernkrieges, vor allem in seiner Müntzerschen Ausprägung, betrifft, so kann man immer wieder an jene Aussage von Engels erinnern, die er aus den Erfahrungen der englischen Revolution zog. In seiner Einleitung zur englischen Ausgabe von *»Die Entwicklung des Sozialismus von der Utopie zur Wissenschaft«* stellte er fest: »Damit selbst nur diejenigen Siegesfrüchte vom Bürgertum eingeheimst wurden, die damals erntereif waren, war es nötig, dass die Revolution bedeutend über das Ziel hinaus geführt wurde –

1 MEW, Bd. 21, S. 402

ganz wie 1793 in Frankreich und 1848 in Deutschland. Es scheint dies in der Tat eins der Entwicklungsgesetze der bürgerlichen Gesellschaft zu sein.«[2]

Hinsichtlich der Entwicklungswege, die sich national und international nach 1526 eröffneten, sollten wir auch einige positive Aspekte berücksichtigen. In seinen handschriftlichen Notizen »*Varia über Deutschland*«, geschrieben Ende 1873/Anfang 1874, meinte Engels: »Spezifisch theologisch-theoretischer Charakter der deutschen Revolution des 16. Jahrhunderts. Vorherrschendes Interesse für die Dinge, die nicht von dieser Welt. Die Abstraktion von der miserablen Wirklichkeit – Basis der späteren theoretischen Überlegenheit der Deutschen von Leibniz bis Hegel.«[3] Von dieser Einschätzung einer bedeutenden positiven Entwicklung, die von der deutschen Reformation ausging, rückte Engels niemals ab. Da befand er sich durchaus auch in den revolutionär-demokratischen Traditionen und damit in Übereinstimmung mit Heinrich Heine, der in seinem großartigen Buch »*Zur Geschichte der Religion und Philosophie in Deutschland*« die Kontinuitätslinie schon durch die drei Kapitelüberschriften absteckte: Deutschland bis Luther / Von Luther bis Kant / Von Kant bis Hegel.

In den »*Varia über Deutschland*« finden sich Überlegungen, die geradezu ein Musterbeispiel für die dialektische Methode sind, gesellschaftliche Erscheinungen und Entwicklungen in ihren verschiedenen, auch widerspruchsvollen Seiten zu analysieren. Es lohnt sich, ausführlich zu zitieren: »Die schließliche Unterdrückung des Protestantismus in Frankreich kein Pech für Frankreich – teste Bayle, Voltaire und Diderot. Desgleichen wäre diese Erdrückung in Deutschland nicht ein Unglück für Deutschland gewesen, wohl aber für die Welt. Sie hätte Deutschland die katholische Entwicklungsform der romanischen Länder aufgezwungen, und da die englische Entwicklungsform auch halb katholisch und mittelalterlich war (Universitäten etc. Colleges, public schools, alles protestantische Klöster), wäre die ganz protestantisch deutsche Bildungsreform (Erziehung zu Hause oder in Privathäusern, freiwohnende und kollegwählende Studenten) weggefallen und die europäische geistige Entwicklung unendlich einförmig geworden. Frankreich und England haben die Vorurteile in der Sache, Deutschland hat

---

2 MEW, Bd. 19, S. 534f.

3 MEW, Bd. 18, S. 590

die der Form, die Schablone gesprengt. Daher auch teilweise die Formlosigkeit alles Deutschen, bis jetzt noch mit großen Nachteilen verknüpft, wie die Kleinstaaten, aber für die Entwicklungsfähigkeit der Nation ein enormer Gewinn und erst in der Zukunft volle Früchte tragend, wenn dies selbst einseitige Stadium überwunden.

Dann: der deutsche Protestantismus die einzige moderne Form des Christentums, die der Kritik wert. Der Katholizismus schon im 18. Jahrhundert unter der Kritik, Gegenstand der Polemik (Welche Esel also die Altkatholiken!): der englische (Protestantismus) in unzählige Sekten zerfahren, ohne theologische Entwicklung, oder eine, deren jede Stufe sich als Sekte fixierte. Der deutsche allein hat eine Theologie und damit einen Gegenstand der Kritik – der historischen, philologischen und philosophischen. Diese von Deutschland geliefert, ohne den deutschen Protestantismus unmöglich und doch absolut nötig. Eine Religion wie das Christentum wird nicht mit Spott und Invektive allein vernichtet, sie will auch wissenschaftlich überwunden sein, d. h. geschichtlich erklärt, und das bringt auch die Naturwissenschaft nicht fertig.«[4]

Hier kann nicht die Fülle der inhaltlichen Aussagen und methodologischen Denkanstöße aufgenommen werden, aber festgehalten sei, dass Engels die Entwicklung, die von der ersten bürgerlichen Revolution ausging, keineswegs einsträngig negativ sah. Er betrachtete sie in ihrer widerspruchsvollen Dialektik von nationaler und internationaler Geschichte. Mit einer einseitigen Niederlagen- und Misère-Sicht gerät man wissenschaftlich wie auch moralisch-politisch auf einen Irrweg.

Der immer ausgeprägtere Übergang der lutherischen Reformation zur sogenannten Fürstenreformation ist sicherlich ein hervorstechender Zug der Entwicklung des deutschen Protestantismus nach der Niederlage des Bauernkrieges. Aber das darf nicht die andere Grundtatsache übersehen lassen, dass sich nach 1525 bis in die dreißiger Jahre hinein eine zunächst von den Fürsten unabhängige stadtbürgerliche Reformation ausbreitete. Diese an ähnliche Ereignisse aus der Zeit vor und während des Bauernkriegs anknüpfende Bewegung für politische und kirchliche Umgestaltung in den Städten vollzog sich im Norden, im Nordwesten, im Westen, im Südwesten Deutschlands und in der benachbarten Schweiz. Die reformatorische Initiative in den Städten

---

4 Ebenda, S. 594 f.

dieser Gebiete war in den Jahren 1525 bis etwa 1532 stärker als in den fürstlichen Territorien und ging von der in Zünften und Kirchspielen organisierten Bürgerschaft der Städte aus, nicht vom Patriziat, vom Stadtadel oder von der Stadtobrigkeit. Dabei waren die genossenschaftlichen Bestrebungen zur Errichtung einer Gemeindekirche sehr stark. Erst später setzte sich die Tendenz zur Obrigkeitskirche durch.

Im Nordwesten und Norden siegte diese Bewegung 1526 in Celle, 1528 in Goslar, 1529 in Braunschweig, Hamburg und Göttingen, 1530 in Lübeck, 1531 in Greifswald und Rostock, 1532 in Hannover. In Westfalen fasste die gleiche Bewegung Fuß. Schließlich siegte die Reformation 1531 in Münster, wo sie 1534/35 die radikale Form des Täuferreichs annahm. Die städtisch-republikanische Reformation hatte ihr Zentrum in dem oberdeutsch-schweizerischen Raum unter der Flagge Ulrich Zwinglis. Basel nahm die Reformation 1528/29 an und Bern 1528. Bern aber war für die weitere Entwicklung der politischen und religiösen Reformation in Genf entscheidend. Ohne Unterstützung durch Bern wären weder der politische Befreiungskampf von der bischöflichen und savoyardischen Oberherrschaft noch die Einführung der Reformation möglich geworden.

Manche Erscheinungen der Genfer Reformationsbewegung erinnern in frappierender Weise an das, was 1517 in Wittenberg vor sich ging. So, wenn in der Nacht vom 8. auf den 9. Juni 1532 aus Anlass der päpstlichen Ankündigung des Jubelablasses Anschläge angebracht wurden, die im Namen »des himmlischen Vaters Jedem einen vollkommenen Ablass unter der einzigen Bedingung der Reue und des Glaubens an die Verheißung Christi« versprachen. Welches auch die Stellung der Genfer vorcalvinistischen Reformatoren zu den verschiedenen theologischen Glaubenssätzen und Streitpunkten gewesen sein mag, bei dieser für die Massen bestimmten Proklamation bekannte man sich sozusagen zur Urformel der lutherischen Reformation. Der innerstädtische Druck in Genf selbst und der außenpolitische, der vornehmlich von Bern ausging, nahmen in einer solchen Weise zu, dass die Reformation am 21. Mai 1536 endgültig siegte. Erst jetzt trat der siebenundzwanzigjährige Jean Calvin in dieser Stadt auf den Plan.

Kurz vorher hatte er seine erste theologische Manifestation, die bei allen späteren Bearbeitungen sein Hauptwerk blieb, sein »*Unterricht in der christlichen Religion* (*Institutio religionis christianae*)« in Basel veröffentlicht. Es war einerseits eine systematische Zusammenfassung protestantischer Dogmatik, andererseits eine leidenschaftliche Verteidigung der unterdrückten Protestanten Frankreichs.

Nachdem diese in der Nacht vom 17. zum 18. Oktober 1534 in einer Reihe französischer Städte, auch in der Residenz des Königs, Plakate mit evangelischen Thesen angebracht und damit auch ihre weitverbreitete Organisation bekundet hatten, wurden sie fürchterlichen Verfolgungen ausgesetzt – Verfolgungen, die das gesamte protestantische Europa empörten. In die Genfer Reformation, die unter die Leitung Calvins kam, mündeten unmittelbar sowohl die stadtbürgerliche Reformation in Oberdeutschland und in der Schweiz als auch die unterdrückte protestantische Bewegung Frankreichs.

Das alles war sozial geeint durch das Bürgerliche, bei allen Unterschieden des sozialökonomischen und politischen Entwicklungsgrades und der ideologischen Physiognomie im Einzelnen. Wir rücken wie Engels immer wieder die europäische Bourgeoisie in unser Blickfeld. Das führt dazu, innerhalb der »Revolution Nr. 1« den Spannungsbogen weiter zu fassen, in dem sich der Übergang von der lutherischen zur calvinistischen Reformation alles andere als naht- und konfliktlos vollzog. In dieser Kette voneinander geschiedener und doch wieder zusammenhängender Glieder sind Karlstadt und Zwingli zu erkennen, die ganze Gruppe der oberdeutschen Reformatoren wie Oecolampad, Martin Bucer, Zwinglis Nachfolger Heinrich Bullinger, die Franzosen Lefèvre d'Étaples, Nicolas Cop und Guillaume Farel, der Wegbereiter Calvins in Genf. Schließlich gab es bei Luthers engstem Mitarbeiter Philipp Melanchthon Tendenzen, die in ihrer Konsequenz zu Calvin hinführten.

Bis zum Auftreten von Calvin sind alle Reformatoren der einzigartigen Persönlichkeit Luthers zugeordnet, wenn auch manchmal in spannungsvoller Distanz. Luthers damalige Oberherrschaft im internationalen Protestantismus anerkannte auf seine Weise der französische König Franz I., indem er des Öfteren, u. a. im Dezember 1533, »diese verfluchte Lutherische Ketzersekte« verdammte, die in Paris »wucherte«.[5] Sicherlich war Franz I. zum Leidwesen der Sorbonne in Glaubensfragen nicht taktfest, und mit deutschen protestantischen Fürsten hat er gegen Kaiser und Papst gern intrigiert, wenn es um Oberitalien

---

5 R. J. Knecht, The early Reformation in England and France: a comparison, in: History. The Journal of the Historical Association, February 1972, S. 6, 11

ging. Auch versah man gerade in Frankreich die verschiedenen religiösen und kirchlichen Dissidenten leichter Hand mit dem Etikett: »Lutherisches Ketzertum«. Aber warum gerade dieses Etikett? Echte Demagogie knüpft eben an herrschende Vorstellungen an und berechnet daraufhin ihre Wirkung.

Was verschaffte Luther bei Freund und Feind seine einzigartige internationale Stellung bis in die dreißiger Jahre des 16. Jahrhunderts? War es die Gelehrsamkeit? Hier war ihm wahrscheinlich Melanchthon überlegen. War es seine besondere politische Befähigung? Hier überragte ihn Zwingli. Theologen und Kirchenhistoriker haben in die Seele der Reformatoren und gerade auch Luthers hineingelotet.

So nützlich psychologische Bemühungen auch in der Geschichtswissenschaft sein mögen, eine rechte Antwort auf unsere Frage konnten sie nicht geben. Da erinnern wir uns an die quälenden Studierzimmer-Fragen *Fausts,* ob im Anfang das Wort, der Sinn oder die Kraft war? Und schließlich der befreiende Schluss:

»... auf einmal seh ich Rat
Und schreibe getrost: Im Anfang war die Tat!«[6]

Die befreiende Tat Luthers war es, die Aktionen eines vielmillionenköpfigen Volkes auslöste und inspirierte. In dem von Spannungen wahrhaftig nicht freien Wechselspiel mit dem Volk wurde Luther während gut einundeinhalb Jahrzehnten zur beherrschenden Gestalt auf dem internationalen Feld des Protestantismus.

Es ist die vielfältige, im Volke verwurzelte Bewegung, die den Zusammenhang von lutherischer und calvinischer Reformation in erster Linie herstellte. Wer dabei den Bauernkrieg als kritische Periode nicht richtig erfasst, ihn aus dem Zusammenhang mit der darauffolgenden Phase der Reformation löst, der macht ihn zum Endpunkt und nicht zum Gipfelpunkt der europäischen Revolution.

Nur auf der Grundlage der Volksbewegung sind auch die ideologischen Zusammenhänge zu suchen und zu finden, so widerspruchsvoll sie sein mögen.

Die Anknüpfungspunkte Calvins an Luther sind unbestreitbar, war Luthers ganzes Auftreten doch ein grandioser und zeitweilig höchst

6 Johann Wolfgang Goethe, Faust I, erste Studierzimmerszene

gefährlicher Ungehorsam gegen das Papsttum. Man muss sich nur einmal vergegenwärtigen, mit welcher Devotion der Erfurter Mönch Luther noch 1511 in Rom, trotz aller Enttäuschungen, der Papstkirche gegenüberstand, um sein späteres Rebellentum voll würdigen zu können. Rein dogmatisch waren weder die Gehorsamsdoktrin bei Luther (besonders in den ersten Reformationsjahren) noch das angebliche Widerstandsrecht bei Calvin ganz eindeutig. Überhaupt: Es ist eine merkwürdige List der Geschichte, dass zwei im Grunde ihres Herzens konservative Männer wie Luther und Calvin – wobei Letzterer aristokratischer war als Ersterer – die Welt revolutionär aufwühlten.

»Luther fegte nicht nur den Augiasstall der Kirche, sondern auch den der deutschen Sprache aus, schuf die moderne deutsche Prosa und dichtete Text und Melodie jenes siegesgewissen Chorals, der die Marseillaise des 16. Jahrhunderts wurde.«[7] Friedrich Engels schrieb diese fast hymnischen, an Heinrich Heine erinnernden Worte nicht in einer sonnigen Rheinwein-Laune, sondern in der Erkenntnis des Bürgerlich-Rebellischen, das – trotz allem – in der lutherischen Reformation lag. Von welcher Sicht her wir die Revolution Nr. 1 der Bourgeoisie betrachten mögen, der Zusammenhang von lutherischer und calvinischer Reformation darf nicht auseinandergerissen werden.

Damit rückt wieder die Periodisierung der bürgerlichen Revolution Nr. 1 in unser Blickfeld. Das Jahr des Wittenberger Thesenanschlages, 1517, steht außerhalb der Diskussion, anders ist es mit 1536, dem ersten Auftreten Calvins. Für dieses Datum spricht zunächst der Umstand, dass es eben den Zusammenhang von lutherischer und calvinistischer Reformation und zugleich den Übergang von der ersten Entwicklungsform zur zweiten, höheren Form des Protestantismus fast demonstrativ anzeigt.

Das Jahr 1536 ist in besonderer Weise End- und zugleich Ausgangspunkt.

Es ist Endpunkt für eine Periode, während der die Volksbewegung in ihrer Breite, Vielfalt und ihrem Elan vorherrschte und die Entwicklung der evangelischen Theologie und des Humanismus eine neue ideologische Qualität, eben eine höhere Form des Protestantismus, erforderte. Zu Ende ist jetzt, wie Lucien Febvre sich ausdrückt, die

7 MEW, Bd. 20, S. 312. Gemeint ist »Ein feste Burg ist unser Gott«.

»lange Periode der herrlichen religiösen Anarchie«.[8] Besonders sichtbare Marksteine für das Ende der sozial, politisch und religiös vielfältigen und in ihrer historischen Funktion doch auch wieder einheitlichen Volksbewegung in Europa sind die blutige Repression der französischen Protestanten, die Ende 1534 einsetzte; die Niederschlagung des Täuferreiches in Münster im Sommer 1535; schließlich bald darauf die Verhaftung und spätere Hinrichtung Wullenwebers in Lübeck.

Während das Luthertum sich erst im Feuer der Revolution herausbildete, war der Calvinismus schon mit dem ersten öffentlichen Auftreten Calvins 1536 in den Grundzügen fest umrissen. Er fußte eben auf den Anregungen und Erfahrungen Luthers und der Humanisten und nicht zuletzt auf der bisherigen Volksbewegung für politische und kirchliche Umgestaltungen. Das wiederum ermöglichte es Calvin, sich der Reformation in Genf zu bemächtigen, in dieser Stadtrepublik, die europäische Bedeutung erlangen sollte.

Wir können von einer Gemeinsamkeit des Sieges der calvinischen und lutherischen Reformation im Jahre 1536 insofern sprechen, als diese in jener aufgehoben wurde. Das Jahr 1536 ist noch durch zwei andere bemerkenswerte Daten der europäischen Reformationsgeschichte gekennzeichnet: Damals wurde die Wittenberger Konkordie abgeschlossen, die mit ihrer vermittelnden Abendmahlsformel den Zwinglianismus in den oberdeutschen Städten zugunsten des Luthertums zurückdrängte. In England erschien das Anglikanische Glaubensbekenntnis in zehn Artikeln; die Gegenbewegung, die sogenannte Gnadenpilgerfahrt, d. h. Aufstand der alten feudalen Familien des nördlichen Grenzlandes gegen die Säkularisation der Klöster und den wachsenden Einfluss der königlichen Macht und für die Aufrechterhaltung des »alten, heiligen Glaubens«, erlitt eine Niederlage. Mit 1536 errang die europäische Revolution Nr. 1 einen bedeutsamen Sieg.

Damals wurde jedoch nicht nur ein Endpunkt gesetzt, sondern auch ein Ausgangspunkt. So wie die Reformation in England ein Staatsakt des Königabsolutismus war, mutierte sie in Deutschland von nun an ausschließlich zu einer Aktion des werdenden Fürstenabsolutismus; die Reformation von unten wandelte sich endgültig zu einer von oben. Stärker denn je wird das Luthertum in die landesfürstlichen

---

8 L. Febvre, Les origins de la réforme francaise et le problem general des causes de la réforme, in: Revue historique, 1929, S. 1 ff.

Händel und außenpolitischen Verwicklungen von Kaiser und Reich hineingezogen. Der Calvinismus hat jetzt von einem einzigen Platz, von Genf aus, trotz gelegentlicher Erschütterungen die nötige Ruhe für seine innere Sammlung und macht dort seine »Laboratoriumsversuche«. Er bildet sich auf den von Anfang an gegebenen Grundlagen am klarsten zum theologischen Interessenausdruck des aufstrebenden Bürgertums im Manufakturstadium des Kapitalismus aus. Ideologische Hauptgegner sind jedoch nicht Luthertum und Calvinismus; beide stehen vielmehr in Front gegen den neu aufkommenden Jesuitismus der katholischen Kirche.

1536 kann nicht durch die Tatsache abgewertet werden, dass vom Jahre 1538 bis 1541 Calvin von Genf ausgewiesen war. Ein so ausgewogen urteilender Kirchenhistoriker wie Karl Heussi meinte, dass Calvin mit seiner ersten Wirksamkeit den »Grund für seine späteren Erfolge gelegt« habe.[9] Tatsächlich hatte er so viele Anhänger in der Bürgerschaft gewonnen, dass ohne ihn Genf nicht zu regieren war; er musste wieder zurückgerufen werden.

1536 ist ein Periodeneinschnitt nicht allein wegen des herausragenden Ereignisses in der Stadtrepublik Genf, sondern auch wegen des unverkennbaren Endes der revolutionären Flut, auf die die Ebbe folgte. So bedeutungsvoll im übrigen Genf für die Entwicklung des Calvinismus sein sollte, sein Schicksal war doch nicht allein von den Ereignissen in dieser Stadt abhängig; die sozialhistorische Verwurzelung und Lebenskraft des Calvinismus hatte einen wesentlich breiteren Untergrund.

Die Periode von 1536 bis etwa 1555 ist die Zeit der Sammlung und der Profilierung der Positionskämpfe der drei wichtigsten ideologisch-politischen Richtungen, nämlich des Luthertums, des Calvinismus und des Jesuitismus. Nach 1555 rückte der Calvinismus endgültig auf den ersten Platz im europäischen Protestantismus, wurde zur Kampfideologie der Hugenotten in Frankreich und der Niederländer in ihrem nationalrevolutionären Befreiungskampf. Schließlich wies er in all seinen Nuancen auf die zweite große Entscheidungsschlacht der europäischen Bourgeoisie, auf die englische Revolution des 17. Jahrhunderts, hin.

---

9 Karl Heussi, Kompendium der Kirchengeschichte, Tübingen 1961, S. 321

4.

Was ist eine Revolutionsepoche?

Ideologien und Staaten bewegen sich im Prozess ihres Entstehens und Wirkens in der Dialektik von ökonomisch-sozialer Determiniertheit und relativer Autonomie. Letztere ist notwendig, um in der Gesellschaft fruchtbar wirken zu können.

In der gesellschaftlichen Arbeitsteilung, die sich etwa im Verhältnis von Ökonomie und Staat, Staat und Ideologie, Zentral- und Partikulargewalt, Legislative und Exekutive etc. äußert, haben alle arbeitsteilig sich konstituierenden Bereiche, obwohl direkt oder indirekt miteinander verbunden, stets eine von verschiedenen Klassen, Fraktionen und Interessengruppen vertretene Tendenz, ihre relative Selbstständigkeit soweit auszudehnen, dass sie die gesellschaftliche Totalität in Struktur und Entwicklung deformieren; diese Tendenz drückt sich je nach Gesellschaftsformation und historischem Milieu in Inhalt und Form verschieden aus.

Totale Revolutionen leiten neue Zeitalter ein. Sie stellen in ihrem Wesen die Einheit von ökonomisch-sozialer und politischer Revolution dar und stehen in Struktur- und Entwicklungszusammenhang mit den sektoralen; das reicht von den industriellen, wissenschaftlich-technischen, ideologischen und militärischen Revolutionen bis zu den von Künstlern verfolgten Wandlungsprozessen der Kunst.

Das Verhältnis von totalen und sektoralen Revolutionen muss umrissen werden, um eine inflatorische Degradierung der Begriffe in billige Modeworte zu vermeiden, ebenso wie das Pendant dazu, Revolutionen als Unglück- oder gar Sündenfall anzusehen, nicht als bittere Notwendigkeit.

Totale Revolutionen werden durch die Gesamtheit der ökonomischen, sozialen und politischen Widersprüche einer ganzen Epoche hervorgerufen und bestimmt, stehen also stets in internationalem Zusammenhang und haben sowohl die Umgestaltung der ökonomisch-sozialen Struktur wie den Übergang der staatlichen Herrschaft von einer Klasse zu einer anderen zum Ziel.

Die sektoralen Revolutionen hingegen, obwohl national und international stets im Zusammenhang mit den totalen, leiten nur auf einem bestimmten gesellschaftlichen Bereich eine grundsätzlich neue Entwicklung von epochaler Wirkung ein: zum Beispiel in der Industrie, im Militärwesen, in der Philosophie.

Am Beispiel der Revolutionsepoche von 1789–1871 sei das konkretisiert. In dieser Zeit verhalfen alle in ihr stattfindenden Umbrüche der bürgerlich-kapitalistischen Gesellschaft, insbesondere dem Industriekapitalismus, auf die eine oder andere Weise zum Durchbruch – in weiten Regionen Europas und Nordamerikas.

Industrielle Revolution

Diese Grundfunktion wurzelte in der Anfangsphase der industriellen Revolution vom letzten Drittel des 18. Jahrhunderts, wo der Widerspruch zwischen Produktivkräften und Produktionsverhältnissen neu entstand. Erst von da an konnte die volle Herrschaft des Kapitalismus ins Auge gefasst werden. Dies war in der Epoche des vom Feudalismus teils geduldeten und gegängelten, teils geförderten und ausgenutzten Verlags- und Manufakturkapitalismus noch nicht möglich. Die Durchsetzung des Industriekapitalismus der freien Konkurrenz liegt in der inneren Logik der Geschichte von 1789–1871. Durch den dadurch gegebenen inneren Zusammenhang können wir die Vielfalt in der Einheit der sozialen Revolution der Bourgeoisie erfassen.

Wollen wir diese in ihrer epochalen Ausdehnung untersuchen und darstellen, dann verlangt eine dialektische Verfahrensweise, dass wir die

Bourgeoisie oder die Arbeiterklasse in ihrer ständigen Bewegung sehen. Bei aller Konsistenz der ökonomisch-sozialen Grundbedingung und -funktionen der verschiedenen Klassen in einer bestimmten Epoche verändern sich doch strukturelle Züge, vor allem ideologisch-politische Physiognomien. Das alles vollzieht sich mit den Produktivkräften und damit mit der Arbeitsteilung, unter Umständen auch mit der Lebensweise, mit den Beziehungen der Klassen zueinander sowie zum jeweiligen Staat, schließlich der Völker und Staaten untereinander.

Innerhalb der widerspruchsvollen, spannungs- und beziehungsreichen Zusammenhänge in und zwischen den verschiedenen Revolutionen bilden die soziale und die politische die wichtigste Korrelation; sie verschmilzt besonders wirksam in historischen Knoten- und Wendepunkten.

Da in ihnen der Kampf um die Beseitigung alter Machtverhältnisse und die Errichtung neuer geführt wird, ist jede mit der sozialen Veränderung verbundene Revolution mehr oder weniger gewaltsam, sie stellt jedenfalls einen Rechtsbruch dar. Ohne Rechtsbruch mit der überkommenen Verfassungsinstitution und -wirklichkeit gibt es keine politische Revolution.

Die viel besprochene Machtfrage, eben der Kern der politischen Revolution, kann kein Selbstzweck sein.

Im Bereich der Sinneswahrnehmung können wir zwischen lauten und stillen Revolutionen unterscheiden. Ferdinand Lassalle, der viel Sinn für Melodramatik und rhetorische Effekte hatte, sprach gern davon, dass er nicht nur »Revolutionen im Heugabelsinne« anvisiere. Auch einem Karl Marx war die anschaulich-sinnliche Ausdrucksweise nicht fremd. Gegen diejenigen polemisierend, die »überlebte Methoden des Ackerbaus gewaltsam erhalten und die Wissenschaft ebenso aus der Industrie verbannen« wollten, schrieb er im März 1853: »In der Gesellschaft vollzieht sich eine lautlose Revolution, vor der es kein Entrinnen gibt und die sich um die menschlichen Existenzen, die sie zerbricht, ebensowenig kümmert wie ein Erdbeben um die Häuser, die es zerstört.«[1]

Zunächst zur Industrie: Gegenüber solchen feudal gegängelten Produktionsstätten wie dem Handwerksbetrieb, dem Verlag und der Manufaktur, die lange Zeit das Entwicklungsniveau bestimmten, be-

---

1 MEW, Bd. 8, S. 544

gann in der zweiten Hälfte des 18. Jahrhundert, fast ausschließlich von England aus, der Vormarsch der Fabrikproduktion. Ihr Ablauf, ihre Organisation und räumliche Zentralisation wurden durch die neu erfundenen Werkzeug- und Antriebsmaschinen bestimmt. Mit diesen technischen Neuerungen veränderten sich Grad und Art der vergesellschafteten Arbeit. Der Übergang von der Manufaktur zur Fabrik war unvermeidlich geworden. Aus der technischen Revolution erwuchs unmittelbar die industrielle, die die Investition relativ hoher Summen fixen Kapitals und die Konzentration mehrwertschaffender, arbeitsteilig operierender Proletarier in den Fabriken verlangte.

Wir dürfen darüber nicht übersehen, dass sich zu gleicher Zeit und in hohem Maße, auch von England ausgehend, ein weit ausgreifender Umschwung in der Landwirtschaft vollzog: Die Dreifelderwirtschaft wurde schon altväterlich und durch eine Art Wechselwirtschaft ersetzt, der Futterbau eingeführt und damit die Viehhaltung gestärkt; mehr Vieh bedeutete mehr Dung, der wiederum den Ackerbau verbesserte. Nicht alle Neuerungen stammten aus England, manches kam aus Holland, ja auch aus dem Holsteinisch-Mecklenburgischen. Aber in England war alles konzentriert, in bewusster Wechselwirkung von Acker- und Viehwirtschaft angewandt; das war möglich, weil einerseits der englische Adel über ausgedehnte Betriebsflächen verfügte und sich nicht durch überkommene Gemengelagen gehemmt sah, andererseits die menschlichen Produktivkräfte in Gestalt der Landarbeiter frei von feudalen Fesseln, aber auch von Grund und Boden, waren. Mit dieser agrarischen Revolution entfaltete sich mehr oder weniger ausgeprägt in den Ländern Europas der Widerspruch zwischen den Produktivkräften und Produktionsverhältnissen in der Landwirtschaft. Dies war bedeutungsvoll, weil in ihr die große Mehrheit der kontinentalen Völker beschäftigt und daher besonders betroffen war. Die Bauernbewegung konnte als Trieb- und Schubkraft gar mächtig werden – gerade dort, wo sich, wie in Frankreich, die Bourgeoisie dieser Bewegung annahm.

Die erste Phase der industriellen und agrarischen Revolution fällt ins letzte Drittel des 18. Jahrhundert, also in die Vorbereitungsperiode zur Epoche der sozialen Revolution von 1789–1871. Diese Zeit stellte die Fragen nach einer neuen Gesellschaftsordnung mit aller Schärfe, konnte sie aber nicht beantworten. Die allgemeine Entwicklungstendenz verlangte den Kapitalismus in Industrie und Landwirtschaft;

mehr und mehr zeichnete sich ab, dass die Bourgeoisie keine Aussicht hatte, auf dem Boden des Manufakturkapitalismus ihre politische Herrschaft vollständig zu erringen. Dies war nur im Industriekapitalismus der freien Konkurrenz möglich, wie dieser der wirtschaftlichen und schließlich politischen Freiheit der Bourgeoisie bedurfte. Er war jedoch – insbesondere auf dem Kontinent – nur nach langwierigen harten Kämpfen auf geistigem, politischem, ja militärischem Gebiet durchzusetzen.

Aufklärung

Damit kommen wir zur philosophischen Revolution in Gestalt der Aufklärung des 18. und der deutschen Philosophie des 19. Jahrhunderts. Inwiefern können wir die Aufklärung, die sich in verschiedenen Bewegungsabläufen ihren Weg bahnte und dabei unterschiedliche Parteiungen und Formen hervorbrachte, als geistige Revolution bezeichnen? Ein solcher Begriff ist nur dann gerechtfertigt, wenn sich die Ideologie selbst zunächst ihrem Inhalt nach im Vergleich zu vorangegangenen Vorstellungen als etwas qualitativ Neues, dem Alten Entgegengesetztes versteht. Die Ideologien sind in ihrer Entstehung und Wirksamkeit letzten Endes ökonomisch-sozial determiniert; gleichzeitig besitzen sie eine relative Selbständigkeit, ohne die sie weder in ihrer Entstehung noch in ihrer gesellschaftlichen Wirkung voll zu begreifen wären.

Wenn wir verschiedene gesellschaftliche und geistig-politische Bewegungsverläufe unter dem Sammelbegriff Aufklärung subsumieren können, müssen sie alle aus einer ökonomisch-sozialen Quelle fließen und von gemeinsamen Grundhaltungen und -werten bestimmt sein. Zweifellos entwickelte sich die Aufklärungsbewegung mit jenen kapitalistischen Produktionsweisen, die sich bereits im Feudalismus herausgebildet hatten und in einem späteren Stadium den Übergang vom Verlags- und Manufakturkapitalismus zum Industriekapitalismus ankündigten; darum ist die Annahme, dass es zwischen ökonomisch-sozialer Basis und ideologischem Überbau Zusammenhänge geben müsse, eigentlich unabweisbar.

Dennoch darf man die ökonomisch-soziale Determiniertheit des Überbau-Bereichs nicht verabsolutieren und dabei die eigengesetzlichen Besonderheiten im Prozess des Entstehens und Wirkens der neuen geistigen Welt übersehen.

Der berühmt gewordene, auch die englische und französische Aufklärungsbewegung einbeziehende Leitsatz von Kant, den er in der Dezember-Nummer der *»Berlinischen Monatsschrift«* von 1784 veröffentlichte, hieß: »Aufklärung ist der Ausgang des Menschen aus seiner selbstverschuldeten Unmündigkeit. Unmündigkeit ist das Unvermögen, sich seines Verstandes ohne Leitung eines andern zu bedienen.« Und der Bereich, wo der Verstand des Individuums wenigstens unabhängig von überindividuellen Autoritäten möglichst rational handeln sollte, war die kapitalistische Produktions- und Zirkulationssphäre. Dass auch dort der Verstand des Individuums nicht wirklich autonom, weil an objektive Gegebenheiten und Entwicklungen gebunden ist, steht auf einem anderen Blatt.

Zumindest für die kapitalistische Ökonomie forderten die Bürger: Freiheit des Denkens und Handelns, Gleichheit vor dem Gesetz, Toleranz gegenüber dem Tauschpartner, gleich, ob er Christ, Jude, Muslim oder Atheist sei. Die verschiedenen Schichten der kapitalistischen Eigentümer und ihre Ideologen, die diese Grundwerte und -forderungen – sicherlich bei unterschiedlicher Interpretation und Konsequenz – vertraten, mussten notwendigerweise in Konflikt geraten mit den autoritativen Geboten und Verboten des absolutistischen Staates und der Kirche, kurz: von Thron und Alter des Ancien Régime. Auf diese Weise gesellten sich zu den schon erwähnten aufklärerischen Grundwerten von Freiheit, Gleichheit und Toleranz weitere: die Gerechtigkeit, der Vertrag und die Vernunft – alle wechselseitig aufeinander einwirkend. In diesem Zusammenspiel der Werte, die den Aufklärungsindividualismus ausmachen, wurde als zentraler Wert die menschliche Vernunft erkannt und anerkannt.

Die rationale empirische Denkweise, die das Wesen der Aufklärung ausmachte, war zwar in sich selbst differenziert, jedoch fest geschlossen in der Ablehnung jeglicher Offenbarung: Wenn schon eine Religion, dann sollte es keine Offenbarung sein, sondern eine »natürliche«, vernunftmäßig begründet; wenn schon eine positive Religion, dann sollte sie keinen Einfluss auf Staat und Regierung haben. Auch hier wird die deutliche Frontstellung der Aufklärung gegen das feudalabsolutistische Zusammenrücken von Thron und Altar erkennbar.

Die Vernunft war gegen die Offenbarung gerichtet, keineswegs gegen das Gefühl, am allerwenigsten in deutschen Landen, wo die Aufklärung mit der viel beredeten und viel praktizierten »Empfindsamkeit« Hand in Hand ging. Friedrich Schiller ließ sich zwar in seinen 1793 geschriebenen und 1795 veröffentlichen Briefen *»Über die ästhetische Erziehung des Menschen«* von seinem Abscheu gegenüber der jakobinischen Diktatur von 1793/94 leiten, fasste jedoch von seiner Sicht das Mögliche und Notwendige im Widerspiel von Vernunft und Gefühl zusammen. Im achten Brief schrieb er: »Die Vernunft hat geleistet, was sie leisten kann, wenn sie das Gesetz findet und aufstellt; vollstrecken muss es der mutige Wille und das lebendige Gefühl.« Umgekehrt, so meinte er schließlich, müsse der Weg zum Kopf durch das Herz geöffnet werden: »Ausbildung des Empfindungsvermögens ist also das dringendere Bedürfnis der Zeit, nicht bloß weil sie ein Mittel wird, die verbesserte Einsicht für das Leben wirksam zu machen, sondern selbst darum, weil sie zu Verbesserung der Einsicht erweckt.« Mit der Ausbildung der Vernunft und des Empfindungsvermögens wuchsen alle Varianten des Humanitätsideals.

Die Aufklärung konnte jedoch die neu heranwachsenden Produktions- und Klassenverhältnisse nur deswegen reflektieren und ihnen dienen, weil sie nicht spontan entstand, sondern von Intellektuellen vertreten wurde, die keine Länder- und Zeitgrenzen kannten. Sie war nicht nur aus ihrer Zeit gewachsen, sondern auch aus der Vergangenheit. Ihre Jugendsünden begingen in den Augen der klerikalen Dunkelmänner bereits Denker des 17. Jahrhunderts wie Galilei, Descartes und Newton, die das naturwissenschaftliche Weltbild revolutionierten, indem sie alles Mysteriöse, Wunderliche und Wundersame aus der Naturbetrachtung verbannten. Revolution des Denkens und Schauens also – wohin und wie weit man blickt.

Die Große Französische Revolution in allen ihren Phasen und der Napoleonische Imperialismus zwangen auch die Deutschen zur Auseinandersetzung mit vielen Varianten der Aufklärung. Für die Geister des Fortschritts, ob Reformer oder revolutionäre Demokraten, galt es, ihre »Verstandes-Abstraktionen« (Hegel) kritisch zu untersuchen, sowohl ihre Widersprüche als auch ihre Struktur- und Entwicklungszusammenhänge aufzuzeigen. Es erwies sich, dass der Aufklärungs-Individualismus in seinen Hauptformen als Rationalismus und Empirismus eine im Kern statische Weltanschauung war – obwohl die Aufklärung historisch wirksam sein wollte und wurde, bei späten Vertretern sogar Ansätze dialektischen Denkens aufkamen. Die Kritik an der Aufklärung ging durchaus von dieser aus, so dass man von der zweiten Phase der Aufklärungs-Revolution, vom aufklärerischen Historismus sprechen könnte.

Indem die »deutsche Dialektik«[2] an den aufklärerischen Rationalismus anknüpfte, überwand sie ihn im doppelten Sinne: Sie strebte danach, den widerspruchsvoll bewegten Zusammenhang im enzyklopädischen Wissen, auf das die Aufklärung mit Recht stolz war, zu erkennen und damit alles Statische, das an ihr haftete, zu überwinden. Georg Wilhelm Friedrich Hegel war, wie Friedrich Engels 1859 schrieb, »der erste, der in der Geschichte eine Entwicklung, einen inneren Zusammenhang nachzuweisen versuchte, und wie sonderbar uns auch manches in seiner Philosophie der Geschichte jetzt vorkommen mag, so ist die Großartigkeit der Grundanschauung selbst heute noch bewundernswert …«[3]

Fausts intellektuelle Verzweiflung im ersten Akt von Goethes Drama ist im Kern eine Auseinandersetzung mit der reinen Anhäufung enzyklopädischen Wissens und ein Sehnsuchtsruf:

»Dass ich erkenne, was die Welt
Im Innersten zusammenhält«

Doch die Gipfel an theoretischem Denken oder dichterischem Schauen waren nicht einsam, sondern ruhten auf der breiten Grundlage dialektischen Bemühens in Philosophie und Literatur.

Revolutionstypen

Die unterschiedliche Dynamik der Beziehungen der Klassen untereinander und zum jeweiligen Staat sowie der internationalen Kräfteverhältnisse führte in den einzelnen Ländern zu verschiedenen Revolutionstypen. Sie unterschieden sich hauptsächlich durch den Umfang, die Stärke und Konsequenz der Auseinandersetzungen und durch die spe-

2 MEW, Bd. 19, S. 187
3 MEW, Bd. 13, S. 474

zifischen Ziele, die die Revolutionäre jeweils in den Vordergrund rückten.

Da ist die Große Französische Revolution, die geistig in breitgefächerter Weise vorbereitet wurde und in der die erdrückende Mehrheit des Volkes Bauern ausmachten, die städtischen, insbesondere hauptstädtischen Massen der Handwerker und Plebejer und die aus ihnen hervorgegangenen Führungskräfte mit dramatischer Wucht nebeneinander und nacheinander, aber auch koordiniert zu kämpfen verstanden und den ausländischen Feudalismus mit jenem missionarischen Enthusiasmus zurückschlugen, der heute noch in der Marseillaise nachhallt. Die feudalabsolutistischen Institutionen wurden radikal abgeschafft und erste Wege für die Entwicklung des Industriekapitalismus geebnet; die Bourgeoisie errichtete ihre Herrschaft über wechselvolle Stadien und Etappen der Massenkämpfe. Was im Frankreich der Jahre 1789–1794 geschah, erwies sich als Leitrevolution mit Kettenreaktion.

Zu dieser gehörten, wenn auch in abgewandelter, manchmal deformierter Form, jene Umwälzungen im Preußen-Deutschland der Jahre 1807–1813, 1848/49 und 1866–1871. Nach der Abwehr des Napoleonischen Imperialismus, die nur durch Anleihen ideologischer und militärischer Art aus dem Arsenal des Gegners erfolgreich sein konnte, rückte die Forderung nach nationalstaatlicher Einigung als zentrale Frage der bürgerlich-industriekapitalistischen Revolution in den Vordergrund des politischen Denkens und Handelns. Die Entwicklung des Kräftespiels zwischen Adel, Bourgeoisie und Proletariat veranlasste einerseits die Liberalen innerhalb ihrer Doppelforderung: Einheit und Freiheit, die letztere immer mehr verblassen zu lassen, zwang andererseits Otto von Bismarck, einen Kompromiss mit der Bourgeoisie auf national- und wirtschaftspolitischem Gebiet einzugehen. Der revolutionäre Druck von unten und der hegemoniale, hauptsächlich von Habsburg ausgehende Druck von außen brachten Bismarck zur Erkenntnis, dass es besser sei – wie er sich dem Petersburger Hof gegenüber verteidigte –, eine Revolution selbst zu machen, als eine Revolution anderer zu erleiden.

In England dagegen wirkten die manufakturkapitalistischen Revolutionen des 17. Jahrhunderts in vieler Hinsicht politisch stimulierend und machten die Freiheit der Unternehmer so weit möglich, dass sie die industrielle Revolution inaugurieren konnten. So trieb England, das überdies bei den napoleonischen Kriegen nur im Hintergrund und am Rande engagiert war, den Industriekapitalismus mit besonderer Energie voran; die mit ihm verbundenen Auseinandersetzungen brachten jene politischen Reformen antifeudalen Charakters hervor, die Friedrich Engels 1885 zur Feststellung veranlassten: »Das englische Parlament ist seit 1848 entschieden die revolutionärste Körperschaft der Welt gewesen.«[4] Solche eigenartigen Formen kann die Dialektik von Reform und Revolution annehmen. Bis in die letzten Jahrzehnte des 19. Jahrhunderts bewahrte das Inselreich seinen Vorrang unter den Industrieländern und blieb noch lange danach das Mutterland eines »Big Empire«.

Von ganz anderer Art zeigte sich das Revolutionsgeschehen in Italien, wo die nationale und agrarische Frage eng verschmolzen und das Land fremder Ausbeutung und Unterdrückung unterworfen war. Nur durch Befreiungskriege in der Zeit von 1859–1866 gegen Habsburg konnte Italien Unabhängigkeit und Einheit erringen. In den slawischen Ländern Ost- und Südosteuropas bestand, ähnlich wie in Italien, eine Identität von nationaler und agrarischer Frage; das internationale Kräfteverhältnis und die Schwäche ihrer klassenmäßigen und industriellen Ausgangspositionen gestatteten es ihnen aber nicht, sich von Habsburg, dem Zarismus und den Osmanen schon im 19. Jahrhundert vollständig zu befreien.

Insgesamt betrachtet, gab es in der Epoche von 1789–1871 von West nach Ost eine Abschwächung der ökonomisch-sozialen Bereitschaft für eine industriekapitalistische Entwicklung. Allein schon durch dieses Gefälle war eine Vielfalt von Revolutionen unvermeidlich; doch auch in West- und Mitteleuropa, wo sich die Widersprüche auf dem Niveau der anhebenden und sich durchsetzenden Industrieepoche des Kapitalismus bewegten, gab es beträchtliche Unterschiede.

Warum aber bewirkt gerade die Vielfalt der Revolutionen ihre Einheit?

Über die Revolutionstypologie hinaus, die die Analyse innerhalb eines Erkenntnisprozesses ausmacht, sollte zur Synthese fortgeschritten werden; es gilt, den Struktur- und Entwicklungszusammenhang der ver-

---

4 MEW, Bd. 36, S. 327

schiedenen Revolutionen nicht nur allgemein in ihrer inneren Logik zu erkennen, sondern möglichst konkret zu erfassen und darzustellen.

Der Begriff der Epoche erfasst einen Zeit-Raum im doppelten und vollen Sinne des Wortes. Als zeitlich-räumlicher Begriff bezieht er sich auf Struktur- und Entwicklungszusammenhänge sowohl innerhalb einer periodisch unterteilten Zeitspanne als auch innerhalb eines bestimmten Raumes von Völker- und Länderkomplexen.

Zunächst zum räumlich-geographischen Zusammenhang: Der Begriff der Epoche ist nur dann sinnvoll, wenn er sich nicht auf ein Land beschränkt, sondern sich auf kontinentale oder gar weltweite Ausmaße erstreckt. In Wirklichkeit kann man Revolutionen wie die von 1789 nicht erklären, wenn man die Grundwidersprüche nur in den Ländergrenzen Frankreichs im 18. Jahrhundert sieht. Die innere Logik einer revolutionären Epoche kann sowohl in ihrer Vorbereitung wie auch ihrem Ablauf nur in kontinentalen, ja weltweiten Zusammenhängen erfasst und erklärt werden. Selbstverständlich können und müssen wir räumlich und zeitlich begrenzte Revolutionen untersuchen und darstellen; aber wir werden sie nur in provinziell beschränktem Geist verzeichnen, wenn wir das große Kräftespiel über die Grenzen hinweg aus dem Auge verlieren. Auch die kleine und die große Welt sind dialektisch miteinander verbunden.

Der räumlich geographische, unter Umständen interkontinentale Zusammenhang ist von dem zeitlichen, historisch-chronologischen zwar zu unterscheiden, aber nicht zu trennen. Wir werfen hier nur wenige Streiflichter, um wenigstens zweierlei aufleuchten zu lassen: Einmal waren zum Durchsetzen der sozialen Revolution der Bourgeoisie alle genannten Arten von Revolutionen, so unterschiedlich sie in ihrem historischen Gewicht auch sein mochten, in dem einen oder anderen Stadium des epochalen Geschehens notwendig; zum anderen brachte es die Vielfalt der Revolutionen zustande, dass der umwälzende Prozess eigentlich nie unterbrochen, also auch von dieser Sicht her die Einheit der Revolutionen durch ihre Vielfalt realisiert wurde.

Zum Beispiel kennzeichneten wir bereits die französischen Ereignisse von 1789–1794 als Leitrevolution für das 19. Jahrhundert. Auch nach der Aushöhlung und Niederschlagung der Jakobinerdiktatur im Thermidor, der schließlich in der imperialen Herrschaft Napoleons endete, gab es übergenug an revolutionärer Dramatik. »Des Zeiten Geists gewaltig freches Toben« – so heißt die Schlusszeile in einem um 1800 geschriebenen Szenenentwurf zur Faust-Dichtung. Der Sieg der napoleonischen Heerscharen über die preußische Armee 1806 bei Jena und Auerstedt löste endgültig den bürgerlichen Umbruch in Deutschland aus.

Napoleon, der undemokratische Erbe der Großen Französischen Revolution, bildete alle dadurch geschaffenen militärischen Neuerungen zu einem System aus; er vollendete die militärische Revolution, die aus der sozialen und politischen von 1789–1794 hervorgegangen war und dieser gedient hatte. Die neue Taktik bestand aus einer Verbindung von Tirailleurfeuer und geschlossenen Angriffskolonnen. Größere Beweglichkeit und zweckmäßigere Glieder der Truppenverbände – die Divisionen setzten sich nun aus allen Waffengattungen zusammen – gestatteten es, rasch zu manövrieren, um im entscheidenden Augenblick am entscheidenden Ort eine zahlenmäßige Überlegenheit zu erreichen. Der Feind sollte nicht mehr, wie in spätfeudaler Art, vornehmlich aus irgendwelchen Positionen oder Gebieten hinausgeworfen oder -manövriert, sondern vernichtet werden.

Die militärische Revolution spielte beim Beginn der sozialen in Preußen-Deutschland 1807–1813 eine doppelte Rolle: Zunächst erfüllte Napoleon die erste Aufgabe einer jeden politischen Revolution, nämlich die alten militärischen Gewalten zu stürzen; ihre Zerstörung gab die Voraussetzung für den Aufbau des Neuen. Neu-Beginnen in der preußischen Armee war nur durch die Übernahme der militärischen Veränderungen Napoleons möglich. Damit erschöpfte sich jedoch nicht deren Bedeutung für Preußen.

Hier eröffnet sich noch ein zweiter Aspekt: Diese Umwälzungen mussten alles in Staat und Gesellschaft des besiegten Preußen in Bewegung bringen. Das alles personifizierte sich im Wechselspiel zwischen General Scharnhorst, dem führenden Militärreformer, und dem preußischen König Friedrich Wilhelm III. Je mehr Scharnhorst den Blick des Königs für den organischen Zusammenhang zwischen Militär- und Gesellschaftsreform schärfen konnte, desto eher war dieser für ein Stück bürgerlicher Umwälzung zu gewinnen. Der von dumpfem, gleichsam ererbtem Machtinstinkt geleitete König besaß doch manchmal politischen Klarblick im Einzelnen, auch bei Mangel an historischem Weitblick. Not ließ sehen, wenigstens das Nächstliegende; der Mut der Verzweiflung drängte zur Reform. Mehr noch: Die schmerzlich erlebte Zeitgeschichte paukte vielerorts Dialektik ein; oft erkannte man, dass die militärische Invasion nur dann rückgängig gemacht werden konnte, wenn die geistige Invasion verarbeitet und fruchtbar gemacht wurde. Vorarbeit erfolgte seit dem Ende des 18. Jahrhunderts – in Zirkeln, auf dem Katheder, in Denkschriften und in der Publizistik.

Zur Agrarreform gab es in Preußen seit der Französischen Revolution eine umfangreiche Literatur, in der keine bloße Besserung im Rahmen der bestehenden Verhältnisse auf dem Lande, sondern eine Lösung ihrer wirtschaftlichen und moralischen Unverträglichkeiten gefordert wurde. Aufgeklärte Menschlichkeit nahm jetzt die Gestalt politischer Programmforderungen an. Diese waren zugleich erfüllt von der Kantschen Lehre vom Rechtsstaat sowie der physiokratischen Adam Smith'schen Theorie über die freie wirtschaftliche Konkurrenz. Aber nicht nur die produktive Auseinandersetzung mit der ausländischen Wissenschaft und Publizistik bereitete die Stein-Hardenbergsche Staats-, Wirtschafts- und Agrarreform vor, sondern auch die zahlreichen Informationsreisen nach Frankreich, vor allem aber nach England brachten viele Anregungen. Als Freiherr von Stein noch nicht als der große Reformer und Inspirator wirkte, hielt er auf Reisen in England Umschau in Fabriken und Bergwerken.

Gedrängt durch die Nöte der Staatskrise und die Widersprüche in der Land- und Gewerbewirtschaft, flossen alle durch lebendige Anschauung und wissenschaftliche Vernunft gewonnenen Erkenntnisse in das Reformwerk Preußens ein. Nur einige Worte zum berühmten Oktoberedikt von 1807; es ging in das Geschichtsbewusstsein vornehmlich als das erhebende Dokument der Bauernbefreiung ein, obwohl der Aufbau des Textes dies nicht ganz rechtfertigt; denn erst die letzten drei der zwölf Paragraphen des Edikts stehen unter der Überschrift: »Auflösung der Guts-Untertänigkeit«. »Und frei erklär' ich alle meine Knechte« – mit diesen Worten des Ritters Rudenz endeten die Aufführungen des patriotischen Lieblingsdramas der jungen preußischen Offiziere, Schillers *»Wilhelm Tell«*. Die Zeit war reif dafür, wie Heinrich Heine später sagte, aus des Dichters Worten Taten werden zu lassen.

Doch Hand- und Spanndienste, Gefälle und Zinszahlungen blieben vorerst drückende Lasten. Der Kampf um ihre Ablösung – nicht entschädigungslose Aufhebung wie in der Jakobinerphase der Französischen Revolution – zog sich zum Schaden der Bauern bis über die Mitte des 19. Jahrhunderts hin: Kampf zwischen den Gesetzgebern und Gutsbesitzern wie zwischen den Gutsbesitzern und Bauern. Im ersteren Fall stritt man – von welchen moralischen Motiven sich hohe Beamte auch immer leiten lassen mochten – um die wirksamste Form des antinapoleonischen Bündnisses; im zweiten Fall war es der Kampf um handfeste Interessen im agrarisch-ländlichen Produktionsverhältnis. Frei waren die Bauern noch lange nicht, weder von materiellen Lasten noch von moralischen Banden. Aber sie konnten sich kapitalistisch verdingen. Darauf reduzierte sich das Schillersche Pathos, der verklärende Nachruhm des Oktoberedikts.

Es brachte noch die allgemeine Freigabe des zuvor dem Adel vorbehaltenen Rechts auf Bodenbesitz; es gewährte vor allem die ökonomisch längst fällige, von der aufklärerischen Nationalökonomie unablässig geforderte Gewerbefreiheit, der bald die Abschaffung der Zünfte folgen sollte.

International gesehen, gehörte das preußische Reformwerk zur Epoche der bürgerlich-industriekapitalistischen Revolution und bewegte sich politisch, bei allen Eigenarten und konservativen Beimischungen, im Sog der Großen Revolution in Frankreich, ökonomisch im Sog der agrarischen und industriellen Revolution in England.

Das zweite Beispiel für das Zusammenspiel der verschiedenen Arten der Revolution bezieht sich auf die sogenannte Restauration der zwanziger Jahre des 19. Jahrhunderts. Damals, als Gesellschaft und Staat anscheinend ganz und gar im Zeichen der Reaktion standen, kam auch auf dem Kontinent die industrielle Revolution langsam, aber stetig in Gang. Ein solch instinktsicherer und kluger Reaktionär wie Metternich sprach von den »praktischen Revolutionären« [5]. Der Absolutismus befand sich in einem Widerspruch, den er selbst nicht lösen konnte: Um sich den allgemeinen Tendenzen der Ökonomie anpassen und den eigenen Staat im internationalen Kräftespiel stärken zu können, musste er manches im Sinne der kapitalistischen Entwicklung dulden oder sogar fördern; dies wiederum stärkte Klassen, die einen antifeudalen Staat anstrebten.

Mehr noch: Die philosophische Revolution war im deutschen Geistesleben so tief verwurzelt, dass ihr selbst eine Restaurationszeit – zumindest in Preußen – nicht allzu viel anhaben konnte, dass sie in ihr und über sie hinaus wirkte, bis diese ideologische Revolution Ende der

5 zitiert nach: Karl Obermann, Deutschland von 1815–1849, Berlin 1961, S. 22f.

1830er/Anfang der 1840er Jahre eine gleichsam jakobinische Phase bürgerlicher und proletarischer Observanz erreichte – mit all ihrer Kritik an Gesellschaft und Staat, aber auch an Religion und Bibel. Stellvertretend für diese Kritik seien hier David Friedrich Strauß, Bruno Bauer und Ludwig Feuerbach genannt. Der erzkonservative Historiker Heinrich Leo erklärte in den 1830er Jahren, dass 90 Prozent der Studenten Hegelianer seien. Das war natürlich reichlich überzogen. Doch diese denunziatorische Übertreibung macht es uns leichter, das zu begreifen, was Friedrich Engels in den 1880er Jahren schrieb: »Wie in Frankreich im achtzehnten, so leitete auch in Deutschland im neunzehnten Jahrhundert die philosophische Revolution den politischen Zusammenbruch ein.«[6] In mancherlei Hinsicht mündete die philosophische Revolution in die politische vom Februar und März 1848.

Drittes Beispiel: 1849 erlitt die Volksrevolution in Deutschland vor allem durch preußische Waffen und die »Bourgeoisierevolution« in ihrem politischen Aspekt eine Niederlage; die Konterrevolution wiederum konnte nur siegen und sich festigen, weil sie der Bourgeoisie Konzessionen in der Ökonomie machte. Hier nahm die Dialektik von Revolution und Reform wiederum eine ganz andere Form an als in England. Die kapitalistische Ökonomie erwies sich nicht zuletzt durch ihren internationalen Zusammenhang, der Europa bis in die »Neue Welt« Nordamerikas hinüber erfasste, als die stärkste Kraft. Auch darf nicht außer acht gelassen werden, dass die Februarrevolution in Frankreich und die ihr folgenden Klassenkämpfe keinen antifeudalen Charakter besaßen; sie waren vielmehr nur die konvulsivische Anpassung der Staatsform an neue Kräfteverhältnisse unter den verschiedenen Fraktionen der Bourgeoisie und des Kleinbürgertums, die sich vom Proletariat drängen und es dann im Juni blutig niederschlagen ließen. Der größer gewordene Einfluss der Industriebourgeoisie im Staat zeigte an, dass die Februarrevolution die industrielle ergänzte und förderte.

Die Reaktionszeit der fünfziger Jahre des 19. Jahrhunderts war gekennzeichnet durch politischen Rückschritt und ökonomischen Fortschritt von nie dagewesenem Tempo, d.h. durch den Höhepunkt der industriellen Revolution. Allerdings war die Zeit der philosophischen Revolution des Bürgertums endgültig vorbei. Ideologisch ging die

---

6 MEW, Bd. 21, S. 265

Bourgeoisie überall in Europa von der überschwänglichen zur prosaischen Aufklärung über. Auch insofern erwies sich die Niederlage der internationalen Revolution von unten 1848/49 als ein besonders folgenreicher Wendepunkt innerhalb der Epoche der sozialen Revolution von 1789–1871.

Weil die Verhältnisse bürgerlich-kapitalistisch geworden waren und die industrielle Revolution nach 1848 in einem Tempo wie nie zuvor vorandrängte, wurden in Deutschland die staatliche Zersplitterung und alle absolutistischen Überreste, insbesondere auf wirtschaftspolitischen Gebiet, immer unerträglicher. Was bisher unvollendet geblieben war, sollte nun vollbracht werden; alle Klassen und Schichten standen auf eine oder andere Weise unter dem Eindruck von 1848/49, ja aller Volksbewegungen für die innere und äußere Freiheit seit 1789.

Allmählich begriffen auch preußische Junker, die mehr oder weniger kapitalistisch wirtschaften mussten, dass sie eine derartig elementare und zugleich immer bewusster werdende Bewegung, die trotz wiederholter Niederlagen stets Gewinne für die Sache der Freiheit einheimste und trotz aller Reaktionsperioden immer wieder neue Anläufe machte, nicht mehr frontal niederhalten, sondern nur noch unterlaufen konnten. Es wurde immer breiteren Kreisen bewusst, dass sie der Revolution von unten durch eine von oben zuvorkommen müssten.

Mit der Analyse jeder einzelnen Revolution im engeren Sinne und dem Vergleich der verschiedenen Revolutionen miteinander ist es zugleich notwendig, sie alle mit dem Charakter einer ganzen Epoche in Beziehung zu setzen. Spätestens seit Spinoza hat in das theoretische Denken Europas folgender Grundsatz Eingang gefunden: »Die Erkenntnis der Teile eines Ganzen und der Verhältnisse der Teile untereinander muss immer inadäquat bleiben, solange die Teile und das Verhältnis der Teile zueinander nicht auf das Ganze bezogen werden.«[7]

Die französische Februarrevolution von 1848 zum Beispiel löste die Allein- oder Vorherrschaft der Finanzaristokratie ab, wälzte die Staatsform um und dadurch traten alle besitzenden Klassen, eben auch die Industriebourgeoisie, in den Kreis der politischen Macht ein. Die nicht funktionsgerechte Staatstruktur wurde korrigiert. Sehen wir jedoch die Februarrevolution im Bewegungszusammenhang mit der ganzen Epo-

---

7 zitiert nach: Helmut Seidel, Identität von Philosophie und Ethik, Einleitung zu Baruch Spinoza, Ethik, Leipzig 1975, S. 17

che der sozialen Revolution, dann kann man feststellen: Während die Große Französische Revolution von 1789–1794 die Epoche des vom Manufakturkapitalismus durchsetzten und zersetzten Feudalabsolutismus abschloss und die des Industriekapitalismus und der bürgerlichen Gesellschaft überhaupt eröffnete, war die französische Februarrevolution nur die konvulsivische Anpassung an den sich entwickelnden Industriekapitalismus, der 1847/48 bereits seine erste Weltwirtschaftskrise durchzustehen hatte; die Februarrevolution bedeutete die politische Ergänzung und Förderung der industriellen Revolution auf dem europäischen Kontinent.

Allgemein ist zu beachten: Erst durch das Inbeziehungsetzen auf die ganze Epoche kann man den jeweiligen Grad im Fortschritt des Revolutionszyklus, d.h. im Prozess der Ablösung einer Gesellschaftsformation durch eine andere, beurteilen. Der Bewegungszusammenhang innerhalb einer revolutionären Epoche wird nie unterbrochen, wenn sich auch die Bewegungsformen ändern. Nehmen wir nur die Reaktionsperiode nach der Niederschlagung der Volksrevolution von 1848/49; sie verdient ihren Namen wegen des politischen Rückschritts. Dieser ist jedoch mit einem ökonomischen Fortschritt verbunden. Die industrielle Revolution kam damals in einem bis dahin nie gekannten Ausmaß und Tempo voran und schuf die Basis für die Revolutionen von oben.

Was ist der Grund für die Vielfalt der Revolutionen im engeren Sinne?

Da ist zunächst zu beachten, dass sich innerhalb des Widerspruchs zwischen Produktivkräften und Produktionsverhältnissen die ersteren besonders rasch und in den verschiedenen und zugleich miteinander verbundenen Ländern ungleichmäßig entwickeln. Der Formenreichtum resultiert aus den unterschiedlichen Kräfteverhältnissen im Beziehungsgeflecht der Klassen untereinander, der Klassen zum Staat und der Staaten und Völker untereinander.

Dies kommt auch in der Dialektik von Revolution und Konterrevolution zum Ausdruck. So konnten die Reaktionäre während der Revolution von 1848 keineswegs ausschließlich nach ihrer Parole »Gegen Demokraten helfen nur Soldaten« handeln. Vielmehr mussten sie auch politisch einiges tun, damit sich kein Bündnis zwischen Liberalen und Demokraten erneuere; die absolutistischen Konterrevolutionäre mussten der Bourgeoisie politische Konzessionen machen. Und diese bezogen sich auf wirtschafts- und verfassungspolitische Maßnahmen.

Selbstverständlich liegen die Ursachen für die sektoralen Revolutionen in der Strukturierung der jeweiligen Gesellschaft; aber unter den hier ins Auge gefassten Aspekten spielen die Beziehungen der Staaten untereinander eine besondere Rolle.

So haben, um im Kreis der europäischen Mächte bestehen zu können, absolutistische Staaten jene militärische Revolution gefördert, die vom revolutionierten, bürgerlich gewordenen Frankreich ausgegangen ist. Auch die industrielle, ja selbst die ideologische Revolution haben ihre außen- und machtpolitischen Aspekte. Da England, der entscheidende Sieger im antinapoleonischen Kampf Europas, der Demiurg der industriellen Revolution war, erwies sich die sogenannte Gewerbeförderung in verschiedenen deutschen Staaten (vor allem auch in Preußen) nicht allein als eine Konzession an das Bürgertum, sondern auch als motiviert durch den Selbstbehauptungswillen eben dieser Staaten auf der internationalen Arena.

Anders kann man auch nicht erklären, warum ausgerechnet in der sogenannten Restaurationszeit nach 1815 eine ganze Reihe von technischen Hochschulen oder ihrer Vorläufer gegründet wurden: in Berlin 1821, in Dresden 1823, in München 1827, in Stuttgart 1829 und in Wien bereits 1815. Das gehört auch zur Vorbereitungsperiode der industriellen Revolution in Deutschland. Schließlich kann man die Inaugurierung des Zollvereins im Jahre 1834, der zur Erweiterung des inneren Marktes im werdenden Industriekapitalismus wesentlich beitrug, ohne die preußisch-österreichische Rivalität überhaupt nicht voll verstehen. Unter diesem Gesichtspunkt sind ebenfalls manche Erscheinungen der ideologischen Revolution ins Auge zu fassen.

Wenn Hegel 1818 nach Berlin berufen wurde und Preußen innerhalb einer sicherlich zwiespältigen Berufungspolitik die vom Bildungsbürgertum getragene Wissenschaft von Weltrang dennoch gefördert hat, dann war der Impuls dazu unter anderem der Wettbewerb mit Österreich.

Die Dialektik der Geschichte mit ihren dynamisch bewegten und sich durchkreuzenden Beziehungen von Klassen und Staaten zwingt bisweilen auch die Reaktion, auf begrenzten Gebieten und in Maßen,

Konzessionen an den Fortschritt zu machen. Darin drückt sich auch die indirekt wirkende Kraft der jeweils fortschrittlichen Klasse aus, die die Hauptrichtung der geschichtlichen Bewegung einer Epoche bestimmt – und das war in der von uns behandelten Epoche die Bourgeoisie, die nicht getrennt gesehen werden sollte von der in den ökonomisch und politisch leitenden Ländern wie England und Frankreich. Auch in der Bismarckschen Revolution von oben (1866–71) zeigt sich in der indirekten Kraft der Industriebourgeoisie die List der Geschichte. Von einer solchen können wir in Anlehnung an die von Hegel formulierte These von der List der Vernunft sprechen.[8] Am Errungenen festhalten und es dennoch weiterführen – in diesem Geiste der »deutschen Dialektik« schrieb Goethe 1821 jene Verszeilen, mit denen ich enden möchte:

»Um umzuschaffen das Geschaffene,
Damit sich's nicht zum Starren waffne
Wirkt ewiges lebendiges Tun.«

---

8 Mit dem Arbeitstitel »Bismarck und die List der Geschichte« schrieb Ernst Engelberg den ersten Band seiner Biographie, die unter dem Titel »Bismarck – Urpreusse und Reichsgründer« 1985 zeitgleich in Ost und West erschien.

5.

Wie ist das Verhältnis von Innen- und Außenpolitik?

Genau besehen, fasst die viel strapazierte These vom Primat der Außenpolitik wie ihre Antithese vom Primat der Innenpolitik immer nur eine einsträngige, jeweils nur in eine Richtung verlaufende Beziehung von Zweck und Mittel ins Auge; dabei bleibt das komplexe Spiel und Widerspiel von Zweck und Mittel wie ihr ökonomisch-soziales Bedingungsgefüge außer Acht.

Am Beispiel der Großen Revolution der Franzosen möchte ich es darstellen. In Frankreich, wo sich alle Feudalgewalten auf einen Zentralpunkt, die Hauptstadt Paris, orientierten, prägten sich die Widerspruche zwischen den zum Kapitalismus hin tendierenden Kräften und den feudalen Verhältnissen an Breite und Tiefe so aus, dass sie zur Revolution trieben. Diese grundlegenden, immer spannungsreicher werdenden Widersprüche äußerten sich außen- und innenpolitisch, der Gegensatz zu England und die finanzielle Not des Ancien Régime gehörten dazu. Letztere war akut; in ihrem Zeichen vollzog sich der Aufmarsch der revolutionären Kräfte und stand der erste staatsrechtliche Konflikt: feudale Stände oder bürgerliche Volksvertretung? Letztere konnte nur durch Massenaktionen, durch den Sturm auf die Bastille am 14. Juli 1789 in der Hauptstadt, die Munizipalrevolution in den

Provinzstädten und die Bauernunruhen auf dem Lande dem König und dem Hofe abgetrotzt und gegen diese gesichert werden. Überdies zwangen die Bauern den Adel, auf die Dienst- und Geldleistungen feudalen Ursprungs zu verzichten, allerdings zunächst gegen belastende und lästige Entschädigungen, die mit einem Schlag oder ratenweise zu bezahlen waren.

Der Fluchtversuch des französischen Königs im Juni 1791 zeigte, dass die Revolution nicht ohne Auseinandersetzung mit dem Ausland vonstattengehen konnte. Namhafte Teile der französischen Bourgeoisie wollten einen Präventivkrieg und zwecks Erweiterung ihrer Interessensphare die Revolution ins feudale Ausland tragen; der König und die Königin hingegen schürten Kriegshoffnungen aus entgegengesetzten Gründen. Sie setzten darauf, nach der von ihnen erwarteten Niederlage der eigenen, sich revolutionierenden Armee mit Hilfe der fremden Heere der österreichisch-preußischen Koalition und ihres Emigrantentrosses die feudale Konterrevolution nach Frankreich zu tragen. Österreich und Preußen wiederum wollten durch einen Krieg im Zeichen der Solidarität der Throne ein Übergreifen der französischen Bewegung auf ihre Länder verhindern. So entstand mit innerer Notwendigkeit der Krieg, der mit Waffen und mit Propaganda. Der Losung »Krieg den Palästen, Friede den Hütten« setzte die Konterrevolution im Manifest ihres Oberkommandierenden, des Herzogs von Braunschweig, die Drohung entgegen, Paris zu vernichten, falls der Königsfamilie Gewalt angetan werde.

Die Massen waren durch die Wirtschaftskrise und die Opfer an Gut und Blut im Krieg gegen das feudale Europa so belastet, dass sie sich mit der Herrschaft der großbürgerlich-adligen Konstitutionellen nicht zufriedengeben konnten. Empört auch über die Unfähigkeit, das französische Vaterland gegen die Heere des feudalen Europa zu verteidigen, stürmten Volksmassen am 10. August 1792 die Tuilerien.

Nach dem 14. Juli 1789 war dieser 10. August 1792 der zweite »journée révolutionnaire«, der zweite große Wende- und Knotenpunkt jener Jahre: Der König wurde suspendiert, ein Nationalrat berufen und die bürgerliche Nationalgarde durch die allgemeine Volksbewaffnung zurückgedrängt. Während der durch den 10. August 1792 eingeleiteten Revolutionsphase, als die Gironde im Nationalkonvent noch vorherrschte, aber in einem ständigen Duell mit der Montagne stand, richtete man Ludwig XVI. am 21. Januar 1793 hin und erklärte der weltpolitischen Konkurrenzmacht England am 1. Februar 1793 den Krieg.

Im Auf und Ab der Volksbewegung, im Ablauf von Revolution und Konterrevolution war der dritte »journée révolutionnaire« der am 31. Mai begonnene und am 2. Juni 1793 vollendete Volksaufstand; er leitete die Herrschaft der Jakobiner ein, in der sich der Kampf gegen den ausländischen Feind und die innere Konterrevolution zuspitzte.

Zu den bleibenden Verdiensten der Jakobinerdiktatur gehört das Dekret über die vollständige und entschädigungslose Abschaffung der Feudalrechte im Juli 1794. Die ökonomisch und sozial befreiten Bauern, also die Mehrheit des Volkes, fühlten sich als Herren ihres Schicksals und kämpften mit den städtischen Handwerkern und Plebejern siegreich und mit patriotischem Enthusiasmus gegen die fremden Eindringlinge und ihre einheimischen Helfershelfer.

War der letzte Akt der Agrargesetzgebung der Todesstoß für den Feudalismus, so erwies er sich zugleich als die entscheidende Geburtshilfe für den Kapitalismus. Darüber schrieb Karl Marx mehr als ein halbes Jahrhundert später: »Die Bauernklasse war der allgegenwärtige Protest gegen die eben erst gestürzte Grundaristokratie. Die Wurzeln, die das Parzelleneigentum in dem französischen Grund und Boden schlug, entzogen dem Feudalismus jeden Nahrungsstoff. Seine Grenzpfähle bildeten das natürliche Befestigungswerk der Bourgeoisie gegen jeden Handstreich ihrer alten Oberherren.«[1]

In allen drei Phasen der Revolution, in denen Innen- und Außenpolitik stets miteinander verflochten waren, wirkte das Volk als Hauptkraft – von Phase zu Phase organisierter. Den Vortrupp bildeten die Massen der Pariser Handwerker und Plebejer, aber ohne die oft selbstständigen Aktionen in den Provinzstädten und auf dem Lande hätte es keine nationale Volksrevolution gegen die inneren und äußeren Feinde gegeben. In den Jahren 1789 bis 1794 vollzog sich die bürgerliche Revolution von unten in ihrer klassischen Ausprägung, wahrlich die Große Revolution der Franzosen.

Als am 9. Thermidor (27. Juli) 1794 die Bourgeois-Republikaner die Jakobinerdiktatur stürzten, wollten und konnten sie keineswegs das Ancien Régime restaurieren. In diesem Sinne waren die Thermido-

1 MEW, Bd. 8, S. 201

rianer keine Konterrevolutionare, sondern antifeudale Vertreter der Bourgeoisie.

Was sich auch an Antidemokratischem und Diktatorischem im Frankreich der nächsten Jahre und Jahrzehnte ereignen mochte, es blieben die Ergebnisse der revolutionären Befreiung von feudalen Fesseln in Stadt und Land, die Festigung der Einheit der Nation und die Sicherung ihrer Unabhängigkeit. Alle diese großen Fragen bestimmten in dieser oder jener Form den Widerstreit der Klassen und Staaten Europas bis ins letzte Drittel des 19. Jahrhunderts.

Schon um dieser Grundfragen willen muss zur ideologischen Kampfansage gegen die bislang unbestrittene These von der sozialen Revolution in den Jahren von 1789 bis 1794 einiges gesagt werden. Zwei Gegenthesen werden angeführt: Erstens habe die Französische Revolution nicht den Feudalismus beseitigt, weil dieser schon längst verschwunden war, zweitens war sie nicht das Werk von Kapitalisten; in die verfassunggebende Versammlung (die Konstituante) zog die Gruppe von Großhändlern, Bankiers, Manufakturbesitzern und Fabrikanten mit nur dreizehn Prozent ein, wahrend zwei Drittel der Deputierten des Dritten Standes freien Berufen angehörten. Manche Historiker sprachen von einer Revolution der aufklärerischen Eliten.

Die erste Hauptthese berührt das grundsätzliche Verhältnis von Basis und Überbau einer Gesellschaftsformation. Für viele ist bei der Begriffsbildung des Feudalismus sein Überbau, den die hierarchischen Über- und Unterordnungsverhältnisse der Lehnsverfassung kennzeichnen, entscheidend. Da nun diese im 18. Jahrhundert in der Tat durch den Absolutismus langst abgelöst war, haben die Kritiker den Schein der Berechtigung für sich – aber eben nur den Schein.

Abgesehen davon, dass der Absolutismus aus der Dynamik der Lehnsordnung herauswuchs, schützte er die Basis des Feudalismus. Niemand kann bestreiten, dass die mit dem herrschaftlichen Landbesitz verbundenen Rechte wie Frondienst, Produktions- oder Geldrente am Vorabend der Revolution noch in Kraft waren und erst diese sie abschaffte.

Was die zweite Hauptthese betrifft, die Französische Revolution sei allenfalls das Werk von bürgerlichen Schichten, aber nicht von eigentlichen Kapitalisten gewesen, so wird hier übersehen: Jede Klasse ist in ihrem Wesen durch ihren Platz innerhalb eines Systems der gesellschaftlichen Produktion bestimmt und in ihrer dadurch gegebenen

Einheit arbeitsteilig strukturiert. Im Gesamten kann das Wesen einer Revolution nicht allein an ihren führenden Kräften, sondern an ihren Früchten erkannt werden: Die Französische Revolution zerstörte nun einmal das alte feudale System und führte einschränkungslos die Freiheit des Unternehmertums und des Profits ein; sie schuf die Voraussetzung für die allmähliche Durchsetzung der industriellen Revolution. 1789 markiert trotz aller Verzögerungen in der Entwicklung die Ablösung des mit dem Feudalismus verbundenen Manufaktur- durch den Industriekapitalismus.

Verkürzt könnte man sagen: Die Große Französische Revolution war die klassische Revolution von unten, die preußisch-deutsche Umwälzung der Jahre 1866–1871 die klassische Revolution von oben, die den Industriekapitalismus mit all seinen sozialen Implikationen ungemein beschleunigte. Dem Phänomen und dem Begriff der Revolution von oben möchte ich mich jetzt zuwenden.

6.

Was ist eine Revolution von oben?[1]

Die Erfahrungen der Zeit nach 1848/49 und die Epochenwende 1870/71 erfordern eine umfassendere Sicht des Problems der Revolution nicht nur im Hinblick auf große Revolutionen wie die englische und französische und auch nicht nur auf niedergeschlagene Revolutionen »von unten« wie den Bauernkrieg von 1525, die europäischen bürgerlichen Revolutionen von 1848/49 und die Pariser Kommune von 1871, sondern ebenso auf die Formenvielfalt der Formationsübergänge in der Dialektik von Staat und Revolution, von Legitimität und Umsturz, von Klassenkampf und Klassenkompromiss. Auch Revolutionen von gleichem sozial-ökonomischen Typ sind viel-

---

1 Der Text basiert auf einen Vortrag, gehalten am 6. Mai 1986 in Zürich, zu dem am 16. September 1986 der Verleger Wolf Jobst Siedler schrieb: »Wie Du siehst, habe ich anfangs wirklich nur gelesen, dann ein paar Randbemerkungen gemacht und schließlich wirklich gearbeitet. Es ist keine Frage, dass dies ein schöner Text ist, der in gewissem Sinne die Summe aus der großen Biographie gibt, sehr geeignet, Grundlage eines Corso-Bändchens zu sein.« Dennoch wünschte der Verleger den Text »ein wenig ins Essayistische gewendet« und »ins Grundsätzliche«. Mit Hilfe dieser Bemerkungen und anderer Texte Ernst Engelbergs zum Thema verfasste ich den vorliegenden Text.

gestaltig, nicht zuletzt in ihrem zeitlichen Rhythmus und ihren zahlreichen Übergängen.

I.

Zur Auseinandersetzung mit dem Phänomen der Revolution von oben fühlte ich mich nach 1945 geradezu gedrängt. Im Schatten der deutschen Katastrophe schrieb Wilhelm Röpke 1945 sein damals berühmtes Werk *»Die deutsche Frage«*. Es kam 1945 in mehreren Auflagen in Zürich heraus, auch in französischer und englischer Übersetzung. Der Autor gehörte zu den Propheten jenes Neoliberalismus, der dann die Entwicklung des westlichen Nachfolgestaates des untergegangenen Deutschen Reiches so nachhaltig prägen sollte.[2]

Der Reichsgründung von 1870 warf Wilhelm Röpke vor allem vor, dass sie eine Revolution gewesen sei, »ein gewaltsamer und jäher Bruch des Rechts und der organischen Entwicklung«. Von dieser Position aus lehnte er selbstverständlich nicht allein die Revolution von oben ab, sondern war erst recht von Abscheu erfüllt gegenüber einer Revolution von unten, insbesondere wenn sie vom Proletariat geführt würde. Die-

---

2 Da in den Schriften Ernst Engelbergs die liberalen Denker negativ beurteilt werden, sei auf den aufschlussreichen Gedanken von Mario Keßler aus seinem Essay »Kann marxistisches Geschichtsdenken überleben?« hingewiesen: »Ein heute kaum noch bekannter wichtiger Versuch, die Denkrichtungen im Dialog synergetisch zusammenzuführen, wurde in den dreißiger Jahren in Genf unternommen: Was nach dem Ersten Weltkrieg als Ausbildungsstätte für Diplomaten des Völkerbundes begann, entwickelte sich unter der umsichtigen Leitung von William Rappard und dann auch von Carl Jacob Burckhardt zur Schnittstelle moderner, pluraler Geschichtsforschung. Am *Institut de hautes études internationales* lernten die Marxisten Hans Mayer, Ossip Flechtheim und Ernst Engelberg bei und von ihren politischen und wissenschaftlichen Kontrahenten, darunter den Liberalen Ludwig von Mises und Friedrich August von Hayek, und weder Hans Mayers Literaturtheorie, noch Ossip Flechtheims Forschungen zum Kommunismus oder Ernst Engelbergs Überlegungen zur Geschichtstheorie sind ohne die Genfer Impulse denkbar.« in: Mario Keßler, Vom bürgerlichen Zeitalter zur Globalisierung. Beiträge zur Geschichte der Arbeiterbewegung, Berlin 2005, S. 199
Vgl. weiterhin Mario Keßler, Ossip K. Flechthein – Politischer Wissenschaftler und Zukunftsdenker (1909–1998), Köln, Weimar, Berlin 2007, S. 49–60. Unter den zahlreichen Publikationen des Autors sei besonders hervorgehoben »Wissenschaft und Politik. Ernst Engelberg (geboren 1909)« in: Exilerfahrung in Wissenschaft und Politik – Remigrierte Historiker in der frühen DDR, Köln, Weimar, Berlin 2007, S. 222–257

ser Klasse war seiner Meinung nach »entscheidend« die starke Bevölkerungsvermehrung zu verdanken gewesen. Röpke verstieg sich zur Behauptung: »Dieses Deutschland ist von ungezählten Millionen überflutet worden, die zu schnell und zu zahlreich kamen, um noch kulturell assimiliert zu werden. Deutschland ist das Opfer einer Barbareninvasion geworden, die aus dem eigenen Schoße der Nation hervorgegangen ist.« Diesen ungeheuerlichen Satz ließ der Erzliberale Röpke auch noch kursiv setzen. Die Gefahr der »Barbareninvasion«, so fuhr er fort, wäre um so größer geworden, als die zusätzlichen Millionen erfasst wurden vom »organisierten Sozialismus als Massenbewegung, geführt von Menschen, die an einer solchen Wirtschaft eigentlich nur das eine auszusetzen haben, dass andere an den leitenden Schreibtischen sitzen.«[3]

Abgesehen davon, dass hier der öfters erwähnte Neidkomplex publizistisch ins Spiel kam, war für mich damals entscheidend, dass Wilhelm Röpke dem Bismarckreich gerade das als negativ anlastete, was ich in meiner Dissertation verteidigt hatte, nämlich die von der deutschen Sozialdemokratie organisierte Arbeiterbewegung. Sicher wusste ich, dass Marx und Engels die deutsche Nationalstaatsbildung bei aller Kritik an ihrem undemokratischen und preußisch-dynastischen Charakter als einen historischen Fortschritt betrachteten, gerade auch im Blick auf die Entwicklung der Arbeiterbewegung. Weil die Röpke-Publikation die Arbeiterbewegung nicht nur kritisierte, sondern diffamierte, beschäftigte ich mich intensiver mit dem, was Röpke als »preußischen Komplex« und als »krankhaftes Einheitsgefühl« verurteilte. Indem er die Reichsgründung als Revolution von oben so vehement verneinte, wurde mir klarer denn je, dass dies der Schlüsselbegriff ist, um das Geschehen in den Jahren 1866 bis 1871 in seinem Wesen adäquat zu erfassen.

II.

Ausgehen möchte ich hier von den kriegerischen und politischen Ereignissen im Sommer 1866, von der Niederlage der österreichischen Armee gegenüber der preußischen bei Königgrätz und dem Abschluss

3 Wilhelm Röpke, Die deutsche Frage, 2. Aufl., Erlenbach-Zürich 1945, S. 201/202

eines Friedensvertrages, der Preußen erlaubte, Hannover, Nassau, Kurhessen, Schleswig-Holstein und Frankfurt zu annektieren. Mit der Annexion wurden drei Fürsten entthront gegen alle Prinzipien des Legitimität und des Gottesgnadentums; Bismarck beseitigte den 1815 auf dem Wiener Kongress geschaffenen Deutschen Bund. Der 1867 gegründete Norddeutsche Bund war die Vorstufe des im Krieg gegen Frankreich geborenen Kaiserreiches von 1871.

Was Bismarck also 1866 und danach vollzog, bezeichneten seine Freunde wie Feinde als eine Revolution von oben. Die zeitgenössischen Betrachter aus den verschiedenen Parteienlagern versahen das Schlüsselwort allerdings mit unterschiedlichen, negativen oder positiven, Vorzeichen und emotionalen Akzenten.

Heinrich von Treitschke, der liberale Überläufer zu Bismarck und spätere Bismarckianer par excellence, schrieb am 28. Juli 1866 an seine Frau: »Die Revolution, in der wir stehen, kommt von oben.«[4] Und am Ende des gleichen Jahres, am 1. Dezember, meinte er gegenüber dem Verleger Georg Reimer halb befriedigt, halb resigniert: »Unsere Revolution wird von oben vollendet, wie begonnen, und wir mit unserem beschränkten Untertanenverstand tappen im Dunkeln.«[5] Der aus der Schweiz stammende Staatsrechtlehrer und Politiker J. C. Bluntschli hatte im Juni 1866 geschrieben: »Nach meiner Ansicht ist der gegenwärtige Krieg nichts anderes als die deutsche Revolution in Kriegsform, geleitet von oben statt von unten, der Natur der Monarchie gemäß.«[6] In ähnlichem Sinne äußerten sich auch andere Rechtsliberale.

Ende August 1866 stimmten die Liberalen im preußischen Abgeordnetenhaus den Annexionen mit dem vollen Bewusstsein und gutem Gewissen zu, sie verträten das neue Recht des bürgerlich-kapitalistischen Zeitalters gegen das alte Recht des feudalen Absolutismus, das Recht der Nation auf staatliche Einheit, die – ähnlich wie in Italien – das Aufgehen der kleineren Staaten in einen größeren staatlichen Zusammenhang verlangt, gegen das legitimistisch-partikularistische Staa-

4 Heinrich von Treitschke, Briefe, Hrsg. M. Cornicelius, Bd. 3/1, Leipzig 1917, S. 34

5 Ebenda, S. 103 Anm.

6 Johann Caspar Bluntschli, Denkwürdigkeiten aus meinem Leben, Bd. 3, Nördlingen 1884, S. 160. Vgl. auch Revolution und Reform, in: Deutsches Staats-Wörterbuch. In Verbindung mit deutschen Gelehrten, hrsg. von J. C. Bluntschli / K. Brater, Bd. 8, Stuttgart/Leipzig 1864

tenbundrecht von 1815 bis 1820. Darum proklamierte der Fortschrittsparteiler Wilhelm Loewe-Calbe in der Schlussdebatte, stellvertretend für alle Liberalen: »Wir nehmen diese Länder kraft des Rechts der Revolution.«[7]

In jenem Schicksalsjahr sahen jedoch nicht nur Rechtsliberale, sondern auch aristokratische Mit- und Gegenspieler Bismarcks die damaligen Ereignisse als eine Umwälzung, die aber auch nach ihrem Empfinden etwas widersinnig Ungeheuerliches an sich hatte. Schon vor der Eröffnung der Feindseligkeiten zwischen Preußen und Österreich erschien am 6. Mai in der konservativen *»Kreuzzeitung«* unter dem Titel *»Krieg und Bundes-Reform«* ein Artikel, in dem Ludwig von Gerlach, das Haupt des Hochkonservatismus, den drohenden Krieg auch im Falle des preußischen Sieges als ein »Versinken in die Revolution« und den Bismarckschen Vorschlag auf Einberufung eines deutschen Parlaments auf Grund des allgemeinen und gleichen Wahlrechts als »grundrevolutionären Versuch« denunzierte. Und in seinen *»Denkwürdigkeiten«* stigmatisierte Gerlach mit stockkonservativem Eifer Bismarcks Krieg mit Österreich, der Präsidialmacht des Deutschen Bundes, als seine »grundgottlose Haupttat«.[8]

Der österreichische Feldmarschall Freiherr von Heß, von Hause aus kein Preußenfeind, hatte im Oktober 1866 in einem Brief an den preußischen Feldmarschall Wrangel die Empörung über Bismarcks Politik noch im Ton militärischer Kameraderie vorgebracht, als er meinte: »Nun ist aber die Revolution von oben durch Euch in Mode gekommen. Wehe Euch doppelt, wenn sie Euch nach weggespültem Rechtsgefühl in der Flut der Zeiten einmal selbst ergreift! Dann seid ihr verloren!«[9] Hier sprach weniger der Christ als der Legitimist, der die Vertreibung eines Königs, eines Kurfürsten und zweier Herzöge als einen Schlag gegen alle konservativen Grundsätze und Ehrbegriffe mit bitterer Zukunftsangst empfand.

---

7 Stenographische Berichte über die Verhandlungen der durch die Allerhöchste Verordnung vom 28. 7. 1866 einberufenen beiden Häuser des Landtages. Haus der Abgeordneten, Berlin 1866, S. 263

8 Ernst Ludwig von Gerlach, Aufzeichnungen aus seinem Leben und Wirken 1795–1877, Bd. 2, Schwerin 1903, S. 283

9 zitiert nach: Oskar Regele, Feldzeugmeister Benedek. Der Weg nach Königgrätz, Wien/München 1960, S. 479f.

Aber auch die demokratischen und sozialistischen Gegner Bismarcks bezeichneten die von ihm verfolgte Politik und deren Resultate als Revolution von oben. Noch am Vorabend des sogenannten deutschen Bruderkrieges 1866 schrieb der badische Demokrat Ludwig Eckardt, dass »diese Einheitsfrage eine revolutionäre« sei, die »mithin nur auf dem Wege der Gewalt ... entweder von oben herab ... oder von unten herauf, durch das Volk« gelöst werden könne.[10]

Schließlich sei noch der revolutionäre Sozialist Wilhelm Liebknecht erwähnt, der 1870 am 9. Dezember im Norddeutschen Reichstag unter Protest des »hohen Hauses« erklärte: »Dieser ganze Reichstag samt dem Norddeutschen Bund, dessen Verzierung der Reichstag bloß ist, ist das Produkt eines Rechtsbruchs, eines von einer absoluten Macht ausgegangenen Rechtsbruchs«. War diese Feststellung auch im Kerne richtig, so erfasste sie dennoch nicht die Komplexität der historischen Vorgänge. Es ist deshalb nicht verwunderlich, dass Liebknechts Mentoren in London, Marx und Engels, ihm immer wieder »Mangel an dialektischer Gewandtheit« vorwarfen und ihn politisch davor warnten, unversehens in ein Bündnis mit Partikularisten, Legitimisten und Klerikalen zu geraten.

Wie reagierten überhaupt die ideologischen Häupter der 1864 gegründeten Internationalen Arbeiter-Assoziation auf die Ereignisse des Sommers 1866? Nur weniges aus ihrer internen Selbstverständigung sei hier herausgegriffen. Engels schrieb schon am 9. Juli an Marx, dass Bismarck »Wege einschlägt, auf denen nur mit liberalen, selbst revolutionären Mitteln voranzukommen ist, und dabei seine eignen Krautjunker ihren eignen Prinzipien tagtäglich ins Gesicht schlagen lässt ...« Marx wiederum hob Ende Juli einige weitere Gesichtspunkte hervor: Die neuen Tatsachen seien zur nationalen »Organisation und Vereinigung des deutschen Proletariats« zu benutzen. Weiter: »Für die Arbeiter ist natürlich alles günstig, was die Bourgeoisie zentralisiert.« Überdies sei Bismarck genötigt, »sich auf die Bourgeoisie zu stützen, die er gegen die Reichsfürsten braucht«.[11]

In den hier zitierten, scheinbar locker hingeschriebenen Sätzen werden die destruktive wie die konstruktive Seite und der politische wie soziale Aspekt der preußisch-deutschen Revolution von 1866

10 Deutsches Wochenblatt, 1.1.1866

11 MEW, Bd. 31, S. 240

sichtbar: Zerstörung des alten Staatensystems, das in Form des Deutschen Bundes nicht nur objektiv entwicklungshemmend, sondern auch subjektiv verhasst war; Übergang zu einer Monarchie, die immer mehr bürgerliche Charakterzüge bekommen musste; Vereinfachung der sozialen und politischen Fronten in Richtung auf eine bürgerliche Gesellschaft bei zugleich besseren Organisations- und Agitationsmöglichkeiten für das Proletariat in einem größeren nationalstaatlichen Rahmen; andererseits als Ergebnis einer von oben, sozusagen königlich-preußisch vollzogenen Revolution die Verpreußung Deutschlands im Sinne der weiteren Militarisierung.

Das alles läuft darauf hinaus, dass sich Liberale und Konservative, Demokraten und Sozialisten darin einig waren, Bismarck habe 1866 einen gewaltsamen Bruch staats- und völkerrechtlicher Institutionen vollzogen. Dabei setzte sich mehr und mehr die Erkenntnis durch, dass die Revolution von oben nicht allein das Ende eines alten Staatssystem war, sondern auch der Beginn einer ökonomisch-sozialen Umwälzung im Sinne des Industriekapitalismus. Deutschland entwickelte sich zu einer modernen Industriegesellschaft mit den für die Zukunft typischen Gegensätzen von Arbeiterklasse und Bourgeoisie.

III.

In welcher Weise aber haben die ökonomischen und politischen Kräfteverhältnisse die Revolution von oben erzwungen? Die Freiheit der Entscheidung auch einer Jahrhundertfigur wie Otto von Bismarck ist am Ende nur in seiner Gebundenheit an außer ihm liegende Umstände zu begreifen; das Subjektive seiner Entscheidung schlägt dann wieder in das Objektive der äußeren Verhältnisse um. Sieht man zurück auf die Zeit vor der Mitte der sechziger Jahre des 19. Jahrhunderts, also auf die Jahre nach der gescheiterten Revolution von 1848, wird das ganz deutlich.

Die von England ausgehende industrielle Revolution verpflanzte die modernen, die Industrie fördernden Produktivkräfte nach und nach in die Agrarländer, die sie brauchten, wenn sie im internationalen Kräftespiel bestehen wollten. Auch der Sieg der absolutistischen Gegenrevolution in den Monaten vom Herbst 1848 bis in den Sommer 1849 musste nicht allein durch Waffengewalt gegen die demokratischen Massen erkämpft, sondern auch durch Konzessionen an das Besitzbürgertum erkauft werden. Nur so konnte das noch liberale Bürgertum aus der solidarischen Aktion gegen den Absolutismus herausgehalten werden.

Mochten diese Konzessionen dürftig und tückenreich gewesen sein, sie förderten dennoch den kapitalistischen und bürgerlichen Fortschritt. Die Unternehmer konnten eine liberalere Handhabung des Konzessionswesens, insbesondere bei der Gründung von Aktiengesellschaften, und ein relativ liberales Bergbaugesetz ausnutzen. Dabei ging der kapitalistische Vormarsch in der Industrie mit dem Modernisierungsprozess der Landwirtschaft Hand in Hand. Im Jahre 1850 wurden die letzten Ablösungsgesetze erlassen, die noch vorhandene feudale Verpflichtungen der Bauern entweder aufhoben oder in kapitalistische Renten verwandelten.

Trotz der schweren Niederlage der demokratischen Revolutionäre und des vergeblichen Strebens des Bildungs- und Besitzbürgertums nach einen liberalen Nationalstaat und einer konstitutionellen Monarchie blieb kaum etwas beim Alten; das gilt für alle deutschen Staaten, vor allem aber für Preußen selbst. So gab es Veränderungen im Ökonomischen, Sozialen, Verfassungspolitischen und Ideologischen.

Wie aber entwickelte sich die europäische Mächtekonstellation und wie wirkte sie auf die innenpolitische Dynamik Preußen-Deutschlands ein? Seit der Niederlage im Krimkrieg büßte der Zarismus seine führende Stellung innerhalb der europäischen Reaktion immer mehr ein. Im Grunde ging die Solidarität der Mächte der Heiligen Allianz nun endgültig zu Bruch; der Gegensatz zwischen Russland und Österreich in der Balkanfrage vertiefte sich immer mehr. Der Zarismus war durch seine Niederlage im Krimkrieg so geschwächt, dass das konservativreaktionäre Lager, insbesondere die preußische Kamarilla, beim »Gendarmen Europas« keinen wirksamen Rückhalt mehr finden konnte. Ihr ahnungsloses Festhalten an der überkommenen Politik konservativer Solidarität bekam historisch geradezu groteske Züge. Otto von Bismarck sah das am schärfsten.

Mit der Weltwirtschaftskrise von 1857 und der politischen Krise von 1859 um Oberitalien, als das Napoleonische Frankreich und Sardinien einerseits und das Habsburgerreich auf der anderen Seite schließlich auch militärisch aufeinanderstießen, entwickelte sich in Deutschland eine nationalrevolutionäre Krise. Sie begann mit der Abwehr der wirklichen oder vermeintlichen Annexionsabsichten Napoleons III. auf Teile des linken Rheinufers 1859; sehr bald führte sie weiter zu einem immer unüberhörbareren Verlangen nach nationaler Einheit und bürgerlicher Umgestaltung der politischen Verhältnisse. Die Volksbewegung stand noch 1859 ganz unter dem Einfluss der liberalen Bourgeoisie, die einen deutschen Nationalstaat unter preußischer Führung erstrebte und vor allem im Nationalverein organisiert war; in den folgenden Jahren differenzierte und radikalisierte sie sich immer stärker.

Im Juni 1861 markierte die Gründung der Fortschrittspartei in Preußen eine Linksschwenkung großer Teile des Bildungs- und Besitzbürgertums, das aber liberal blieb und keineswegs demokratisch sein wollte. 1863 trennten sich die politisch bewusstesten Arbeiter unter der Führung Ferdinand Lassalles vom Bürgertum. Ende 1863, das heißt zu Beginn des schleswig-holsteinischen Konflikts, zeigten zahlreiche Volksversammlungen, Komitees, Freiwilligenformationen und Wehrübungen, dass die Organisation der Werktätigen wie die der Bourgeoisie vielschichtiger und umfassender geworden war, angefangen vom bürgerlich-liberalen Nationalverein über die Turn-, Schützen- und Sängervereine bis zu den Arbeiterorganisationen. Im Frühjahr 1864 trennte sich die kleinbürgerliche Demokratie vom bürgerlichen Liberalismus vor allem in den Staaten, in denen das Kleinbürgertum und das Kleinbauerntum vorherrschten, also in Württemberg, Baden, Hessen-Darmstadt und Thüringen. In Preußen und Sachsen dagegen radikalisierte sich 1865 die kleinbürgerliche Demokratie, und es entstanden neue demokratische Arbeiterorganisationen. Das hatte mit der fortgeschrittenen Industrialisierung dieser Länder zu tun.

Mit deutlicher Absage an alle Bestrebungen nach einem deutschen Nationalstaat unter preußischer Führung trat die vom radikalen Kleinbürgertum und von der Arbeiterklasse getragene Demokratie für einen Nationalstaat ein, der von den revolutionären Massen gegen die bestehenden Dynastien erkämpft werden sollte. Also Revolution von unten!

Die Möglichkeiten des Bürgertums, sowohl seine nationalen und ökonomischen Ziele als auch wesentliche politische Machtansprüche durchzusetzen, waren nicht gering. Der Nationalverein, der das nationalpolitische Programm des Bürgertums vertrat, war eine Honoratiorenorganisation, die Arbeiter und Studenten bewusst von sich fernhielt und sich darum lediglich großbürgerliche Willensbildung bewahrte; auf der andern Seite hatte der Nationalverein beachtliche Ausstrahlungskraft auf die Organisationen des Volkes. Die liberale Presse erschien täglich in einer Auflage, die die konservative um mehr als das Fünffache übertraf, nämlich mit 250 000 Exemplaren gegenüber 45 000.[12]

Doch verschiedene Widersprüche, in denen sich die Liberalen bewegten, lähmten ihre historische Tatkraft. Der entscheidende Widerspruch war, dass der Liberalismus das Volk in begrenztem Maße und mit ängstlichem Herzen als Druckmittel gegen die Dynastien und ihre Ministerien benutzte, aber gleichzeitig gegen die Revolution von unten war, also gegen die Gewalt der Massen.

Diesen halbherzigen Zwiespalt der Liberalen hat der Ästhetiker und schwäbische Politiker Friedrich Theodor Vischer ebenso pfiffig wie offenherzig Ende 1863 brieflich formuliert: »Wir setzen es nicht durch ohne etwas wie Revolution … Wir gewinnen es, wenn wir den Grad der Bewegung zustande bringen, welcher auf die Machthaber den Eindruck eines Erdbebens macht. Dann bricht ihnen der Hosenbändel. Dieser Eindruck wird nur hervorgebracht, wenn alles bebt, wenn man auf den Straßen sieht, dass alles wuselt, und wenn dies aufgeregte Ganze drohend aussieht, ohne doch Exzesse zu begehen; so wird das Medusengesicht zuwege gebracht, das versteinernd auf die Regierungen wirkt.«[13] Aber Volksbewegtes, Schmierenkomödiantisches dieser Art konnte Männer wie Bismarck nicht beeindrucken. Das bewies er gerade um die Jahreswende 1863/64, mitten in der Schleswig-Holstein-Krise, als er die innere Schwäche der liberal geführten Schützen- und Turnervereinsbewegung erkannte und sich im Kampf gegen Dänemark und für die Befreiung der deutschen Gebiete auf die preußische Armee und die Kombinationen einer Großmachtpolitik stützte.

Es war zwar klar geworden, dass sich das deutsche Bürgertum hinsichtlich seiner Machtausübung weitgehende Abstriche gefallen ließ; dennoch: bei Strafe der Stagnation, nämlich eines Rückschlags seines Modernisierungsbedürfnisses konnte es niemals auf die nationalstaatliche Einheit des Zollvereins-Deutschland verzichten.

---

12 Vgl. E. N. Anderson, The social and political conflict in Prussia 1858–64, Nebraska 1954, S. 343

13 Deutscher Liberalismus im Zeitalter Bismarcks. Eine politische Briefsammlung. Hrsg. J. Heyerhoff, Bd. 1., Bonn/Leipzig 1925, S. 187f.

Das wurde Otto von Bismarck immer bewusster und ließ ihn seine bisherigen Positionen überdenken.

IV.

Die Fülle des Materials macht den Nachweis leicht, dass Bismarck ökonomisch und sozial im ostelbischen Junkertum wurzelte und in den Traditionen der preußischen Monarchie lebte. Darum bezeichne ich ihn auch im Untertitel des ersten Bandes meiner Biographie als »Urpreußen«, womit aber nicht erklärt ist, warum sich Bismarck schon in seiner Jugendzeit mit aller Energie dagegen sträubte, im militärischen oder zivilen Staatsapparat eingespannt zu werden. Er ließ sich weder auf die Offiziers- noch auf die Beamtenlaufbahn ein, wollte nicht auf dem »breitgetretenen Wege, durch Examen, Konnexionen, Actenstudium, Anciennität und Wohlwollen« seiner »Vorgesetzten« vorankommen. Überdies: er liebte zwar den Gutsbesitz, aber nicht so den Gutsbetrieb, jedenfalls nicht auf Dauer. Was der Entfaltungssüchtige wirklich wollte, das drückte er im Herbst 1838 so aus: Es würden auf ihn »manche Auszeichnungen«, unter anderem die »eines Mitspielers bei energischen politischen Bewegungen ... eine, jede Überlegung ausschließende Anziehungskraft ausüben, wie das Licht auf die Mücke«.[14]

Die von Bismarck herbeigesehnte politische Bewegung, in der er wirken konnte, kam unmittelbar vor und während der Revolution von 1848/49. Seine politische Aktivität begann er als ultrakonservativer Abgeordneter im »Vereinigten Landtag« 1847 und dann 1848 als konterrevolutionärer Heißsporn. Belohnt wurden seine Verdienste um die preußische Monarchie im Jahre 1851 damit, dass er – entgegen allen Regeln der Beamtenlaufbahn – zum Bundestagsgesandten in Frankfurt ernannt wurde. So trat er auf ein Terrain mit einem weiteren politischen Horizont; er kam jetzt endgültig aus der Enge des junkerlichen Landlebens und des pietistischen Klüngels an einen Platz, wo er sich mit zentralen Fragen der deutschen und europäischen Politik auseinanderzusetzen hatte. Später meinte er: »zwischen den Pommerschen

14 Bismarck, Die gesammelten Werke, Friedrichsruher Ausgabe (GW), Bd. 14, S. 15

Kartoffelfeldern, die bis 48 Gegenstand meiner Aufmerksamkeit waren, lernt man eben nicht europäische Politik richtig zu beurteilen«.[15]

Aber ebenso wichtig wie die äußere Erweiterung des Erfahrungshorizonts war Otto von Bismarcks innere Einstellung zu seinem neuen und von jeher erstrebten Beruf. Niemals wollte er als Diplomat ein lediglich Instruktionen ausführender Beamter sein. Er zeigte geradezu Geringschätzung gegenüber seinem österreichischen Kollegen, dem Grafen von Thun, weil dieser sich selten bemühte, »Einfluss auf den Inhalt seiner Instruktion zu üben«.[16] An seinen Vorgesetzten in Berlin, den Ministerpräsidenten Otto von Manteuffel, schrieb Bismarck, Thun würde ein bedeutender Mann sein, »wenn er eine starke, treibende politische Überzeugung hätte, die seiner Tätigkeit Richtung und Ziel konsequent vorschriebe«.[17]

Diese Bemerkungen erhellen deutlich Bismarcks eigene Vorstellungen von den Aufgaben eines Diplomaten. Nie waren ihm spießerhaftes Verlangen nach Ruhe und Bequemlichkeit oder passives Sichabfinden mit Instruktionen eigen. Tatsächlich machte ihn diese Wesensart bald zum Außenseiter des diplomatischen Gewerbes. So schrieb er einmal: »Ich könnte mir dabei das Leben ebenso leicht machen wie mein Vorgänger Rochow und gleich den meisten meiner Kollegen durch einen mäßigen und äußerlich kaum bemerkbaren Grad von Landesverrat mir eine friedliche Geschäftsführung und das Lob eines verträglichen Kollegen erkaufen.«[18]

Leonhard von Muralt, der Zürcher Historiker, publizierte 1955 eine Aufsatzsammlung unter dem Titel *»Bismarcks Verantwortlichkeit«*. Das ist ein treffender Terminus, doch ließe er sich begrifflich deutlicher fassen. Es sind Zweifel angebracht, ob Bismarcks Verantwortlichkeit so stark in der christlichen Ethik gründete, wie dies bei Leonhard von Muralt erscheint. Bismarcks »Gemeinsinn« könnte man auch wesentlich weltlicher sehen. Als der Gutsbesitzer Andrae-Roman ihn im Dezember 1865, also wenige Monate vor dem Krieg mit Österreich, christlich-sittlich ins Gewissen reden wollte, antwortete er ihm am 2. Weihnachtstag – wohl in der Vermutung, dass dieser zu seiner Moral-

---

15 Ebenda, S. 558

16 Ebenda, Bd. 1, S. 250

17 Ebenda

18 Ebenda, Bd. 2, S. 298

epistel von führenden Pietisten angestiftet worden war –: »Als Staatsmann bin ich nicht einmal hinreichend rücksichtslos, meinem Gefühl nach eher feig, und das, weil es nicht leicht ist, in den Fragen, die an mich treten, immer die Klarheit zu gewinnen, auf deren Boden das Gottvertrauen wächst.«[19]

Mit diesem Bekenntnis wird auf die Verbindung zwischen empirischer Analyse, politischer Aktivität und persönlicher Religiosität hingewiesen. Je klarer und nüchterner die Kräfteverhältnisse ein- und abgeschätzt werden, um danach die politischen und militärischen Dispositionen zu treffen, um so leichter sei Gottvertrauen zu gewinnen; immer aber erscheint es zugleich als notwendig, weil der Zufall im Geschehen nie auszuschließen ist.

Die sehr persönliche Auffassung Bismarcks von christlicher Religion fällt immer wieder auf. Wie er nicht als gehorsamer Diener in den militärischen und zivilen Staatsapparat eingespannt sein wollte, so waren ihm Priesterherrschaft in Form des orthodoxen Luthertums und noch mehr des streitbaren Katholizismus ein Gräuel. Was Bismarck in der Religion suchte, war subjektive Stütze im Kampf auf der politischen Weltbühne, innere Gewissheit, dass Gott dem Aufstieg Preußen-Deutschlands gnädig gesinnt sei. Auf dieser höheren, wenn man so will, historisch-politischen Ebene vor allem wünschte er, sich eins zu fühlen mit dem Walten der göttlichen Vorsehung. Keinesfalls aber kam es ihm je in den Sinn, etwa im Geiste Ludwig von Gerlachs christlich-ethische Normen in der Praxis des weltlichen Kräftespiels zu sehen und geltend zu machen.

Daher arbeitete Otto von Bismarck seine politische Konzeption nach dem Ende des Krimkrieges und in Auseinandersetzung mit Leopold von Gerlach, dem Bruder Ludwig von Gerlachs und Adjutanten des preußischen Königs, aus. Er hielt fest an der Unabhängigkeit der Krongewalt und ihrer Armee von aller parlamentarischen Mitbestimmung. In dieser Hinsicht machte er den Liberalen keinerlei Konzessionen: das war auch der Kern des preußischen Heeres- und Verfassungskonflikts in den Jahren 1861 bis 1866. Andererseits zielte Bismarck immer bewusster daraufhin, das Streben nach preußischer Hegemonie in Deutschland mit dem der Liberalen nach Nationalstaatsbildung zu verbinden. Dieser von ihm konzipierte Kompromiss mit den

---

19 Ebenda, Bd. 14 II, S. 709

Liberalen setzte jedoch einen Rechtsbruch voraus, nämlich das Hinauswerfen Österreichs aus dem 1815 gegründeten Deutschen Bundestag und dessen Auflösung. Das Vorgehen Bismarcks im Jahre 1866 war also schon Ende der 1850er Jahre im Prinzip ins Auge gefasst, wenn natürlich auch noch nicht im Einzelnen geplant.

In seinem grundsätzlichen Denken war Bismarck insofern konsequent, als er relativ früh das Recht auf Revolution in gewissem Sinne anerkannte. Im Mai 1857 gab er in einem Brief an Leopold von Gerlach einen historischen Rückblick auf die Zeit seit der Französischen Revolution. Einmal zeigte er, wie legitime Zustände als »eingealterte« Revolutionen zu betrachten seien; von einem solchen Rückblick her gab er einen Ausblick auf die nächste Zukunft: »Wie viele Existenzen gibt es noch in der heutigen politischen Welt, die nicht im revolutionären Boden wurzeln? Nehmen Sie Spanien, Portugal, Brasilien, alle amerikanischen Republiken, Belgien, Holland, die Schweiz, Griechenland, Schweden, das noch heut im Bewusstsein in der Glorious Revolution von 1688 fußende England; selbst für das Terrain, welches die heutigen Deutschen Fürsten teils Kaiser und Reich, teils ihren Mitständen, den Standesherrn, teils ihren eigenen Landständen abgewonnen haben, und in unserem eigenen staatlichen Leben können wir der Benutzung revolutionärer Unterlagen nicht entgehen.«[20] Das sind wahrlich keine Sätze, die der Vorstellung Bismarcks als eines Reaktionärs schlechthin entsprechen.

Fast drei Jahrzehnte später machte Friedrich Engels in einem Brief an August Bebel im Kern ähnliche Argumente geltend; Ende November 1884 schrieb er: »Der bestehende politische Zustand in ganz Europa ist das Ergebnis der Revolutionen. Der Rechtsboden, das historische Recht, die Legitimität, ist überall tausendmal durchlöchert oder ganz umgestoßen worden. ... Das Recht zur Revolution hat existiert – sonst wären ja die jetzt Herrschenden unberechtigt. ... In Deutschland beruht der bestehende Zustand auf der Revolution, die mit 1848 anfing und mit 1866 abschloss.«[21] Das sind fast identische Bemerkungen über die Rolle der Revolutionen; dem entspricht, dass Engels in den Ereignissen von 1866 eine Revolution sah.

---

20 Ebenda, Bd. 14, S. 470
21 MEW, Bd. 36, S. 238

Bismarck hat spätestens seit Ende der 1850er Jahre immer deutlicher erkannt, dass die ostelbischen Grundbesitzer die politischen Machtansprüche des Liberalismus nur dann in ihrem Kern zurückweisen können, wenn sie auf wichtigen ökonomischen und nationalstaatlichen Gebieten Zugeständnisse machen. Er begann zu begreifen, dass die Gefahr einer Revolution von unten am besten durch eine Revolution von oben zu bannen sei.

So erhielt die politische Konzeption Bismarcks gegenüber den Liberalen feindliche wie kompromissbereite Komponenten. Als er in einer prekären Krisensituation des preußischen Heeres- und Verfassungskonflikts im September 1862 zum Ministerpräsidenten und Außenminister ernannt wurde, hatte er durch ein budgetloses Regime die von aller parlamentarischen Herrschaft unabhängige Krongewalt und ihre Armee zu verteidigen und damit dem Liberalismus zu trotzen. Damals kam die antiliberale Komponente seiner politischen Strategie mit oft provozierender Deutlichkeit zum Ausdruck.

Seine dem Liberalismus entgegenkommenden Bestrebungen, die sich auf die preußische Hegemonie und den deutschen Nationalstaat bezogen, musste er aus außen- und innenpolitischen Gründen zunächst verschweigen. Über eine Beseitigung der 1815 festgelegten Staatsordnung, vor allem in Gestalt des Deutschen Bundestags, konnte er mit österreichischen Diplomaten gelegentlich rein spekulativ und in salopp-chevalereskem Tone reden, aber nie im Stil ernsthafter Verhandlungen. Er machte Österreich, seinen strategischen Hauptgegner, während der schleswig-holsteinischen Konflikte 1863/64 ja sogar zu seinem taktischen Verbündeten. Was den preußischen König betraf, so durfte er dessen legitimistische Gewissensskrupel nicht vorzeitig strapazieren. Nur gelegentlich konnte er den Liberalen einige seiner Ambitionen bezüglich der nationalen Einheit enthüllen. Doch diese waren von der Ernsthaftigkeit seiner Pläne erst dann allmählich zu überzeugen, als Schleswig-Holstein endgültig Dänemark entrissen worden war. Überdies schreckten auch die Liberalen damals noch vor einem rücksichtslosen Rechtsbruch zurück.

Vom Herbst 1865 an konnte Bismarck die Situation so zuspitzen, dass eine Entscheidung zwischen Österreich und Preußen unumgänglich wurde. Schließlich vermochte er im Frühjahr 1866 die stärker werdende, von uns bereits skizzierte Volksbewegung dadurch zu irritieren, dass er am 9. April seinen Vorschlag veröffentlichte, wonach ein deutsches Parlament einberufen werden sollte, hervorgehend aus allgemeinen, gleichen und direkten Wahlen. Das war nun wirklich nicht nur für die Hochkonservativen eine Revolution von oben.

Die politische Offensive Bismarcks, die anfänglich auf Hohn oder zumindest auf Skepsis stieß, errang dann doch Erfolge, die sich auch aufs militärische Gebiet auswirkten. Die ursprünglich kriegsunwilligen Männer der Reserve und der Landwehr waren bei der Eröffnung der Feindseligkeiten gegenüber Österreich schließlich doch überzeugt, dass sie für die Einigung Deutschlands in den Kampf ziehen sollten. Es war der Tag der Entscheidungsschlacht von Königgrätz, der 3. Juli 1866, als zum ersten Mal die Wahl für das preußische Abgeordnetenhaus zugunsten der Bismarckschen Regierung ausfiel.

Die Staatsumwälzung in Gestalt der Annexionen an Preußen, der Entthronung von vier Fürsten und der Auflösung des Deutschen Bundestags war der Höhepunkt der deutschen Revolution von oben. Gegenüber den legitimistischen Einwendungen des Zarenhofes formulierte Bismarck in seinem Instruktionstelegramm an den preußischen Sonderbotschafter den geradezu klassischen Satz: »Soll Revolution sein, so wollen wir sie lieber machen als erleiden.«[22]

Die Reichsgründung von 1870/71 war, so sehr sie die Kräfteverhältnisse in Europa veränderte, eigentlich nur eine Fortsetzung und Abschluss dessen, was 1866 stattgefunden hatte. Zur Revolution von oben gehörten einmal die später zur Reichsverfassung gewordene Verfassung des Norddeutschen Bundes, ferner eine umfangreiche Gesetzgebung, die dem Industriekapitalismus der freien Konkurrenz diente. Die neue Reichsverfassung anstelle des alten Bundestags und der endgültige Durchbruch zum Industriekapitalismus zeigen die zwei Seiten der Revolution von oben (1866–71) an, nämlich ihre staatspolitische wie ihre ökonomisch-soziale Seite.

V.

Die Verfassung des Norddeutschen Bundes und später des Deutschen Kaiserreichs war auf die Majordomus-Stellung Bismarcks zugeschnitten; schon damals wurde diese neue Herrschaftsform als Bonapartis-

---

22 Bismarck, GW, Bd. 6., S. 120

mus gekennzeichnet. So verschieden einzelne Erscheinungen des Napoleonismus und des preußisch-deutschen Hegemonialsystems waren, sie zeigen doch gleiche Wesenszüge; beide übernahmen die Aufgabe, den Industriekapitalismus der freien Konkurrenz durchzusetzen, somit machtgeschützt zwischen den sozialen Kräften und politischen Institutionen zu lavieren und sie im Gleichgewicht zu halten. Die Voraussetzung dieses Bonapartismus war die Schwäche der einzelnen Klassen. In Deutschland war das ostelbische Junkertum, der grundbesitzende Kern des Adels, schon aus ökonomischen Gründen nicht mehr in der Lage, die ausschließliche Herrschaft im Staate auszuüben. Das Bürgertum hatte in der Revolution von 1848/49 eine solch folgenreiche Niederlage erlitten, dass es sein ökonomisches Erstarken nur noch ausnutzte, um bei den herrschenden Gewalten wirtschafts- und nationalpolitische Konzessionen durchzusetzen. Für die Arbeiterbewegung aber war, trotz aller organisatorischen und politischen Fortschritte, die Zeit noch nicht gekommen.

Um seinen Sieg durch eine Revolution von unten zu erringen, hatte das deutsche Volk noch nicht genügend Selbstbestimmungskraft. Aber Bürgertum und Handwerkerschaft hatten immerhin soviel politische Stärke entfaltet, dass Bismarck – auch im Hinblick auf die süddeutsche Bevölkerung – es nicht wagen konnte, ihm alle demokratischen Rechte vorzuenthalten. Im Gegenteil: Das allgemeine, gleiche, direkte und geheime Wahlrecht half den verschiedenen Klassen und Schichten, sich zu sammeln und zu organisieren. Die Wahlen zum Reichstag gaben gerade auch der Arbeiterklasse eine besonders günstige Gelegenheit, ihre Position auszubauen und die Agitation zu verstärken, nicht zuletzt in der Zeit des Ausnahmegesetzes gegen die Sozialdemokratie von 1878 bis 1890.

Was die deutsche Bourgeoisie betrifft, so hat sie zwar auf ihre »eigene politische Macht« verzichtet, aber »ihre allmähliche gesellschaftliche Emanzipation« erreicht, wie Friedrich Engels 1874 schrieb. »Wir haben endlich einen Welthandel, eine wirkliche große Industrie, eine wirklich moderne Bourgeoisie; wir haben dafür aber auch einen wirklichen Krach gehabt und haben ebenfalls ein wirkliches, gewaltiges Proletariat bekommen.«[23] Diese Entwicklung setzte sich fort – derart, dass sich in Deutschland besonders moderne Industrien, wie die Chemie-

23 MEW, Bd. 18, S. 514f.

und die Elektro-Industrie, entwickelten und um die Jahrhundertwende weltweite Vorherrschaft erreichten, wie auch die entsprechenden Naturwissenschaften. Auch die deutsche Literatur, Publizistik, Kunst und Theater erhoben sich auf ein beachtliches Niveau, so wie die Verlagstätigkeit weltoffen wie nie zuvor war. Die deutsche Sozialdemokratie aber stand jetzt geistig, politisch und organisatorisch auf ihrem Kulminationspunkt; sie war die Spitze der internationalen Arbeiterbewegung.

Bismarck versuchte immer wieder, die Geister zu bannen, die er durch seine Revolution von oben gerufen hatte. Aber die geschichtlichen Kräfte, die er in Bewegung gebracht hatte, waren stärker als sein reaktionäres Wollen. Letzten Endes war er nicht imstande und im Grunde auch nicht willens, sein eigenes Werk zu zerstören.

VI.

Otto von Bismarck agierte in einer Epoche der Revolutionen von oben. Hier ist ein Vergleich mit denen in Italien und in Russland angebracht. In beiden Ländern ist der Zusammenhang zwischen Revolution von unten und von oben offensichtlich. Nur ist dieser prinzipiell auch verschieden; die Form ist dabei bedingt durch den besonderen Charakter der Beziehungen der Klassen und der Länder untereinander.

Im Frühsommer 1859 führte Sardinien-Piemont unter der Ägide und mit militärischer Hilfe des bonapartistischen Frankreichs Krieg gegen das Habsburgerreich, das eine schmachvolle Niederlage erlitt, die Lombardei abtreten musste, aber vorerst noch Venetien behalten konnte – dank des Verrats Napoleons III. an dem verabredeten und proklamierten Kriegsziel: »Italien frei bis zur Adria.« Im Mai 1860 unternahm der italienische Freiheitsheld Giuseppe Garibaldi, dessen Generalstabschef der deutsche Demokrat und frühere preußische Offizier Wilhelm Rüstow war, die berühmte Fahrt mit den tausend Rothemden nach Sizilien und machte der Herrschaft der Bourbonen in Sizilien und Neapel ein Ende. Unter der Leitung von Camillo Cavour nutzte die sardinisch-piemontesische Monarchie mit allen Mitteln der Demagogie und Intervention die nationale Revolution aus und erreichte dadurch, dass im Jahre 1861 durch das erste italienische Parlament, das in Turin tagte, Sardinien-Piemont mit den ihm angeschlossenen Gebieten Mittel- und Süditaliens zum Königreich Italien erklärt wurde. Österreichs Herrschaft in Venetien und der Kirchenstaat waren die letzten Hindernisse der endgültigen Einigung Italiens. Die antiösterreichische und antiklerikale Stoßrichtung dieser Einigungsbewegung führte zum Bündnis mit Preußen im April 1866.

Die Einheits- und Unabhängigkeitsbewegung des italienischen Volkes – das sogenannte Risorgimento – war bei allen inneren Differenzierungen homogener als die deutsche Nationalbewegung. In Italien herrschte noch die eigentliche Manufaktur vor; was zur Folge hatte, dass einerseits die Arbeiterklasse im Sinne einer kapitalistischen Industrie weit weniger entwickelt war als in Deutschland, andererseits die Energie der Bourgeoisie noch nicht gebrochen war durch den Gegensatz zu einem modernen Proletariat. Und da, worauf Friedrich Engels aufmerksam machte, »in Italien die Zersplitterung nur durch die österreichische Fremdherrschaft bestand, unter deren Schutz die Fürsten die Missregierung bis aufs Äußerste getrieben, so stand auch der großgrundbesitzende Adel und die städtische Volksmasse auf Seite der Bourgeoisie als der Vorkämpferin der nationalen Unabhängigkeit«.[24]

Doch Bourgeoisie und Adel hätten sich selbst verleugnen müssen, wären sie nicht immer wieder in Konflikt zu Vertretern der unteren Klassen und Schichten über Weg und Ziel der nationalen Befreiung geraten. Vor allem ging es um die Frage, inwieweit das italienische Volk selbständig handeln soll – ohne Rücksicht auf Napoleon III. Aus dem »Jungen Italien«, der Organisation, die geistig und politisch von Mazzini geführt wurde, erwuchs ein Mann wie Garibaldi zum Haupt der »Aktionspartei« – im Unterschied zur »Diplomatenpartei«, deren vornehmster Repräsentant der sardinische Minister Cavour bis zu seinem plötzlichen Tode 1861 war. Es kam ein eigenartiges, halb freiwilliges, halb erzwungenes, teils bewusstes, teils unbewusstes, sicherlich auch nicht friktionsloses Zusammenspiel zwischen »Diplomatenpartei« und »Aktionspartei« zustande.

Die »Diplomatenpartei« bekam jedoch bei der politischen Konstituierung des italienischen Nationalstaates nicht zuletzt deswegen das Übergewicht, weil ihr eine entscheidende Schwäche der »Aktionspartei«, die ja doch letztlich Mazzini geistig verhaftet war, zugute kam. Karl Marx kritisierte an dem Haupt der nationalen Revolution in Ita-

---

24 MEW, Bd. 21, S. 415

lien diese Schwäche: »Mazzini kennt nur die Städte mit ihrem liberalen Adel und ihren aufgeklärten Bürgern. Die materiellen Bedürfnisse des italienischen Landvolkes – so ausgesogen und systematisch entnervt und verdummt wie das irische – liegen natürlich unter dem Phrasenhimmel seiner kosmopolitisch-neokatholisch-ideologischen Manifeste. Aber allerdings gehört Mut dazu, den Bürgern und dem Adel zu erklären, dass der erste Schritt zur Unabhängigkeit Italiens die völlige Emanzipation der Bauern und die Verwandlung ihres Halbpachtsystems in freies bürgerliches Eigentum ist.«[25]

Indem die »Aktionspartei« die Agrarfrage vernachlässigte, ja die Bauern aus der national-revolutionären Bewegung nahezu ausschloss, verminderte sich in verhängnisvoller Weise die Stoßkraft der Revolution von unten. Antonio Gramsci fand dafür in seinen Betrachtungen über das Risorgimento recht bittere Worte und kam zu dem Schluss, dass »die Aktionspartei, geschichtlich gesehen, von den Gemäßigten geführt wurde. Der Victor Emanuel II. zugeschriebene Ausspruch, er habe die Aktionspartei ›in der Tasche‹ (oder so ähnlich), ist praktisch zutreffend, und zwar nicht nur wegen der persönlichen Beziehungen des Königs zu Garibaldi, sondern weil die Aktionspartei tatsächlich ›indirekt‹ von Cavour und vom König geführt wurde.«[26] Im Übrigen meinte Gramsci, dass der Beitrag der Volksmassen zum Risorgimento überschätzt werde. So wurde auch Italien keineswegs ein demokratischer Nationalstaat, obwohl dort die nationalrevolutionären Anstöße und Aktionen in ihrer antipartikularistischen Stoßrichtung wirksamer waren als in Deutschland.

Die Vernachlässigung der Agrarfrage machte es auch unmöglich, die Frage des Klerikalismus und der einheitsfeindlichen Haltung des Papstes zu lösen. Der Abfall der Romania und später Umbriens und der Marken vom Kirchenstaat im Laufe des Jahres 1860 veranlasste den Papst, dieses Attentat auf seine weltliche Macht in eine Bedrohung der Religion und der alleinseligmachenden Kirche umzufälschen.

Gewissensbedrückende Verwünschungen und Drohungen mit geistlichen Zuchtmitteln schleuderten die klerikalen Dunkelmänner den Rebellen der abgefallenen Provinzen und all ihren Helfershelfern

---

25 MEW, Bd. 27, S. 579

26 Antonio Gramsci, Die süditalienische Frage. Beiträge zur Geschichte der Einigung Italiens, Berlin 1955, S. 32

entgegen, zu denen nicht zuletzt die piemontesische Regierung gehörte. Der Papst, Heilige aller Art, selbst die heilige Jungfrau, die Religionsübungen wurden täglich auf den Straßen und im Theater verspottet.

Die verlogenen Klagen und bösartigen Anklagen waren jedoch in der Hochflut der nationalen Einigungsbewegung nicht so wirksam, als dass die Volksabstimmung in den vom Kirchenstaat abgefallenen Provinzen zugunsten der Klerikalen hätte ausfallen können; sie waren wiederum wirksam genug, um über Jahrzehnte hinweg den Klerikalismus zu nähren, und zwar in der Form eines auf den Papst ausgerichteten Kurialismus, der in den Ländern nördlich der Alpen als Ultramontanismus bekannt wurde. Dieser dogmatisch umgeformte und sich neu formierende Klerikalismus wurde eine der reaktionären Strömungen im politischen Kräftespiel einer Reihe europäischer Länder.

Im zaristischen Russland stand im Mittelpunkt seiner besonderen Art der Revolution von oben nicht die nationale Frage wie in Deutschland, sondern die Agrarfrage. Die nationale Frage Polens »löste« der Zarismus 1863 im Verein mit dem Bismarckschen Preußen durch militärische Repression, schob sie also auf Jahrzehnte hinaus. Die Agrarfrage wiederum hing aufs engste zusammen mit der Krise der gesamten russischen Gesellschaft und des Staates – einer Krise, die nach der Niederlage im Krimkrieg und dem plötzlichen Tod (dem vermutlichen Selbstmord) des Zaren Nikolaus I. akut wurde. Die Unruhe unter den annähernd 22 Millionen leibeigenen Bauern stieg an und erreichte ihren revolutionären Höhepunkt vom April bis Juni 1861, d.h. nach dem Februaredikt des Zaren. Fürsprecher der bäuerlichen Interessen und Repräsentanten der Revolution von unten waren die Kreise um Tschernyschewski und Dobroljubow und die Emigranten um Herzen und Ogarjow. Der Agrarreform folgte die Verwaltungsreform, auch in Richtung der Selbstverwaltung.

Was sich in Russland in den 1860er Jahren vollzog, war nicht nur eine unter dem Druck von außen und von unten vollzogene Revolution von oben, sondern ähnlich wie in Preußen von 1807 bis 1813 der Beginn der bürgerlichen Umwälzung.

Zu deren Durchsetzung auf dem Lande und den Veränderungen im Staate während der sechziger Jahre wandte der Zarismus im Unterschied zum Bismarckschen Preußen des Jahres 1866 keine revolutionären Mittel an. Insofern ist es tatsächlich richtig, nur von Reformen zu sprechen, wie es gemeinhin geschieht. Die Reformen mutierten jedoch zu einer Revolution von oben durch das, was sie einleiteten und voranbrachten, nämlich eine »kapitalistische Revolution«, eine »wirklich soziale Revolution« im letzten Drittel des 19. Jahrhunderts.[27]

Hier wirkte der russische Zarismus noch mehr als der preußische Bonapartismus als »Revolutionär wider Willen« und blieb noch stärker der Ironie oder List der Geschichte ausgesetzt. Doch war er sich auf seine Weise der Dialektik der Revolution von unten und der von oben bewusst. Schon im Frühjahr 1856 sagte Alexander II. den Deputierten des Moskauer Adels: »Es ist besser, das Recht der Leibeigenschaft von oben her aufzuheben, als den Zeitpunkt abzuwarten, da seine Aufhebung ohne unser Zutun von unten her beginnen würde.«[28]

Es ist nahezu mit Sicherheit anzunehmen, dass Bismarck als preußischer Gesandter in St. Petersburg (1859–1862) von dieser Stimmung und Haltung des Zaren informiert war, zumal er recht vertrauensvolle Kontakte mit höfischen Kreisen und dem Außen- und späteren Staatsminister Gortschakow unterhielt.

Bei einem vollständigen Überblick über die außerdeutschen Revolutionen von oben in dieser Epoche müssten wir noch den österreichisch-ungarischen Ausgleich und die Dezemberverfassung von 1867, aber auch die japanische Meiji-Revolution von 1869 beleuchten. Doch das müssen wir uns versagen.

VII.

Das Phänomen und der Begriff Revolution von oben – ausgeprägt in Deutschland, in vielfältiger Verflechtung mit anderen Elementen auch in anderen Ländern existierend – ergibt nur im Kontext des Abschlusses einer Revolutionsepoche einen Sinn. Sie sollte weder in ihrer Bedeutung herabgesetzt, d.h. evolutionistisch nivelliert, noch als Normalfall des gesellschaftlichen Strukturwandels absolut gesetzt werden. Dann würden nämlich auch Anpassungsreformen des Ancien Régime

---

27 MEW, Bd. 39, S. 149; vgl. ferner: Bd. 38, S. 303ff.

28 zitiert nach: Valentin Gitermann, Geschichte Russlands, 3. Bd., Hamburg 1949, S. 150f.

wie das System des aufgeklärten Absolutismus als Revolutionen erscheinen.

Unter diesem allgemeinen Aspekt fühlt man sich gedrängt, doch eine Definition der Revolution von oben zu versuchen. Friedrich Engels äußerte sich in seinen Notizen, die der Vorbereitung des *»Anti-Dühring«* dienten, recht skeptisch über den theoretisch-methodologischen Wert von Definitionen: »Die einzig reelle Definition ist die Entwicklung der Sache selbst, und diese ist aber keine Definition mehr. … Dagegen kann für den Handgebrauch eine kurze Darlegung der allgemeinsten und zugleich bezeichnendsten Charaktere in einer sogenannten Definition oft nützlich und notwendig sein, und kann auch nicht schaden, wenn man von ihr nicht mehr verlangt, als sie eben aussprechen kann.«[29]

Versuchen möchte ich trotz dieser Warnung aus der vorangegangenen »Entwicklung der Sache selbst« zum »Handgebrauch« eine Definition: Die Revolution von oben ist wie jede andere Revolution bestrebt, die Widersprüche zwischen Produktivkräften und Produktionsverhältnissen, zwischen Basis und Überbau, zu lösen. In der Revolution von oben sind die Führungskräfte zumindest ein Teil der bisher herrschenden Klassen oder die aus diesen hervorgegangenen Diktatoren oder autoritäre Führer. Die Führungskräfte handeln in Anpassung an die neu sich herausbildenden Verhältnisse und unter dem ökonomischen und politischen Druck des fortgeschrittenen Auslands, aber auch einer drohenden Revolution von unten. Die Revolution von oben, die einen mehr oder weniger gewaltsamen Bruch mit den bisherigen politischen Institutionen, oft in Form eines Bürger- oder Verteidigungskrieges, vollzieht, ist die für die Massen ungünstigste Form der revolutionären Ablösung einer Gesellschaftsformation durch eine andere. Der Grad der Freiheitsrechte hängt vom Grad der selbständigen Organisation und Aktion aller fortschrittlichen Klassen in der Vorbereitung, Durchführung und Vollendung der Revolution von oben ab.

Obwohl der Begriff in der Epoche der bürgerlichen Umwälzungen nach 1789 entstand, nahm ich bewusst davon Abstand, dies als Merkmal in die allgemeine Definition aufzunehmen. Sie soll vielmehr für den »Handgebrauch« dazu dienen, den Charakter der Übergänge im Kraftfeld zu neuen Gesellschaftsformationen zu untersuchen: von der

---

29 MEW, Bd. 20, S. 578

Geschichte des alten China über das spätrömische Dominat und die Fränkische Zeit Europas bis in unsere Tage.

7.

Sind Zeitalter-Begriffe überflüssig?

Die Orientierung auf epochale Revolutionen im Vergleich zu jenen Periodisierungspraktiken, bei denen stilgeschichtliche Begriffe zur umfassenden Kennzeichnung zeitlich ausgedehnter Epochen benutzt werden, sei am Beispiel »Zeitalter des Barocks« erläutert.

Diese Bezeichnung wird gewiss nicht rein chronologisch, sondern substantiell aufgefasst. Aber die einzelnen Bereiche der geschichtlichen Erscheinungen werden nicht im Struktur- und Entwicklungszusammenhang der Produktions- und Klassenverhältnisse und des ihnen entsprechenden oder widersprechenden Überbaus gesehen, sondern als Ausdruck eines im Großen und Ganzen einheitlichen Zeitgeistes. Dieser ist einfach da und gleichsam wie durch Zauberkraft in die Welt gekommen.

Wie man auch das Vorherrschen formaler Elemente des Barocks in Malerei, Plastik, Architektur, Kunsthandwerk und Mode im 17. Jahrhundert beurteilen mag, wie auch die strukturell-formalen Beziehungen zwischen der barocken Kunstgattung und den zeitgenössischen Naturwissenschaften beurteilt werden, es ist nicht zu übersehen, dass die sozialen Impulse und Funktionen wie die inhaltlichen Aussagen der künstlerischen Produktionen grundverschieden waren. Auf jeden Fall muss man zwischen höfisch-katholischem und ständisch-kirchlichem Barock einerseits und bürgerlich-protestantischem Barock andererseits unterscheiden. Und innerhalb der höfisch-katholischen Architektur hat der französische Klassizismus eine derart bewusste Eigenständigkeit in seinen gesellschaftlichen und ästhetischen Vorstellungen, dass schwerlich von einem einheitlichen Stil gesprochen werden kann. Auch in der Malerei des Zeitalters gibt es genug der Spannungen, sogar Konflikte, die sich sowohl auf die sozialen Impulse und inhaltlichen Aussagen wie auf formale Unterschiede beziehen. Man halte sich einmal zeitgenössische Gegner vor Augen wie Caravaggio und Poussin, Ribera und El Greco, Hals und Rubens, Rembrandt und van Dyck.

Sicherlich erschöpft sich der Barock nicht in der Gegenreformation, und sein künstlerischer Wert kann nicht mit dem Etikett »Reaktion« abgetan werden. Aber ebenso sicher ist, dass er in unlöslichem Zusammenhang steht mit dem katholischen, höfisch-aristokratischem Gegenschlag und Selbstbehauptungswillen gegenüber den bürgerlichen, wenn auch lutherisch und kalvinistisch verkleideten Revolutionen des 16. und 17. Jahrhunderts. Dabei war dieser Zyklus von Revolutionen und Konterrevolutionen untrennbar verbunden mit Bürgerkriegen und anderen Kämpfen, den Hugenottenkriegen in Frankreich, dem Befreiungskampf der Niederlande, dem Dreißigjährigen Krieg, nicht zu vergessen den Eroberungsfeldzügen Ludwigs XIV.

Der Begriff Barock harmonisiert harte Gegensätze der Zeit. Danach wäre Galilei ebenso ein Mann des Barock wie seine Gegner. In Wirklichkeit war der Prozess gegen ihn, mit John Desmond Bernal gesprochen, »ein Markstein der Epoche«. Er »dramatisiert den Konflikt zwischen Wissenschaft und kirchlichem Dogma«.[1] Es verletzt geradezu das historisch-moralische Gefühl, Galilei und seine klerikalen Gegner ein und demselben Zeitgeist zu subsumieren.

Die »Renaissance der Mathematik«, wie wiederum John Desmond Bernal in seinem Buch *»Die Wissenschaft in der Geschichte«* ausführt, als deren Höhepunkt die Erfindung der Differential- und Integralrechnung gilt, ist vom Aufkommen kapitalistischer Verhältnisse im 16. und 17. Jahrhundert nicht zu trennen. »Die Geburtsstunde der Wissen-

1 John D. Bernal, Die Wissenschaft in der Geschichte, Berlin 1961, S. 303

schaft schlug kurz nach der des Kapitalismus.«[2] Natürlich meinte er die moderne, die mit dem Aufstieg der europäischen Bourgeoisie verbundene Wissenschaft. Überdies setzte Bernal die Entwicklung der modernen Wissenschaft in direkte Beziehung zur englischen Revolution des 17. Jahrhunderts. Er unterschied zwischen einem Zeitabschnitt von 1540–1650 und einem von 1650–1690. Erst in diesen letzten vier Dezennien sei nach Bernal die Wissenschaft mündig. Physik und Mathematik des 17. Jahrhunderts – ihre relativ autonomen Entwicklungen keineswegs außer Acht gelassen – können historisch nur im Zusammenhang mit den ökonomischen, sozialen und politischen Auseinandersetzungen richtig eingeordnet werden.

Der Begriff des Barockzeitalters bleibt sowohl bei den historischen Grundtatsachen der Epoche als auch bei einer großen Zahl anderer Fakten, selbst denen im Bereich der Kunst, unzureichend. Im Übrigen muss daran erinnert werden, dass der Ausdruck Barock zum ersten Mal im 18. Jahrhundert auftauchte, um ausschließlich die Erscheinungen der Kunst zu bezeichnen, die man nach der damaligen klassizistischen Kunsttheorie als maßlos, verworren und bizarr empfand. Barock war ursprünglich polemisch gemeint und bezog sich ausschließlich auf die bildende Kunst, während die Charakteristik als Aufklärung von ihren Vertretern selbst gewählt wurde als Ausdruck ihres Selbstverständnisses und Missionsbewusstseins. Überdies war »Aufklärung« eine umfassende Ideologie und keine bloße Stilbezeichnung. Für und wider die Aufklärung stritt man während des ganzen 19. Jahrhunderts; hingegen fand die Kunst des Barocks bei den drei Generationen der Kunsttheoretiker um Winckelmann, Wackenroder und Jakob Burckhardt nur Verachtung. Kurz vor dem Ersten Weltkrieg kam so etwas wie eine Barockmode auf. Schließlich wurde der Begriff Barock auf immer mehr Erscheinungen ausgedehnt und fast verklärt. Man kann sich schwer des Eindrucks erwehren, dass dies unter dem Einfluss des vordringenden Katholizismus geschah, der Schleichwege nicht verschmähte. Hier scheint klerikale Pfiffigkeit mit am Werke zu sein.

Der Historiker muss sich wehren gegen die Verallgemeinerung des Barock-Begriffs zur Kennzeichnung einer ganzen Epoche; er sollte jedoch seinerseits nicht so überspannt sein, den vergeblichen Versuch zu wagen, ihn überhaupt abzuschaffen.

---

2 Ebenda, S. 344

Die kritische Betrachtung des Begriffs »Barock-Zeitalter« zeigte, dass die substantielle Einheit jeglichen Zeitabschnitts nicht dadurch geschaffen werden kann, dass seine vielfältigen Erscheinungen unter eine abstrakte Bezeichnung subsumiert werden; diese Einheit kann überhaupt nicht von außen in das historische Geschehen projiziert werden, als sei sie von spiritualistischer Wunderkraft. Die Einheit liegt vielmehr im Kampf der mannigfach gestuften und ineinander verschränkten Widersprüche der Geschichte.

8.

Was ist eine historische Biographie?[1]

Über das Missverhältnis zwischen der Vielzahl und der Vielfalt historischer Biographien und der unzureichend entwickelten Theorie der Biographie wurde schon im 19. Jahrhundert geklagt. So meinte der Berner Philosoph Ludwig Stein 1895, die Biographie wirke wie ein herrenloses Gut, dessen sich jeder, oft mit völlig unzulänglichen Mitteln, bemächtige, weil es noch keine »nach bewussten Regeln arbeitende, an bestimmte Normen und Kriterien gebundene« biographische Technik gäbe.[2] In der Tat waren Theorie und Technik des Genres kaum bestimmt, sein Zusammenhang mit der Geschichtsschreibung umstritten. Erst seit den vierziger Jahren des 20. Jahrhunderts erschienen moderne resümierende Abhandlungen zur Geschichte der Biographie und ihrer Theorie. Die Meinungsunterschiede sind geblieben, die Darstellungsformen gehen weit auseinander. Nach 1970 begann aber erst die eigentliche, neue Konjunktur der historischen Biographie in vielen Ländern.

---

1 Geschrieben mit Hans Schleier

2 L. Stein, Zur Methodenlehre der Biographie, in: Biographische Blätter, Bd. 1, 1895, S. 22f.

Seitdem ist die Biographie vielgestaltiger als je. Ist sie auch besser geworden? Auf jeden Fall sind neue Konzeptionen, Modelle und Darstellungsformen aufgekommen. Die Psychoanalyse gebar eigenwillige Interpretationsmuster. Die Sozialgeschichte stellt der Biographie historischer Persönlichkeiten die des »kleinen Mannes« und die Oral History gegenüber.

Wir beschränken uns auf zwei Gesichtspunkte: Erstens auf einige Probleme der Genesis der Theorie der Biographie, wie sie sich in Methodenlehren widerspiegelte, weil die Geschichte der theoretischen Ansichten grundsätzliche Anregungen für die Biographik vermittelt; zweitens auf konzeptionelle und darstellerische Erfahrungen mit dem biographischen Gegenstand.

I.

In der europäischen Übergangsepoche vom Feudalismus zum Kapitalismus erfährt das Genre der Biographie in Anknüpfung an antike Traditionen einen beachtlichen Aufschwung, lässt sich doch hier bürgerliches Selbstbewusstsein und neues Individualitätsdenken in exemplarischer Weise zur Geltung bringen und mit antifeudalen Zielvorstellungen einer bürgerlichen Gesellschaft und Lebensweise verbinden. Die Biographie wird als Mittel der Erziehung und der Aufklärung gesehen, auch zielgerichtet auf Personen, die ethisch-emotionale Ansprüche befriedigen.

Bis zum Anfang des 18. Jahrhundert verselbständigt sich zwar die Biographie als historiographische Gattung, trotz mancher Diskussionen über ihren Charakter fehlt aber ein eigenständiges Konzept. Die biographische Darstellung steht außerdem vor der Schwierigkeit, sich von belletristischen Formen zu trennen.

Die theoretisch-methodologischen Meinungen zur historischen Biographie findet man bis Mitte des 18. Jahrhunderts sehr verstreut in einleitenden Passagen von Lebensbeschreibungen, Nekrologen, Schriftenausgaben oder Gelehrtenlexika. Erst seitdem gibt es vereinzelt selbstständige Betrachtungen zur Theorie der Biographie und räumt man ihr in Historiken kurze Abschnitte ein. Von unsystematischen Bemerkungen kommt man allmählich zu Teilerkenntnissen, die dem Selbstfindungsprozess der Geschichte im Laufe ihres Professionalisierungsprozesses entsprechen. So finden wir in den Methodenlehren des seit 1713 vielfach neu aufgelegten Nicolaus Lengler du Fresnoy und des Johann Martin Chladenius (1752) einige wichtige Gesichtspunkte erläutert. Zu den wenigen Autoren, die spezieller auf die Biographie eingehen, gehören Pierre Luis Moreau Maupertius (1757), Johann Christian Kestner (1767), Johann Christoph Gatterer (1767), Johann Georg Wiggers (1777), Karl Ludwig Woltmann (1797), Daniel Jenisch (1802), Ernst Moritz Arndt (1811), James F. Stanfield (1813), Johann Simon Erhardt (1816) und Samuel Taylor Coleridge (1818).

In der Unterscheidung von Typen der Biographie werden zunächst die Nekrologe und Lobreden als »schlicht-historische«, ja als antiquierte Vorformen von den eigentlichen Lebensbeschreibungen getrennt, als Vorformen, die, wie Herder einmal bissig formuliert, nicht mehr als ein »mageres Skelett« der »Lebensumstände« liefern.[3] Die höhere Form der »pragmatischen Biographie« (Jenisch) stellt sich dagegen die Aufgabe, ein geschlossenes Charakterbild zu zeichnen, Anschauungen und Handlungen der Persönlichkeit zu erfassen und einzuordnen.

Häufiger und kontrovers diskutiert werden Auffassungen über den Charakter der Biographie und ihr Verhältnis zur allgemeinen Geschichtsschreibung. Lengler du Fresnoy, Thomas Abbt, Chladenius und Gatterer sehen in ihr im Vergleich zur Geschichtsschreibung lediglich eine niedrige Form der Darstellung, Biographie und Geschichtsschreibung fallen auseinander. Man ist der Meinung, dass das alltägliche Leben einer Persönlichkeit für die Geschichte nicht sonderlich relevant ist, nur ihre Taten und ungewöhnliche Ereignisse in ihrem Leben zählen. Außerdem meint man, dass persönliches Leben nicht sicher zu erfassen sei, dass es keine verlässlichen Methoden und Quellen dafür gibt. Obwohl man die Erziehungsfunktion der Biographie nicht bestreitet, wird ihr allgemeiner Wert für die Geschichtserkenntnis geringgeschätzt.

Andere Autoren wie Wiggers, Daniel Jenisch, Johann M. Schröckh und besonders Johann Gottfried Herder werten die Biographie als vollgültige Gattung der Geschichtsschreibung mit einer eminent wich-

---

3 zitiert nach: Helmut Scheuer, Biographie. Studien zur Funktion und zum Wandel einer literarischen Gattung vom 18. Jahrhundert bis zur Gegenwart, Stuttgart 1979, S. 14

tigen pädagogischen Aufklärungsfunktion. Historische Erkenntnis kann die Biographie aber nur vermitteln, wenn sie außer den Taten der Persönlichkeiten auch ihre Beweggründe, ihre Gesinnungen und Charaktere begreiflich zu machen weiß. Personencharakteristik gehört also untrennbar zur Lebensbeschreibung. Aus diesem Grunde erscheint den Zeitgenossen auch die Autobiographie als eine so wichtige Quelle, weil sie aus erster Hand Einblicke in den Privatbereich der Großen und damit historische Erkenntnis und Belehrung verheißt. Herder sagt: »Wie einer ist, so thut er: wie er denkt, so schreibt er; am meisten, wenn er von sich selbst schreibt.«[4]

Seit dem Aufklärungszeitalter wird auch über die Grundlagen der Biographik nachgedacht: einmal darüber, wie Faktengenauigkeit mit modernen Methoden der Historiographie zu erreichen ist, wie phantastische, rhetorische und anekdotische Überlieferungen zu erkennen und zu begrenzen sind (Chladenius, Schröckh), sodann darüber, wie Persönlichkeiten in das politische Tun und das geistige Leben ihrer Zeit einzuordnen sind und ihr Beitrag dafür zu bestimmen ist (Herder, Georg Forster, Ehrhardt). Das sind wichtige Ansätze zu einer realistischen Sicht auf die Rolle der Persönlichkeit in der Geschichte, die von ihrer einseitigen Überhöhung ebenso abrücken wie von weitläufig apologetisch-dynastischer Verklärung.

Ferner gibt es Überlegungen zu allgemeinen Grundlagen der Persönlichkeitserfassung. Jenisch und Arndt behandeln in Umrissen anthropologische und psychologische Voraussetzungen der Charakterschilderung, wobei allerdings das Verhältnis von Individuum und der umgebenden Sozialstruktur, die sozialpsychologische Komponente, nicht erörtert wird. Jenischs Interesse richtet sich auf allgemeine Charaktertypen und ihre Unterarten, um zu einem besseren Verständnis zu kommen. Diese auf allgemein-psychologische Voraussetzungen und anthropologische Grundbedingungen gerichtete Sicht ist nach unserem Verständnis allgemein wissenschaftstheoretisch und führt noch nicht unmittelbar hin zu der notwendigen Konzentration auf individuelle und konkret sozialpsychologische Anforderungen der Biographie, ist nicht mehr als ein Hilfsmittel der Persönlichkeitscharakteristik.

Autoren wie Wiggers oder Stanley bedenken schon die darstellerischen Fähigkeiten und Techniken, die für eine aufschlussreiche Biogra-

---

4 Ebenda, S. 18

phie erforderlich sind, geleitet von inhaltlichen und technischen Hinweisen über Konzeption, Gliederung und Herangehensweise. Es wird nun bereits die Frage nach dem Charakter der Biographie als Wissenschaft oder/und Kunst erörtert und gegensätzlich beantwortet. Während Jenisch und später Ehrhardt dichterisch-ideale und historisch-wirkliche Charakteristika unterscheiden, gesteht Gatterer einige Jahrzehnte früher dem Biographen noch die fiktionalen Mittel der Ausschmückung, der verschönernden Schilderung zu.

In der Darstellung erscheint die Biographie von der Mitte des 18. bis zum Beginn des 19. Jahrhundert noch nicht so auf die erzählende Form festgelegt wie seit dem Aufkommen der Historischen Schule und des idealistischen Historismus. Doch wird darüber selten reflektiert. Herder etwa verwirft die in der französischen Essayistik geläufige Form, eine Charakteristik an den Schluss der Lebensbeschreibung zu stellen, weil dies einer wirklichen Analyse abträglich sei.

Das 19. Jahrhundert bringt in England und den USA, wie Garraty feststellt, einerseits eine Professionalisierung der Biographie und ihr Absinken zu bürgerlich-autoritätsgläubiger Kritiklosigkeit, andererseits keine neuen theoretisch-methodologischen Innovationen für die Biographik. Carlyles Sentenzen über Heroen in der Geschichte (1841) vereinseitigen und verzerren lediglich bisherige Einsichten in das Verhältnis von historischen Persönlichkeiten, geschichtlichen Prozessen und Triebkräften, werden aber trotzdem international populär und geistige Grundlage vieler biographischer Darstellungen – bis hin zu Treitschkes vielzitierter Devise »Männer machen die Geschichte«. Wenn auch Carlyles Behauptung, allein die Biographie sei die einzig wahre Historie, so zugespitzt nur gelegentlich wiederholt wird – in manchen Ländern wie in Deutschland ist sie seit dem letzten Drittel des 19. Jahrhundert für längere Zeit geradezu bevorzugtes Genre der Historiographie.

Die deutschen Historiker von Georg Gottfried Gervinus (1837) bis Ernst Bernheim (zuerst 1889) und Ludwig Rieß (1912) gehen nur knapp auf die Biographie ein. Verteidigt Gervinus die Biographie als legitimen Bestandteil der Geschichtsschreibung, wobei er auf die Dialektik von individueller Handlungsfreiheit und gesetzlicher Notwendigkeit verweist, widmet ihr auch Bernheim nur wenige Sätze, die u. a. vor dem Persönlichkeitskult warnen, und Rieß schreibt kaum über die Biographie als Genre, sondern hauptsächlich über Typen des individuellen Lebens allenfalls als Voraussetzungen biographischer Charakteristik.

Obwohl von Leopold von Ranke nur verstreute theoretisch-methodologische Aussagen bekannt sind, finden die zur historischen Biographie frühzeitig Beachtung, auch wenn sie nicht dem wachsenden Trend zum sich mehr und mehr verselbstständigenden Genre Rechnung tragen. Ranke hält an der alten Unterscheidung von Historie und Biographie fest, wobei er der Lebensbeschreibung nur spezielles und untergeordnetes Interesse einräumt, auch weil er voraussetzt, dass aus den Quellen das Innere der Persönlichkeit nur unscharf herausgelesen werden könne.[5] Ihm als Universalhistoriker gelingt am besten die *»Geschichte Wallensteins«*, in der sich aber, wie er selbst formuliert, die Biographie zur Geschichte erweitert, die psychologische Charakteristik Wallensteins jedoch nur zurückhaltend wiedergeben wird.

In zwei von drei charakteristischen Punkten vertritt Rankes Berliner Kollege und Kontrahent Johann Gustav Droysen ähnliche Ansichten. Sein großer theoretischer Ansatz der *»Historik«* war aber nur den Hörern seiner Vorlesung vertraut, denn der damals gedruckte *»Grundriss der Historik«* (zuerst 1858) enthält nur einen einzigen, wenig hilfreichen Satz. Droysen postuliert, große historische Persönlichkeiten, die Geschichte gemacht hätten, bedürften keiner zusätzlichen Biographie, das rein Private interessiere die Historie nicht. Nur gewissermaßen zweitrangige Charaktere wie Cesare Borgia oder Mirabeau hätten Anspruch auf eine Biographie, weil nur über diese der »Schlüssel« für ihre Bedeutung in ihrer Zeit zu finden sei.[6]

Zum anderen zählt Droysen die so eingeschränkte Biographie zu den erzählenden Darstellungsformen der Geschichtsschreibung, womit er die – unbestritten wirkungsvollste – Form biographischen Schilderns zur alleinigen Form deklariert. In einem dritten Gesichtspunkt weist Droysen aber schon auf Dilthey hin: Die Biographie konzentriert sich nach ihm auf ein intuitives Hineinfühlen in eine »Begabung«, damit in eine »Unberechenbarkeit«, die hinzunehmen ist, weil sie anderen Kausalitäten folgt als historische Ereignisse. Hier setzt der Über-

---

5 Vgl. A. Dove, Rankes Verhältnis zur Biographie, in: Biographische Blätter, Bd. 1, 1895

6 Johann Gustav Droysen, Historik. Vorlesungen über Enzyklopädie und Methodologie der Geschichte, Hrsg. R. Hübner, München/Berlin 1937, S. 292 (auch zum folgenden) gang ein zu einer intuitiv-imaginären Sinngebung, die ins Irrationale hinübergleitet, die Droysen als die Fähigkeit des Historikers bezeichnet, gewissermaßen lichtstrahlartig in das Dunkel der Vergangenheit hineinzuleuchten – wie ein Akt der Empfängnis!?[7]

In ähnliche Richtung der Sinnstiftung zielen die Versuche, die Geschichtsschreibung und erst recht die Biographie als Wissenschaft und Kunst zugleich zu werten. Diese Ansicht vertritt auch der Leipziger Jurist und Literaturhistoriker Rudolf Gottschall, der 1874 die in Deutschland lange vorher und nachher einzige spezielle Abhandlung über die *»Biographie der Neuzeit«* veröffentlicht.[8] Für Gottschall ist die Biographie ein vollwertiges Genre der Geschichtsschreibung, das auch die Charakteristik der Individualität einzuschließen habe. Beachtenswert ist immerhin sein Versuch, die Biographie anhand ihrer bisherigen Darstellungsformen in Typen zu gruppieren, um zu sachgerechteren Überlegungen über ihre jeweilige Funktion und zu Vorschlägen für ihre wirksamere Handhabung zu kommen. Doch fanden diese Betrachtungen des heute Vergessenen kaum ein Echo.

Ende des 19. Jahrhundert intensiviert sich die theoretische Diskussion über die Biographie. Die zahlreichen gesellschaftlichen Widersprüche, die mit dem Beginn der imperialistischen Epoche neu entstehen oder sich verschärfen, lassen das alte theoretisch-methodologische Instrumentarium der Geschichtswissenschaft bei vielen bürgerlichen Historikern, aber auch Geschichtsphilosophen u. a. Gesellschaftswissenschaftlern als unzureichend, ergänzungs- oder völlig erneuerungsbedürftig erscheinen. Davon ist in den deutschsprachigen Ländern und Großbritannien auch die Biographie betroffen.

Im deutschsprachigen Raum lassen sich die Ansichten etwa so zusammenfassen. Generell wird das »Männer machen die Geschichte« und demzufolge die erstrangige Aufgabe der Biographie in den Vordergrund gerückt. Leitstern biographischen Wirkens ist seit der Reichsgründung 1871 Otto von Bismarck. Er ist, wie der Historiker Erich Marcks enthusiastisch-verklärend sagt, »nicht nur der vornehmste Gegenstand biographischer Betrachtung ..., den unsere heutige Welt kennt, sondern zudem die lebendige Rechtfertigung biographischen

---

7 Ebenda, S. 26

8 R. Gottschall, Die Biographie der Neuzeit, in: Unsere Zeit. Deutsche Revue der Gegenwart, Neue Folge, 1874, T. 2, S. 57 ff., 657 ff.

Denkens und Auffassens überhaupt«.[9] Die voluntaristische Geschichtskonzeption wird in einem so breiten Maße auch auf historische Persönlichkeiten anderer Zeiten und Völker übertragen, dass 1912 Max Lenz, ebenfalls einer der Bismarck-Biographen, hervorhebt, die Biographie ist diejenige »Form der Geschichtsschreibung, die heute im Vordergrund des Interesses und vielleicht des Könnens steht«.[10]

Eine weitere Anregung der Universitätshistorie, sich biographischer Themen anzunehmen, erfolgt im »Methodenstreit« der neunziger Jahre um den Kulturhistoriker Karl Lamprecht, dem angelastet wird, mit den kollektivistischen Tendenzen seiner Kulturgeschichte die Rolle der Persönlichkeit in der Geschichte ungebührlich herabzusetzen. Ähnliches wirft man dem westeuropäischen Positivismus vor. Below und Meinecke verweisen darauf, dass die Hinwendung zur Persönlichkeitsgeschichte auch eine innerwissenschaftliche Replik auf die geschichtstheoretischen Auffassungen des Positivismus sei, d. h. gewissermaßen die historistische Erwiderung auf die positivistische Suche nach Gesetzmäßigkeiten, Kollektiverscheinungen und Zivilisationskräften im geschichtlichen Prozess.

Inhaltlich herrscht die weitgehend kritiklose, obrigkeitsstaatliche Heldenverehrung vor, geleitet von der typisch bürgerlich-deutschen »Elephantiasis der Respektdrüse«.[11]

Es erscheint zudem 1895 mit den »Biographischen Blättern«, herausgegeben von Anton Bettelheim, eine Zeitschrift, die in charakteristischer Weise das damalige theoretisch-methodologische Verständnis der Fachhistoriker widerspiegelt. Außer einigen Aufsätzen zur Entwicklung der Biographie enthält sie viele biographische Aufsätze und Nachrufe, Rezensionen sowie Brief- und Quelleneditionen. In der Rubrik zur »Theorie der Biographie« äußern sich dagegen nur wenige bekannte Autoren. Schon im zweiten Heft fehlt sie. Das ausgeprägt theoretische Desinteresse wird auch in der Biographik – trotz der Konjunktur der historischen Biographie – nicht überwunden. Schon nach dem zweiten Jahrgang muss die Zeitschrift ihr Erscheinen einstellen.

---

9 E. Marcks, Nach den Bismarcktagen. Eine biographische Betrachtung, in: Biographische Blätter, Bd. 1, 1895, S. 130

10 Max Lenz, Rankes biographische Kunst und die Aufgaben des Biographen, Berlin 1912, S. 7f.

11 Jan Romein, Die Biographie. Einführung in ihre Geschichte und ihre Problematik, Berlin 1948, S. 68

Das Unternehmen wird von Bettelheim rein empirisch fortgeführt (1897/1917) als »Biographisches Jahrbuch und deutscher Nekrolog«.

Es fällt auf, dass die Historiker statt der zur »Geschichte erweiterten« Biographie nunmehr verstärkt die Lebensbeschreibung im engeren Sinne bringen, theoretisch (z.B. Alfred Dove) und praktisch (z.B. Erich Marcks). Es wird die intensive psychologische Beleuchtung des Gesamthabitus des Porträtierten erstrebt, wenn auch nur in Ansätzen verwirklicht. Voraussetzung für diese auf die Person zentrierte biographische Gestaltung ist die mit Wilhelm Wundt u.a. erreichte Anerkennung der Psychologie als vollgültige Universitätswissenschaft.

Erste Betrachtungen gelten – ausdrücklich als Bestandteil einer Theorie der Biographie – dem Persönlichkeitsbegriff. Während aber Marxisten wie Franz Mehring und Georgi Plechanow in Polemik gegen idealistisch-historistische Geschichtskonzeptionen vor allem die soziale Eingebundenheit historischer Persönlichkeiten hervorheben, interessiert den Schweizer Eduard Platzhoff-Lejune die herausragende Begabung und politische Kraft, die Individualität. Für die historische Biographie bedeutet das, neben dem Wirken einer Persönlichkeit auch ihre »Innerlichkeit« zu ergründen, um über das Subjekt hinaus auch die Kenntnis der menschlichen Sinnes- und Denkart allgemein zu bereichern.

Wilhelm Dilthey rückt dann die Biographie ins Zentrum der Geschichtsschreibung. Er lenkt das Interesse auf eine Zusammenschau des Historischen und Psychologischen, auf die Darstellung der individuellen psycho-physischen Lebenseinheit. Das Soziale bleibt ihm dabei zweitrangig. Zuerst von der Individualität, von psycho-physischen Lebenseinheiten her ist für Dilthey die historische Realität »rein und ganz« zu erfassen. Sie wird für ihn »ein Höchstes der Geschichtswissenschaft«.[12] Da im Persönlichkeitsverstehen das Intuitive, das Nachbildende entscheidend sein soll, betrachtet Dilthey die Biographie nicht nur als wissenschaftliches Bemühen, sondern auch als Kunstwerk. Diese Ausrichtung der Biographie auf das Phantasievoll-Künstlerische und darüber hinaus auf das Irrationale lassen zu Beginn des 20. Jahrhunderts Historiker des Stefan-George-Kreises und der sogenannten Historischen Belletristik zu extrem subjektivistischen Positionen gelangen.

---

12 Wilhelm Dilthey, Einleitung in die Geisteswissenschaften, Leipzig 1883, S. 42

Der Biographie des »kleinen Mannes« wird dagegen gemäß der voluntaristischen Geschichtskonzeption keine Bedeutung für die historische Erkenntnis zugemessen. Im besten Fall bedauert man, dass die Quellen dafür nicht ausreichend verfügbar sind. Es sind Einzelgänger wie der österreichische Literaturwissenschaftler Richard M. Werner, die eine »Biographie der Namenlosen« nicht nur für erforderlich, sondern auch für realisierbar halten. Doch bleibt beispielsweise Werners Einsatz hierfür, vorgetragen 1895 in den »Biographischen Blättern«, ohne nennenswertes Echo.

Außerhalb der akademischen Geschichtsschreibung wird von Arbeitern das biographische und insbesondere das autobiographische Genre entdeckt. Proletarische Selbstdarstellungen entwickeln sich zu einer eigenen Literaturgattung, teilweise gefördert von der Arbeiterbewegung.[13] In Deutschland weisen u.a. Friedrich Engels, Franz Mehring, Paul Göhre und August Bebel auf ihre ideologische und didaktische Funktion hin. In solchen Selbstdarstellungen entfaltet sich, wie Mehring schreibt, der psychologische Umwandlungsprozess, der sich im modernen Proletariat vollzieht, viel offensichtlicher als in der beredten Sprache der wissenschaftlichen Forscher und der noch beredteren statistischer Ziffern. Doch es bleibt nur bei wenigen Ansätzen des theoretischen Nachdenkens über die Biographik.

In anderen europäischen Ländern ist die Biographie-Debatte besonders in Großbritannien intensiv, wobei im Vergleich zu Deutschland bezeichnende Unterschiede und Parallelen auftreten. Während sich im Wilhelminischen Deutschland die Heldenverehrung dem Obrigkeitsstaat anpasst, erheben sich in England Stimmen (u.a. Edmond S. Pucell, Edmond Gosse) gegen die kritiklose, apologetische Biographie, besonders die Victorianische, die alle Schatten ihrer Persönlichkeiten tilgt, aber auch die geistlosen Kompilationen der Monstre-Lebensbeschreibungen. Parallel zu Deutschland verläuft auch in Großbritannien die Kritik an den Geschichtsauffassungen des Positivismus und der Streit um das Verhältnis von Individualität, Massen und gesellschaftlichen Gesetzmäßigkeiten. Allerdings wird in Großbritannien der Positivismus nicht derart rigoros von den Universitäten und aus dem

---

13 Einen guten Überblick bietet: Proletarische Lebensläufe, Autobiographische Dokumente zur Entstehung der Zweiten Kultur in Deutschland; Hrsg. W. Emmerich, 2 Bde., Reinbek 1974/75

akademischen Geschichtsverständnis verdrängt wie in Deutschland. Ähnlichkeit zwischen beiden Ländern besteht auch in der Diskussion um eine vertiefte psychologische Durchdringung der Lebensbeschreibung, in Großbritannien wirkungsvoll popularisiert durch Lytton Strachey, sowie in dem Anfang der zwanziger Jahre sich auch in Großbritannien durchsetzenden Trend zur Historischen Belletristik und dem Gebrauch fiktionaler Methoden in der Biographie.

Der wachsenden Flut historischer Biographien in vielen Ländern entsprechen zunächst kaum neue theoretisch-methodologische Überlegungen. Hervorzuheben sind aber aufschlussreiche Darstellungen ihrer Entwicklung in einzelnen Ländern und in frühen Zeitaltern, insbesondere in der Antike.

In Frankreich hat nicht zuletzt die sozialgeschichtliche Ausrichtung der »Annales« die Anhänger des biographischen Genres für Jahrzehnte in ihrer Bedeutung für die Geschichtsschreibung geschwächt. Obwohl weiterhin Biographien geschrieben werden, gelten nur wenige der die Forschung bestimmenden großen Dissertationen der biographischen Thematik.

Nach dem Zweiten Weltkrieg wird die Biographik enorm belebt, weil jetzt holländische, englische und amerikanische Historiker wie Jan Romein, Samuel Dresden, Harold Nicolson, Leon Edel und John A. Garraty mit bemerkenswerten Versuchen hervortreten, die Entwicklung der Biographie resümierend zu beleuchten und zugleich das bisherige Wissen über die theoretischen Grundlagen, die inhaltliche und methodische Gestaltung der Biographie zusammenzufassen bzw. selbstständig zu erörtern, dem Biographen gewissermaßen ein Instrumentarium zur Hand zu geben.

Inzwischen wendet sich die Aufmerksamkeit international der psychoanalytisch geprägten Biographie zu, mit zahlreichen praktischen Abhandlungen wie heftigem theoretischem Für und Wider. Insbesondere USA-Historiker versuchten sich auf diesem Felde. Die Literatur darüber nahm zu.

In Europa blieb der Widerhall auf diesen biographischen Ansatz verhalten. Namentlich Hans-Ulrich Wehler setzte sich kritisch mit überzogenen Hoffnungen auf eine psychoanalytische Revolutionierung des biographischen Genres auseinander.[14]

---

14 H.-U. Wehler, Zum Verhältnis von Geschichtswissenschaft und Psychoanalyse, in:

Ein erwähnenswerter wissenschaftstheoretischer Anstoß kommt von der Theorie der Persönlichkeit, wieder aufgegriffen u.a. von Harold D. Lasswell, der nach ihrem Nutzen für die historische Politikwissenschaft fragt. Mit internationaler Ausstrahlung führte Lucien Sève die Theorie der Persönlichkeit auf ihre biologisch-psychologischen und historisch-sozialen Grundlagen zurück. Historiker hoben bisher nur gelegentlich die Bedeutung dieser Theorie für die Biographie hervor.

Nach vereinzelten Überlegungen Ende der zwanziger Jahre beginnt sich die marxistische Geschichtswissenschaft erst seit den siebziger Jahren näher mit der Biographik zu befassen. Die Erörterungen stützen sich auf praktische Erfahrungen beim Schreiben von Biographien, heben wichtige theoretisch-methodologische Aspekte hervor (u.a. zum Verhältnis von Persönlichkeit und Sozialstruktur/Klassenkampf, die Analyse der Entwicklungsstufen der Persönlichkeit, die darstellerische Komposition von Persönlichkeit und allgemeiner Geschichte), ohne schon zu einer geschlossenen Biographik zu finden.

Seit den siebziger Jahren beginnt sich die Sozialgeschichte mit theoretischen Fragen der historischen Biographie zu befassen. Kritisch gegenüber der traditionellen politischen Biographie, plädiert sie vor allem für die Einbeziehung sozialwissenschaftlicher Konzeptionen und Methoden: der Sozialpsychologie, der Interaktion bzw. der Handlungstheorie, Struktur- und Systemtheorien. Doch ein zentrales Forschungsgebiet der Sozialgeschichte ist die Biographie historischer Persönlichkeiten nicht geworden. Eine in mehrfacher Hinsicht instruktive Untersuchung stammt von dem Literaturwissenschaftler Helmut Scheuer[15]; seine Arbeit über die Biographie-Entwicklung vom 18. Jahrhundert bis zur Gegenwart ist auch für den Historiker relevant, weil sie in wichtigen Stichpunkten historische Biographien, Theorie-Ansätze von Geschichtsdenkern und Historische Belletristik einbezieht. Außerdem wird der Bezug zur jeweiligen sozialen und politischen Epochenproblematik analysiert.

Inzwischen hat sich die sozialgeschichtliche Biographie als eine »von unten« etabliert, woran neben Historikern vor allem Sozialwis-

---

Geschichte und Psychoanalyse, hrsg. von H.-U. Wehler, Köln 1971, S. 9ff.

15 Helmut Scheuer, Biographie. Studien zur Funktion und zum Wandel einer literarischen Gattung vom 18. Jahrhundert bis zur Gegenwart, Stuttgart 1979

senschaftler verschiedener Disziplinen mitwirken, die teils mit gemeinsamen, teils mit eigenständigen Zielen, Konzeptionen und Methoden arbeiten. Diese empirische Forschung weitet sich in vielen Ländern bis zur Unübersichtlichkeit aus. Die sozialgeschichtliche Biographie ist ausgerichtet auf »Sozialprofile« gesellschaftlicher Gruppen, auf ihre Mentalitäten und ihr Wirken, auf die Einbindung der Individuen in gesellschaftliche Rahmenbedingungen (Familie, Beruf, Klassenschichtung, soziale Bewegungen, Kollektivmentalitäten, lokale und regionale Gegebenheiten). Das Individuum, über das die biographischen Kenntnisse meist eingeschränkt bleiben, ist vorrangig aussagekräftig für den kollektiven Sozialtypus, soziale Mobilitäten, für kollektive Mentalitäten, Verhaltensweisen und Handlungen in Vergangenheit und speziell in der Zeitgeschichte.

Die Hermeneutik des Historismus muss, soweit ist man sich bei allen Meinungsverschiedenheiten einig, präzisiert und erweitert werden in Richtung auf eine moderne, sozialgeschichtlich bezogene Theorie der Persönlichkeit, auf eine Theorie der Sozialisationsformen. In der sozialgeschichtlichen Biographie werden nun andere Quellen herangezogen und neue Methoden mit Erfolg verwertet, z. B. die Oral History, die Analyse von Kollektivbiographien, elektronische Datenverarbeitung.

So ist die sozialgeschichtliche Biographie ein unverzichtbarer Bestandteil der Geschichtsschreibung geworden. Im breiten Spektrum der Forschung unterscheidet sie sich allerdings in Gegenstand und Methoden erheblich von den traditionellen Biographien historischer Persönlichkeiten, obwohl sie international sicherlich dazu beitrug, den gesellschaftsbezogenen Aspekt der letzteren zu verdeutlichen. Da unter unserem Thema vorrangig die Biographie von Einzelpersönlichkeiten behandelt werden soll, kann hier auf die von Kollektiven nicht weiter eingegangen werden.

Der Längsschnitt zur Biographik ergibt, dass verschiedene Aspekte immer wiederkehren und mehr oder weniger modifiziert diskutiert werden. Dazu gehören:

1. Ist die Biographie Bestandteil der Geschichtsschreibung oder eine Form sui generis? In unserem Verständnis gilt das erstere.
2. Ist die Biographie Wissenschaft oder/und Kunst? Wir glauben an ihren wissenschaftlichen Charakter und die Möglichkeit, eine Le-

bensbeschreibung trotzdem ästhetisch angemessen zu formen. Den vorrangigen Gebrauch intuitiv-imaginärer und fiktionaler Mittel halten wir für ein Charakteristikum der historischen Belletristik.

3. Soll eine Biographie sich auf die äußere Wirksamkeit ihrer Persönlichkeit beschränken oder sie mit einer individuellen und psychologischen Charakteristik verbinden? Die moderne Biographie sollte abzielen auf die »biographische Totalität«, soweit sie sich aus den Quellen eruieren lässt.
4. Soll die Biographie von der Lebensbeschreibung als zentralem Bezugspunkt ausgehen oder eine zur Geschichte erweiterte Biographie werden? Nach unserer Ansicht muss die Lebensbeschreibung den Brennpunkt für die gesamte Konzeption und Darstellung bilden, alle Begebenheiten der allgemeinen Geschichte müssen ihr zugeordnet werden.
5. Wer verdient eine Biographie? Nur herausragende Persönlichkeiten oder auch namenlose? Die Biographie ist im breiten Spektrum der Gesellschaftsstruktur von oben bis unten möglich und notwendig.
6. Ist das »Verstehen« die Hauptform biographischer Erkenntnis? Eine wichtige und unverzichtbare, aber nicht die allein wesentliche. Die Persönlichkeit ist nicht aus dem autonomen Selbst zu erfassen, sondern nur im Konnex mit dem Gesellschaftlichen. Eine Theorie der Persönlichkeit ist ebenso vonnöten wie eine solche der Gesellschaft bzw. ihrer Geschichte mit den daraus abzuleitenden Erkenntnisformen.

Der Blick auf die Formen biographischer Darstellung ergibt, dass sich vor allem folgende Arten herausbildeten:

1. Die vornehmlich faktensammelnde, kompilatorische ohne tiefere Analyse
2. Die chronologisch-erzählende und ein Charakterbild vermittelnde als breitenwirksamste Hauptform
3. Die essayistisch-monographische, die sich auf bestimmte Aspekte in der Biographie ihrer Gestalten konzentriert und den übrigen Lebenslauf voraussetzt oder nur kurz erwähnt

4. Die analytisch-systematisierende, die nicht der biographischen Chronologie folgt, sondern von retrospektiven und theoriegeleiteten Gesichtspunkten eine biographische Gesamtcharakteristik erstrebt
5. Die typologisierende sozialgeschichtliche Kollektivbiographie, die ausschnittartig vorhandenes biographisches Wissen zu bündeln versucht

Schon seit langem wird über die Typen von Biographien nachgedacht. Wir erwähnten als frühere Beispiele Daniel Jenisch (1802) und Rudolf Gottschall (1874). Jürgen Oelkers unterschied 1974 drei Typen inhaltlicher biographischer Ausrichtung innerhalb des Historismus: Rankes episch-dokumentarische, Droysens politisch-pädagogische und Diltheys ästhetisierende Biographie. Das Buch des Literaturwissenschaftlers Helmut Scheuer vermittelt eine breitere Palette biographischer Typen: didaktische, politische, geistes- und kulturgeschichtliche, essayistische, mystische, historisch-belletristische, gesellschaftsgeschichtliche, zeitgenössische analytisch-literarische Biographien.

Wir möchten aus der bisherigen biographischen Praxis folgende Typen ableiten, wobei wir von der Zwecksetzung und der daraus resultierenden Art der Themenstellung, der Quellen- und Methodenwahl ausgehen:

1. Enzyklopädische Kurzbiographien und Nekrologe, in denen vor allem der äußere Lebenshergang und eine kurze Charakteristik der Persönlichkeit gegeben werden.
2. Biographische Materialsammlungen, in denen nach der Art der Life and Letters kompilatorisch verfahren wird, die konzeptionell nicht geschlossen sind und die eine tiefere Charakteristik der Personen vermissen lassen.
3. Wissenschaftlich-kritische Biographien, in denen die Quellen verarbeitet werden und neben Wirken und Denken der Persönlichkeit in ihrer Zeitgebundenheit auch die psychologische Charakteristik als wichtiger Bestandteil der Analyse einbezogen ist.
4. Biographische Essays bzw. biographische Werkeinleitungen, deren Autoren sich die Aufgabe stellen, nur bestimmte Teilaspekte einer Persönlichkeit neu zu beleuchten, aber auch biographische Monographien, in denen aufgrund neuer Quellen auf Einzelbereiche des

Wirkens und Denkens bestimmter Personen eingegangen wird, die übrigen Lebensabschnitte aber nur knapp erklärend oder als Folgewirkung angeführt werden.

5. Autobiographien, die eine Selbstinterpretation versuchen. Dazu gehören auch Memoiren, die in ein erlebtes Zeitgeschehen nur Teilbereiche der Selbstbiographie einbeziehen.
6. Biographien im Sinne einer imaginären Lebensschau, deren Autoren über das verfügbare Quellenmaterial hinaus intuitiv oder mit fiktionalen Mitteln die biographische Charakteristik vervollständigen wollen.
7. Die historische Belletristik; ihre Verfasser suchen eigenes Verständnis von Wissenschaft und Kunst zu verbinden, um mit literarischen Mitteln eine Bereicherung des Persönlichkeitsbildes und der Zeitumstände zu erreichen.
8. Psychoanalytische Biographien, deren Verfasser mit eigenständigen konzeptionell-technischen Mitteln arbeiten, um entscheidende Charakter- und Handlungsmerkmalen der Porträtierten zu vermitteln.
9. Die Prosopographie; in diesen Kollektivbiographien wird versucht, entweder Eliten (die ältere Form) oder breitere soziale Schichten zu erfassen, wobei sich Konzeptionen und Methoden unterscheiden; insbesondere bei letzteren gehen die Verfasser typologisierend-sozialwissenschaftlich vor.
10. Die Oral History, die sich zu einer eigenständigen Disziplin der Erfassung von Lebenserfahrungen verschiedener, noch lebender Generationen herausgebildet hat, aber häufig auf biographische Teilaspekte beschränkt bleiben muss.

Die vorgestellten Typen historischer Biographie können durchaus von ganz unterschiedlichen weltanschaulichen, sozialpolitischen Voraussetzungen und Konzeptionen ausgehen, verschiedenen didaktischen Zielen dienen, woraus sich dann wiederum Untertypen ergeben, die regional-national beeinflusst sein können. Die außereuropäische Biographie mit eventuell noch manch anderen Varianten und Veränderungen kann hier nicht erfasst werden.

II.

Sobald eine Persönlichkeit zum Ausgangs- und Mittelpunkt einer Biographie wird, ist ihr eine Totalität eigen, die vom Allgemeinen, dem Ökonomisch-Sozialen, bis zum Allerpersönlichsten reicht. Mit dem Ausgangspunkt von der biographischen Totalität ist eine eigene Sichtweise gegeben, die die anderen Bereiche der allgemeinen Geschichte zweckgerichtet auswählt, ohne die allgemeinen Erkenntnisse und Erfahrungen der Geschichte auszublenden. Allerdings ist es mit der Einbeziehung des Psychologischen nicht getan. Als Grundlage der Biographie bedarf es auch einer Theorie der Persönlichkeit. So fremd der Begriff von der biopsychosozialen Einheit klingen mag, er umfasst prinzipielle Aspekte, die ein Biograph zu berücksichtigen hat: das Biologische, das Psychische und das Soziale.

Das »bio« verweist auf die biologische Ungleichheit der Menschen, auf ihre jeweilige Individualität, die Problematik von erblichen, genetischen Anlagen und Begabungen, die ein individuelles Denken, Fühlen und Verhalten im ständigen Zusammenhang mit Umwelt/Milieu/Klassenbeziehungen usw. mitbestimmen. Biologisch-konstitutionelle Eigenschaften der Persönlichkeit müssen ebenso wie Familiäres bei der biographischen Untersuchung herangezogen werden.

Das »psycho« kennzeichnet »die eigene Qualität menschlichen Verhaltens, die sich aus den spezifischen Umwelt-Interaktionen herleitet«.[16] Den Biographen interessiert die individuelle Psychogenese, vor allem aber auch die Motivation, die sich aus veränderten Lebensbedingungen ergibt. Er wird psychische Entwicklungsphasen zu beachten haben, Reifungs-, Leistungs- und Erfahrungsalter, Erfahrungen der Persönlichkeitstypen, die sich nicht schablonenartig aus dem chronologischen Alter ergeben. Bei der Persönlichkeitsbeschreibung ist es oft fehlerhaft, hauptsächlich von der Spätphase, dem oft am besten dokumentierten Gewordensein eines Charakters, auszugehen.

Das »sozial« schließlich charakterisiert die »besondere Form der sozialen Interaktionen« einer Persönlichkeit.[17] Während das marxisti-

---

16 K.-F. Wessel, Forschungsprojekt »Der Mensch als biopsychosoziale Einheit«, in: Deutsche Zeitschrift für Philosophie, 1988, H. 2, S. 100

17 Ebenda, S. 100

sche Denken darauf schon immer, manchmal sogar auf Kosten der beiden anderen Aspekte, das Schwergewicht legte, ist von idealistisch geprägten Autoren diese Seite häufig vernachlässigt worden. Dilthey beispielsweise basiert auf der Autonomie des Individuellen, wenn er von der psycho-sozialen Lebenseinheit ausgeht. Marx' vieldeutig ausgelegter Satz, wonach das menschliche Wesen »das Ensemble der gesellschaftlichen Verhältnisse«[18] ist, gilt nach wie vor. Wir sollten ihn allerdings dahingehend interpretieren, dass aus den komplexen gesellschaftlichen Verhältnissen die für die jeweilige Person relevanten sozialen Beziehungen und Interaktionen erschlossen werden.

Das Soziale gibt den Rahmen und die Bedingungen für individuelles Denken und Handeln, ist aber zumindest in modernen Gesellschaftsformationen nicht einfach festgelegt, es ermöglicht Mobilität bei der Klassenzugehörigkeit. Zugleich ist es komplex, die Menschen sind schließlich eingebunden in familiär-verwandtschaftliche Beziehungen, in eine ethnische Körperschaft, in soziale Gruppen/Klassenschichten, Arbeits- und Kulturformen, aus denen mannigfaltige Bedürfnisse, Interessen, Motivationen und Handlungen entstehen, die in ihrer Vielschichtigkeit, Widersprüchlichkeit und Veränderlichkeit erklärt werden müssen. Dabei ist zu beachten, dass ein Teil der sozialen Beziehungen – etwa in Familie, Arbeitskollektiven, sozialen Gruppen – direkt und persönlich erlebt wird, andere gesellschaftliche Ebenen dagegen nur indirekt in Form allgemeiner Bewusstseinswerte vermittelt werden. Der Biograph hat darauf zu achten, welcher Bereich der Realität für seine Gestalt relevant ist als direktes Beziehungsgefüge oder was als Situations- und Erfahrungshorizont unmittelbar wirkt oder wahrgenommen wird, wie aus der Realität die bedeutungsvollen Umweltbeziehungen kommen und aus diesen der individuelle Interaktionsbereich entsteht.

Die Auswahl der Quellen hat insbesondere zur Personengeschichte des 19. und 20. Jahrhunderts nicht nur inhaltlichen, sondern auch kompositorischen Charakter. Anstelle trockener, heutzutage häufig auch nichtssagend abgefasster Dokumente wie Protokollen und Reden erhellen oft autobiographische Aussagen, Briefe oder Interviews mehr Persönlichkeits- und Hintergrundwissen. So enthält die Auswahl nicht

---

18 MEW, Bd. 3, S. 6

nur einen wertenden, sondern auch einen gestalterischen Aspekt, um wesentliche Charakterzüge und Ereignisse prägnant vorzustellen.

Der Biograph muss auch nach dem Wesen einer Persönlichkeit entscheiden, in welchem Umfang das Biopsychische in seine Darstellung eingeht, um den Charakter für das Wirken seiner Gestalt zu erklären. Bis zu einem gewissen Grade ist dabei Persönlich-Intimes durchaus erhellend. Wir messen der Psychoanalyse für die historische Biografie allerdings nur einen begrenzten Erklärungswert bei, gewissermaßen als zusätzliche Erklärung von Charaktereigenschaften und eventuell triebhaft-unbewussten Verhaltensweisen.

Beim Individuellen spielen Veranlagung, Lernprozesse oder Umbrüche eine Rolle, also die Dialektik von Kontinuität und Diskontinuität in Psyche und Verhalten. Der psychologische Habitus einer Persönlichkeit ist durchaus wandlungsfähig.

Zur Entwicklungs- und Reifephase eines Menschen gehört die Herkunft. Es ist also keineswegs abwegig, das Familiäre in die Biographie – je nach Bedeutung mehr oder weniger ausführlich – einzubeziehen. Gibt doch die Familie und ihre Tradition zunächst jenes soziale Umfeld, in das der junge Mensch hineinwächst und das ihn direkt und personengebunden prägt, Kontinuität oder auch Widerspruch hervorrufend.

Bei Politikern spielen nicht selten, wie wir wissen – etwa von Bismarck –, persönliche Interessen, Ansichten und Bedürfnisse eine ausschlaggebende Rolle für manche politische Entscheidungen. Charakterliches prägt auch den jeweiligen Stil politischen Handelns. Andererseits gilt es hier sorgsam abzuwägen, die Dialektik von Individuum und Gesellschaft zeitigt alternatives Verhalten und viel Widersprüchliches. Manche Menschen vermögen persönliches, berufliches oder öffentliches Wirken bis zu einem gewissen Grade zu trennen oder voneinander abzugrenzen.

Zur Gelehrtenbiographie schreibt schon 1895 der Berner Philosoph Ludwig Stein, dass das Biographische zur Belebung und Personifizierung der Gedanken, zur schärferen Ausprägung der Gedankenunterschiede beiträgt, auch ein Philosoph sei keine bloße Denkmaschine. Hinter den Ansichten steht vielmehr das Ich des Gelehrten, dessen Lebenserfahrung und Lektüre ebenso wie mancherlei Strömungen und Stimmungen sein wissenschaftliches Denken beeinflussen.

Die Bedeutung der Sozialgeschichte trug dazu bei, dass das Soziale eine gewichtigere Rolle als noch in der ersten Hälfte des 20. Jahrhundert spielt, dass auch der Nutzen geschichtstheoretischer Problemstellungen für die Vertiefung biographischer Erkenntnisse erkannt wird, auch wenn das neohistoristische Misstrauen gegen sozialgeschichtliche Theoriebildung keineswegs überwunden ist.

Die marxistische Geschichtswissenschaft hat ihrerseits in ihrer biographischen Praxis gelernt, nicht nur vom Allgemein-Politischen auf das Individuum zu blicken, sondern auch, wie man vom Individuellen her auf das Allgemein-Soziale zukommen kann und muss.

Es gilt hierbei, das soziale Gefüge einer Epoche bzw. ihrer Klassenstrukturen so zu sehen, dass die wirksamen Beziehungen und Interaktionen, die spezifischen Sozialfunktionen einer historischen Gestalt ermittelt werden, die nicht immer mit den bestimmenden Klassenverhältnissen oder sozialen Entwicklungstrends übereinzustimmen brauchen. Es genügt also nicht, festzustellen, woher eine Person kommt, sondern es ist konkret zu analysieren, welche spezifischen Interessen von Klassen, genauer, von Klassenfraktionen sie jeweils vertritt oder in ihrem Wirken und ihren Schriften miteinander zu verbinden weiß. Je mehr ein Biograph das Biotische, Psychische und Soziale seiner Gestalt vereinen kann – die Ergiebigkeit seiner Quellen vorausgesetzt –, umso mehr wird er zur biographischen Totalität finden.

Einiges zur gestalterischen Umsetzung: Eine immer wieder umstrittene Frage ist die, inwieweit die historische Biographie die allgemeine Geschichte aufzunehmen, d.h. historische Strukturen, Prozesse und Ereignisse zu beschreiben hat. Die verschiedensten Wege wurden dabei beschritten; die Skala reicht von der zur Geschichte erweiterten Biographie wie bei Ranke und Golo Manns *»Wallenstein«* einerseits, bis zu Pastors Janssen-Biographie oder Mitzmanns Bild über Max Weber andererseits.

In der Regel sollte sich der Biograph bemühen, die Außenwelt der Persönlichkeit als inneres Erlebnis ein- und unterzuordnen. Der Autor, der z.B. sich mit einer Persönlichkeit der Revolution von 1848/49 in Deutschland beschäftigt, muss die Berliner Straßenkämpfe des 18. März nicht unbedingt schildern. Ihre, wenn auch nur kurze Beschreibung bekommt jedoch in einer Bismarck-Biographie deswegen eine darstellerische Funktion, weil dieser bei einem Besuch der Gräber der Märzgefallenen im Jahre 1851 mit einem elementaren Hassausbruch reagierte. Somit erfüllt diese Beschreibung die Funktion, den Charakter bzw. das politische Profil Bismarcks besser zu verstehen. Die allgemeine Geschichte sollte jedoch so »verarbeitet« sein, dass sie das Biographische nicht überwuchert.

Der Biograph hat zu unterscheiden: Was ist dem Späteren und uns Heutigen einsichtig, was war den Zeitgenossen und speziell den Porträtierten verständlich bzw. welche der komplexen Strukturen und Geschehnisse blieben ihnen verborgen oder nur in einigen äußerlichen Erscheinungsformen gegenwärtig. Selbst aus dem Zugänglichen und Einsichtigen wählt jede Gestalt immer nur einen Teil aus, der ihr aus Aktuellem und Sozialem, aber auch von ihren biopsychischen Voraussetzungen her bedeutsam erscheint. Dies kann die Sicht einengen, aber auch perspektivisch schärfen, ohne dass dies, wie wiederum das Beispiel Bismarcks zeigt, in allen seinen Lebensphasen in gleicher Weise ausgeprägt sein muss. Jedenfalls sollte man sich hüten, hier die allgemein vorherrschenden Klassenmentalitäten und -überzeugungen gewissermaßen dem Denken und Verhalten des Einzelnen aufzupfropfen.

Eine weitere Überlegung zielt ab auf notwendige oder bewusst gesetzte Schwerpunkte im Umfang der Biographie – in Abhängigkeit vom Charakter einer Persönlichkeit und den unterschiedlichen Phasen ihres Wirkens bzw. von retrospektiven Ansichten des Biographen. Je nach der Problemstellung können dabei die Reifezeit oder bestimmte Abschnitte im Vordergrund der Darstellung stehen und die Proportionen der einzelnen Teile erheblich beeinflussen. Die chronologisch vorgehende Schilderung wird dann bei einzelnen Partien überproportional ausgeweitet. Es hängt ab von Intention und Gestaltungsvermögen des Autors, ob dabei die Grenze von der Biographie zur Monographie überschritten wird.

Welchen Charakter hat das Porträt in der Biographie des Fachhistorikers? Ist hier das Künstlerische mitbeteiligt? Bemüht der Historiker hierbei fiktionale Mittel? Ist die Biographie zugleich Wissenschaft und Kunst? Gehört die Biographie dann als Genre überhaupt zur Geschichtsschreibung? So viele Fragen, so viele verschiedene Antworten.

Natürlich braucht der Historiker Einfühlungsvermögen und historische Phantasie, um eine Persönlichkeit als Charakter und als Handelnden in einer bestimmten Zeit zu verstehen, ihr Denken und Wirken erklären und einschätzen zu können. Manchmal wird er nur konstatieren können, dass bestimmte Motive und Handlungen mit seinen Mitteln nur festzustellen, aber aus den Quellen nicht rational, psychologisch usw. erklärbar sind. Historische Phantasie oder Imagination, um diese Begriffe mit aller Vorsicht zu gebrauchen, machen aus der Geschichtsschreibung bzw. der Biographie noch keine Kunst. Schon Johann Gustav Droysen zog eine Grenze zwischen Wissenschaft und Kunst und vermerkte spöttisch, dass unter allen Wissenschaften allein der Geschichte das zweifelhafte Glück zuteil geworden sei, zugleich auch Kunst sein zu sollen.[19]

Damit soll natürlich nichts gegen das wünschbare Erzähltalent gesagt werden, und in diesem auf die Darstellungsform bezogenen Sinne kann man die Ansicht von den ästhetischen Gesichtspunkten in der Geschichtsschreibung durchaus akzeptieren. Übrigens spottete schon Franz Mehring über den »trockenen Hecht«, der den famosen Gedanken gehabt habe, dass ästhetische Gesichtspunkte in den heiligen Hallen der historischen Wissenschaft nichts zu suchen hätten, und der demzufolge die langweilige Schreibweise für die einzig erlaubte erklärte.[20]

Somit möchten wir meinen, dass der Historiker, wenn er die Grenze zur Belletristik nicht überschreiten will, keiner fiktionalen Mittel in seiner Biographie bedarf und nur auf quellenmäßig belegte Fakten und Aussagen bauen sollte. »Was sonst vorhanden gewesen sein muss, aber keine handfesten Spuren hinterließ, darf er als Möglichkeit, Wahrscheinlichkeit, ja als notwenige Voraussetzung nüchtern konstatieren, aber nicht ausmalen, verlebendigen und in Aktion zeigen.«[21] Es ist aber bereits eine »reale Fiktion«, wenn verschiedene Quellen zu einem griffigen Bild komponiert, zu einer Handlungsmotivation fixiert oder, wie Golo Mann in seinem *»Wallenstein«*, bezeugte Äußerungen zu direkter Redeweise ausgeformt werden. Nicht zu reden von der Historischen Belletristik der zwanziger Jahre, die ein Genre jenseits der Geschichtswissenschaft bildet, weil sie fiktionale und künstlerische Mittel einsetzt und mit fachwissenschaftlichen vermischt.

---

19 Johann Gustav Droysen, Historik. Vorlesungen über Enzyklopädie und Methodologie der Geschichte, Hrsg. R. Hübner, München/Berlin 1937, S. 419

20 Franz Mehring, Karl Marx – Geschichte seines Lebens, Berlin 1960, S. 5

21 Hans-Peter Jaeck, Kammerherr und König, Voltaire in Preußen, Berlin 1987, S. 323. Das Buch unternimmt den Versuch einer »realen« Fiktion.

Im Stil der darstellerischen Präsentation gibt es dessen ungeachtet zahlreiche Variationsmöglichkeiten, z.B. in der vom Biographen gewählten Schreibweise: ob er eine ruhige oder dramatisch bewegte Darstellungsform wählt, ob er seinen Duktus älteren Formen der Zeit des Porträtierten mehr oder weniger anzupassen versucht oder ob er einen modernen Stil bevorzugt, vielleicht sogar durchflochten mit sozialwissenschaftlichen Termini. Aber auch die Verwendung von Zitaten aus den Quellen bietet Möglichkeiten, die Schreibweise und die Bildhaftigkeit der Darstellung zu beeinflussen, das Anschauliche zu steigern oder – ungewollt – zu vernachlässigen. Jedenfalls sind dem Vermögen des Autors in bezug auf Sprachmelodie und -rhythmus, formprägende Verwendung von Bildern, Metaphern und Symbolen genügend Möglichkeiten des individuellen Ausdrucks gegeben, um das Interesse des Lesers wachzuhalten.

Leider wird, wie 1977 der Literaturwissenschaftler Werner Mittenzwei zu Recht beklagt hat, dem methodischen Credo der Biographie zu wenig Aufmerksamkeit geschenkt. Das hat zur Folge, dass das Genre in der Schreibweise und der schöpferischen Aufdeckung eines Lebens häufig bei Äußerlichkeiten stehenbleibt. Dabei erleichtert das Wissen um Form und Technik den Entwurf einer Idee und die Darlegung des Gedankens.

Die erzählende Darstellung ist unbestritten die verbreitetste und wirksamste Form. Mit ihr lassen sich allgemeine Zeitgeschehnisse, geschichtstheoretische Voraussetzungen, Denken und Wirken einer Persönlichkeit sowie Charakteranalyse anschaulich beschreiben, belegen und miteinander verbinden, kompositorisch auf das Leitmotiv der biographischen Totalität ausrichten und die Masse des übrigen Stoffes auf das Nötige reduzieren. Die erzählende Biographie ist in der Regel chronologisch angelegt.

Aber auch andere Darstellungsformen sind möglich. Werner Mittenzwei wies darauf hin, dass Wolfgang Hildesheimer in seiner Mozart-Biographie (1977) von einer retrospektiven und rezeptionsbezogenen Ausgangsposition her zu einer gewissenmaßen querlaufenden Linienführung und Detailschilderung findet. Oder, ein anderes Beispiel, Karl Geiringer handelt in seiner Brahms-Biographie (1955) Leben und Werk in zwei Teilen ab, ohne darum die innere Einheit beider zu vernachlässigen. Erst recht haben moderne sozialgeschichtliche Problemstellungen und die Ausweitung des relevanten Personenkreises für biographische Untersuchungen zu weiteren Formen der Darstellung geführt. Die klassische Form der Erzählung wird dessen ungeachtet ihre erkenntnisfördernde Funktion behalten. Doch wird darüber nachgedacht, wie man systematische und theoretische Betrachtungen, auch mit dem nötigen begrifflichen Vokabular, in der biographischen Erzählung unterbringen kann und muss, um durch eine »wenigstens streckenweise multiperspektivische Darstellung« nicht nur den nötigen Erkenntniszuwachs, sondern auch »intellektuelle Spannung« zu gewinnen.[22]

Die Realitätsschärfe der historischen Biographie wird gleichermaßen durch Konzeption und Darstellung bedingt. Realitätsnähe und Wahrhaftigkeit der Charakterdarstellung erfordern, dass auch negative Eigenschaften und Handlungen von Persönlichkeiten nicht minimalisiert oder gar ausgeklammert werden. Wurde bisher meist das Persönlich-Intime besonders hochgestellter Persönlichkeiten verdrängt, so hat die umstrittene Psychoanalyse eröffnet, dass auch diese Sphäre zumindest in manchen Fällen zur Kennzeichnung von Charakteren beitragen kann. Weit verbreiteter ist die apologetische Behandlung von Herrschenden, die mit dem deutschen Untertanenverstand des Wilhelminischen Kaiserreiches oder der kritiklosen Biographie der Viktorianischen Zeit in Großbritannien gewissermaßen paradigmatisch geworden ist. Auch Biographen über Führer der Arbeiterbewegung verfielen in gewollte oder ungewollte Schönfärberei; geradezu unerträglich war der berüchtigte »Personenkult«. Schlechte Beispiele gibt es in allen Lagern, dem Ruf der Biographie zum Schaden!

Biographie ist immer auch bestimmt vom Verhältnis des Autors zu seinem Subjekt, von historischen Wertungen und Urteilen, einer Beziehung, getragen von Bewunderung oder Abneigung, von beiden zugleich oder auch kühler Rationalität des Abwägens – Ausgangspunkte, die die Distanz der Zeiten und der Klassenzugehörigkeit schaffen. Der Biograph trifft »historische Wertungen« im Prozess seines Erkennens historischer Erscheinungen und Persönlichkeiten zunächst in der Zwecksetzung und Themenwahl, sodann im Forschungsprozess bei der Stoff- und Faktenauswahl, auch wenn ihm das selbst uneinsichtig

---

22 C. Meier, Von der Schwierigkeit, ein Leben zu erzählen. Zum Projekt einer Caesar-Biographie, in: Theorie und Erzählung in der Geschichte, Hrsg. J. Kocka/Th. Nipperdey, München 1979, S. 230, 257

bleibt. Darüber hinaus wertet er die geschichtliche Relevanz bestimmter Vorgänge und Motive. Auch geschichtstheoretische Aussagen beinhalten Wertungen. So dienen diese der Problemstellung und -lösung, der Vertiefung der historischen Erkenntnis; sie sind geschichtstheoretisch fundiert und damit weltanschaulich gebunden. Der Historiker muss sich natürlich um den größtmöglichen Realitäts- und Objektivitätsgehalt in den wertenden Akten bemühen.

Für die Biographie noch wichtiger sind »Werturteile«, die ideologiebezogen sind, aktuell klassen- und zeitverhaftet. In ihnen kommt die strategie- und bewusstseinsbildende Funktion der Geschichtswissenschaft zum Ausdruck. Außer politischen und historisch-politischen Wertungen, die z. B. Einschätzungen der Politik bestimmter Parteien und Politiker oder Lehren der Geschichte bzw. Traditionszuweisungen enthalten, wertet der Biograph durchaus moralisch, um Charakter, Denken und Handeln seiner Gestalt einzuordnen.

Auch die Biographie dient wie jedes andere Genre der Geschichtswissenschaft gesellschaftlichen Orientierungsbedürfnissen. Kriterium bleibt der Realitätsbezug der historischen Urteile, die Objektbezogenheit der darin einbezogenen historischen Theorien und die ständige Überprüfbarkeit anhand der Transparenz der wertenden Gesichtspunkte.

Wem soll eine Biographie gewidmet werden? Diese Frage ist, wie gesagt, seit jeher umstritten. Traditionell konzentriert sie sich hauptsächlich auf Personen von historischer Relevanz, entsprechend dem zugänglichen Quellenmaterial vorrangig auf Vertreter der herrschenden Klassen, erst des Adels und der Kirche, später zunehmend der verschiedenen Schichten des Bürgertums, einschließlich der ihnen zugeordneten gelehrten Welt. Das wachsende historische Interesse der sich schnell verbreiternden bürgerlichen Lesegesellschaft bewirkte, sich neben herausragenden Persönlichkeiten mehr und mehr auch »Durchschnitts«-Gestalten zuzuwenden und deren Leben zu schildern, wodurch auch Lebensumstände und -verläufe breiterer Schichten genauer erschlossen werden. Die Altertumswissenschaften begannen dann in der zweiten Hälfte des 19. Jahrhunderts mit der Prosopographie, der systematisch angelegten Sammlung des erhaltenen biographischen Materials über einzelne Schichten und Gruppen der herrschenden Klassen in der Antike. Alles in allem ist dies aber eine biographische Sicht auf die Gesellschaft von oben her.

Die Geschichtsschreiber der Arbeiterbewegung erweitern seit dem 19. Jahrhundert das Spektrum in sozialer Beziehung und in der Blickrichtung von unten nach oben. Gelten viele Biographien noch bekannteren Arbeiterführern, sind Autobiographien erfreulicherweise häufig auch von ursprünglichen Handwerkern verschiedener Berufe erhalten. Die proletarische Selbstdarstellung, wie bereits erwähnt, erlebte eine breite Entfaltung; sie erfährt später auch eine selbständige, vor allem literaturwissenschaftliche Betrachtung u. a. zur Spezifik des Genres, die sich insbesondere qualitativ von der Autobiographie bürgerlicher Autoren unterscheidet. Es ist darauf hingewiesen worden, dass in der Arbeiterautobiographie neben der Individualentwicklung, wie sie die bürgerliche Biographie in den Mittelpunkt stellt, noch stärker die Sozialentwicklung, das Eingebundensein des Arbeiters in seine Klasse und seine gewerkschaftlich-politische Bewegung, einbezogen ist, weil dies auch der Mentalität und dem neuen Grad des Bewusstwerdens der Vergesellschaftung entspricht.

Die moderne Sozialgeschichtsschreibung lenkte berechtigt den Blick auf biographische Aspekte der breiten Volksschichten, der Alltagsgeschichte, und entwickelte dafür in interdisziplinärem Zusammenwirken mit anderen Gesellschaftswissenschaftlern neue Techniken. Oral History mit der Befragungsmethode, autobiographische Aufzeichnungen, prosopographische und statistische Verfahren liefern wichtige Materialien für eine Gesellschaftsgeschichte von unten her, den Alltag des »kleinen Mannes«. Sie schaffen für die Zeitgeschichte neue Quellen. Dem liegt die Erkenntnis zugrunde, dass das Subjektive ein unentbehrlicher Faktor in der Erkenntnis sozialer Zusammenhänge ist.

Von der klassischen Biographie unterscheidet sich die sozialgeschichtliche u. a. in folgenden Punkten:

1. Sie bedarf der sozialgeschichtlichen (theoretischen) Fragen an das Material und der Problemstellungen für die antwortenden Subjekte.
2. Es werden gezielt häufig nur einzelne lebensgeschichtliche Aspekte ermittelt werden können.
3. Man sammelt nicht nur vorhandenes autobiographisches Material, sondern regt zur Neuschaffung, zur Abfassung von Lebensgeschichten an. Sie bedürfen besonderer Prüfung, da sie nicht von

professionell ausgebildeten Autoren, sondern von Laien geschrieben werden.

4. Die interdisziplinäre Arbeitsweise geht über die traditionellen Fachgrenzen hinaus.
5. Objekt und häufig Subjekt zugleich sind Vertreter der mittleren und unteren Volksschichten. Die Relevanz ihres Handlungsspielraumes und ihres Motivationshorizonts ist häufig eingeschränkt, lokal, sozialspezifisch, die Sicht darauf aber trotzdem notwendig zur Erforschung des zeitgeschichtlichen Alltags.
6. Oral History und Lebensgeschichtsschreibung sind in erster Linie Formen der Zeitgeschichtsschreibung. Doch lassen sich biographisch auch Aspekte von Existenz- und Mentalitätsformen früherer Zeiten erforschen.
7. Die Typisierung bildet einen wichtigen methodischen Einstieg in die Analyse von Kollektivbiographien. Anhand der gewonnenen Vergleichsdaten lassen sich Durchschnittstypen und -mentalitäten fixieren, aber auch Mobilitätsmuster sozialen Auf- und Abstiegs. An ihnen kann das Individuelle des Einzelschicksals gemessen werden.
8. Sozialgeschichtliche Biographien spiegeln die nationale Geschichte in der Regel im Blickpunkt der Regional- und Lokalgeschichte wider. Die mikrohistorische Sicht bedarf daher umso mehr der theoretischen und allgemein-historischen Problemstellung und Einordnung der Eindrücke und Fakten.
9. Kollektivbiographien lassen sich in der Regel nicht erzählen wie eventuell zugrunde liegende Lebensberichte. Diese bedürfen der Zusammenfassung und Kommentierung. In den Vordergrund tritt als Darstellungsform die sozialgeschichtliche Analyse.

Das über die Kollektivbiographien Gesagte leitet über zum Problem des Beitrages der historischen Biographie zur allgemeinen historischen Erkenntnis, zum Zeit- und Periodenverständnis, zum Verlauf und den Triebkräften historischer Prozesse. Sie leistet Erhebliches, wenn sie sich nicht mit dem Seelenleben einer Persönlichkeit begnügt. Zunächst belegt sie, wie bedeutende politische Führergestalten ihr Zeitalter beeinflussen, wenn sie historische Trends und Notwendigkeiten erfassen und ihr Handeln darauf einstellen. Ähnliches gilt für Wirtschaft, Wissenschaft und Kultur. Über das Biographische im engeren Sinne hinaus analysierend, vermitteln ihre biographischen und autobiographischen Zeugnisse zugleich wichtige Aussagen über die historische Epoche, über zeitgenössische Denk- und Verhaltensweisen. Sie können beispielsweise illustrieren, dass ein Ludwig XIV. und die Intentionen seiner Außenpolitik weitaus mehr dem Zeitdenken entsprachen als ihm häufig zugestanden wird. Andererseits bezeugen sie, wie weit etwa ein Bismarck in Begegnung und Konfrontation mit Adligen und Bürgerlichen sich über vorherrschende Standesvorstellungen hinwegsetzte und allgemeine Modernisierungstrends für seine Politik benutzte.

Für zurückliegende Epochen ermöglichen gerade die über historische Persönlichkeiten erhaltenen Quellen, zeittypisches und -untypisches Denken und Handeln deutlicher zu erhellen, mithin durch die biographische Totalität auch weiter in die gesellschaftliche einer bestimmten Zeit und eines bestimmten Raumes vorzudringen: über die Familie zur Sozialstruktur, über den individuellen Bildungsweg zur Bildungsgeschichte, über den Beruf zur Wirtschaftsentwicklung, Herrschaftsstruktur oder Kultur- und Wissenschaftsentwicklung, über politisches Agieren zu sozialpolitischen Klassenbewegungen, über Heirat, Familie und gesellschaftliches Verhalten zu Sozialprestige und gesellschaftlichen Mentalitäten usw. Biographische Fakten sind Bestandteil des anschaulichen sozial-, politik- und/oder kulturgeschichtlichen Detailwissens, das der Historiker braucht, um die gesellschaftliche Totalität einer historischen Periode zu erfassen, kurzum: Welteinsicht zu vermitteln. Sie ermöglichen, vom Individuellen zum Allgemein-Sozialen zu kommen, die konkreten Vermittlungen und Verknüpfungen des Einzelnen mit seiner Lebensumwelt zu erforschen. Insofern ist das Subjektive der historischen Biographie auch fester Bestandteil der Geschichtsschreibung. In diesem Sinne kann man mit Hegel sagen: »Das Interesse der Biographie … scheint direkt dem allgemeinen Zwecke gegenüber zu stehen, aber sie selbst hat die historische Welt zum Hintergrunde, mit welchem das Individuum verwickelt ist.«[23]

---

23 Georg Wilhelm Friedrich Hegel, Enzyklopädie der philosophischen Wissenschaften im Grundrisse, neu hrsg. von F. Nicolin/O. Pöggeler, Berlin 1966, S. 429
Dieses Hegel-Zitat ist dem ersten Band der Biographie »Bismarck – Urpreuße und Reichsgründer« von Ernst Engelberg vorangestellt.

9.

Warum ausgerechnet Bismarck und wie stellt man dessen Leben und Wirken dar?

Jede intensive und langwährende Arbeit an einem historischen Gegenstand ist nur durchzuhalten, wenn der Impuls dazu von einem starken moralisch-politischen Erlebnis ausgegangen ist. In dieser Hinsicht kann Politik und Geschichtswissenschaft nicht voneinander getrennt werden. Doch im weiteren Verlauf einer Arbeit darf der Historiker sie nicht miteinander vermischen: Immer sollte er als Forscher und Geschichtsschreiber das sine ira et studio beachten, also gegen Vorurteile ankämpfen und den Gegenstand seiner Untersuchung in seinem Charakter- und Entwicklungszusammenhang so allseitig wie möglich betrachten. Das bedeutet nicht, dass er seine auf Kenntnis beruhenden Auffassungen und Empfindungen unterdrücken muss.[1]

Auf die Gesamtproblematik des historischen Wirkens von Bismarck wurde ich mit besonderer Intensität unmittelbar vor und nach dem Ende des Zweiten Weltkrieges gestoßen. Ich darf daran erinnern, dass

---

1 Diese Problematik, das Verhältnis zwischen Engagement und Objektivität behandelte Werner Mittenzwei, mit dem Ernst Engelberg befreundet war, im Sachbuch »Die Intellektuellen«, Leipzig 2001, in seiner Autobiographie »Zwielicht – Auf der Suche nach dem Sinn einer vergangenen Zeit«, Leipzig 2004, sowohl fiktional in »Die Brocken-Legende«, Leipzig 2007.

damals eine wahre Flut von Publikationen auf uns zukam, in der viele bedeutende Gestalten der deutschen Geschichte als Vorläufer Hitlers interpretiert wurden: von Luther über Fichte bis zu Bismarck.

Vor allem war alles Preußische Gegenstand teils ernst zu nehmender Kritik, teils übler Invektiven. In der Reihe ernst zu nehmender Kritik stand die dreibändige, in der Schweiz herausgegebene Bismarck-Biographie von Erich Eyck. In ihr war die bis dahin erschienene Quellen- und Sekundärliteratur mit großem Fleiß aufgearbeitet und die Darstellung mit gewandter Feder geschrieben. Die wenigen aus der Schweiz in meine türkische Emigration gelangten Exemplare wanderten von Hand zu Hand. Vieles sprach mich an, aber meine kritische Abwehrhaltung nahm zu, je mehr ich in Eycks Beurteilungsmaßstäben den Liberalismus englischer Provenienz und Weimarer Färbung erkannte. Erich Eyck war von Haus aus Jurist und wirkte bis 1937 als Anwalt beim Berliner Kammergericht. In der Tat bemerkte ich bei näherer Betrachtung, dass Eyck vielfach an die historische Persönlichkeit mit der Methode des Staatsanwalts und nicht des historischen Analytikers heranging.

Ein schlimmes Produkt eines ressentimentgeladenen Antipreußentums war das Buch des früher in Marburg wirkenden Ökonomen und Soziologen Wilhelm Röpke, betitelt *»Die deutsche Frage«*. Es kam 1945 in mehreren Auflagen in Zürich heraus, auch in französischer und englischer Übersetzung. Alle historischen Einheitsbestrebungen des deutschen Volkes wurden vielfach als krankhaft und abnormal abgetan: man sprach vom »preußischen Komplex«, vom »krankhaften Einheitsgefühl«, vom »Herdenrausch des Einheitsstaats«, vom »Klumpendeutschland«.[2]

In dieser Nachkriegsatmosphäre, in der sich mitunter Antipreußentum mit Antisozialismus in wilder Weise mischten, veröffentlichte Leopold Schwarzschild, der frühere Herausgeber von *»Das Tage-Buch«*, im Jahre 1954 eine Schrift unter dem Titel *»Der rote Preuße«*, und damit war Karl Marx gemeint.

---

2 Vgl. in diesem Band »Was ist eine Revolution von oben?«, S. 79–102

II.

Parallel zur historischen Darstellung und zur Vorbereitung der Bismarck-Biographie waren theoretisch-methodologische Überlegungen vonnöten. So beschäftigte ich mich mit solchen Begriffen wie Militarismus, Bonapartismus, Strategie und Taktik, schließlich mit dem Verhältnis zwischen Revolution von unten und der von oben. Dabei bemühte ich mich, das Verhältnis von Begriff und Wirklichkeit herauszuarbeiten. Die Arbeit über das Problem des deutschen Militarismus veröffentlichte ich in Auseinandersetzung mit Gerhard Ritters Buch *»Staatskunst und Kriegshandwerk. Das Problem des ›Militarismus‹ in Deutschland«*[3] bereits 1956, sie erschien später auch in der Bundesrepublik. Eine wichtige Vorarbeit für die Biographie war die Studie über die politische Strategie und Taktik Bismarcks[4]. Darin nahm ich Stellung zu der seit Ende der 1920er Jahre aufgekommenen »friedlich-dualistischen« Auffassung, die Bismarck im Jahrzehnt vor 1866 ein konzeptionell klares Handeln gegenüber der Habsburger Monarchie abspricht, eine Auffassung, die – im Kern – allen von Bismarck selbst in jener Zeit geäußerten Überlegungen widerspricht.

Kurz und gut, die Biographie entstand nach den intellektuell-politischen Erlebnissen, die bis in meine Emigration zurückreichen, in gleichsam gleitender Projektion. Und was das sogenannte Erzählwerk betrifft, so kann ich diese Kennzeichnung nur mit Vorbehalt akzeptieren; auf jeden Fall ist es theoretisch sehr bewusst. In keiner Phase der Forschung und Darstellung habe ich theoretische Überlegungen außer Acht gelassen.

---

3 Über das Problem des deutschen Militarismus, in: Zeitschrift für Geschichtswissenschaft, 6 (1956), S. 1113–1145; westdeutsche Publikation in: Militarismus, hrsg. von V. R. Berghahn, Köln 1975, S. 236–266 (Neue Wissenschaftliche Bibliothek 83)

4 Die politische Strategie und Taktik Bismarcks von 1851 bis 1866, in: Die großpreußisch-militaristische Reichsgründung 1871. Voraussetzungen und Folgen, hrsg. von H. Bartel und E. Engelberg, Bd. 1, Berlin 1871, S. 73–117 (Deutsche Akademie der Wissenschaften zu Berlin, Schriften des Zentralinstituts für Geschichte, Reihe I, Bd. 36/A); dasselbe, gekürzt unter dem Titel: Die Herausbildung der Bismarckschen Strategie und Taktik 1851 – 1866, in: Diplomatie und Kriegspolitik vor und nach der Reichsgründung, hrsg. von E. Engelberg, Berlin 1971, S. 9–44 (Sammlung Akademie-Verlag 26)

Überdies ist jede erzählende, auf Chronologie basierende Darstellung, die nicht eine bloße Stoffsammlung geben will, sondern gestaltet ist, ohne theoretisch-methodologische Überlegung gar nicht möglich. Wie anders könnte der Autor, wenn er nicht in Willkür verfallen will, entscheiden, was weggelassen und was betont werden soll? Wie kann er die Darstellung des gleichzeitigen Geschehens in der Innen- und Außenpolitik im Gesamtwerk komponieren? Da sind ebenfalls theoretische, aber auch ästhetische Gesichtspunkte entscheidend. Ferner: wie sollen die notwendigerweise systematisch angelegten Abschnitte über Strategie und Taktik Bismarcks auf eine solche Weise in das Erzählwerk eingebaut werden, dass sie nicht wie Exkurse aus dem Ganzen herausfallen. Im Übrigen liegt in jeder chronologisch einwandfreien und damit der historischen Dynamik sich nähernder Darstellung ein gut Stück historischer Erklärung.

Das methodologische Hauptproblem zeigte sich schon bei Beginn der Arbeit. Als nämlich mit der Publikation von zwei Hochschullehrbüchern, die sich mit der Geschichte Deutschlands von 1849–71 und von 1871–97 befassten, der Gedanke an eine Bismarck-Biographie bei mir reifte, war sicherlich eine wichtige Vorarbeit geleistet; zugleich lag damit die Versuchung nahe, einen falschen Weg zu gehen. Es schien so, als ob man die Gesamtdarstellung der sogenannten Bismarckzeit nur mehr oder weniger einzuschränken und die Darstellung der die Zeit in hohem Maße prägenden Persönlichkeit auszuweiten und psychologisch zu vertiefen brauchte, um den Grunderfordernissen einer Biographie gerecht zu werden. Kann man aber auf solche Weise das zentrale Problem einer Biographie, nämlich das der Wechselbeziehungen zwischen Individuum und Zeitgeschehen tatsächlich lösen?

Sicherlich ist die Totalität des Zeitgeschehens – angefangen von den ökonomisch-sozialen Verhältnissen über die innen- und außenpolitischen Beziehungen bis zu den Sphären des ideologischen Schaffens – die Grundlage für das Wirken einer Persönlichkeit, die sowohl Natur- als auch Gesellschaftswesen ist. Haben wir aber mit dieser Feststellung methodisch schon alles erfasst? Im Grunde genommen geht es einmal um die Spannweite im Leben und Wirken eines Individuums, zum andern um die Art und Weise seiner Verknüpfung mit der Zeit und Welt, in der es lebt und wirkt. Geht man ausschließlich von der Gesamtdarstellung der Zeit aus, um dann zum Individuum zu gelangen, dann läuft man Gefahr, ein wichtiges Ziel zu verfehlen: nämlich die

Darstellung der konkreten Vermittlungen und Verknüpfungen des Einzelnen mit dem Allgemeinen, des Individuellen mit dem Sozialen. Gerade diese Vermittlungen und Verknüpfungen müssen aber erforscht werden.

Eines steht für mich fest: Wenn man nicht willens oder imstande ist, die historische Persönlichkeit ins Zentrum der Darstellung zu stellen und viele Fragen nach dem Allgemein-Sozialen von diesem Mittelpunkt her zu sehen, dann wird eine Biographie sinnlos.

Zwischen der Ereignis- und Strukturgeschichte unterscheide ich zwar, aber beide sehe ich in ihrer dialektischen Einheit. Schon mitten in der Arbeit an der Bismarck-Biographie, hielt ich 1975 in der Sektion Methodologie des Internationalen Historikerkongresses in San Francisco ein Referat über »Ereignis, Struktur und Entwicklung in der Geschichte«. Darin stellte ich die These auf, dass in einem Ereignis oder im Wirken einer historischen Persönlichkeit der Doppelaspekt von sowohl spezifischen, individuellen als auch allgemeinen und strukturellen Elementen zu beachten ist.[5]

Angesichts der Überfülle von empirischem Faktenmaterial ist es leicht, Otto von Bismarcks Verwurzelung im ostelbischen Junkertum nachzuweisen und zu veranschaulichen. Man kann jedoch seinen Drang nach politischer Betätigung und seinen Widerwillen gegen das Eingespanntsein in das zivile und militärische Staatsgetriebe, auch sein Unausgefülltsein im bloßen Gutsbetrieb nicht allein aus den sozialen und historischen Verhältnissen, in denen er sich bewegte, erklären. Hier gibt es biologisch-physiologische und geistig-psychologische Eigenheiten, die nur annähernd zu erklären sind. Anders gesagt: Hier liegt die relative Wahrheit der These des individualistischen Historismus: Individuum est ineffabile; falsch ist sie nur in der Verabsolutierung der Aussage.

In Sachen Psychologie braucht der Historiker keineswegs in wissenschaftlichen Defätismus zu verfallen. Nur darf er sich nicht zum Gefangenen von Modeströmungen machen. Von der Wissenschaft der Psychologie, die übrigens heillos zersplittert und zerstritten ist, hat er

---

5 Ereignis, Struktur und Entwicklung in der Geschichte, in: Ernst Engelberg, Theorie, Empirie und Methode in der Geschichtswissenschaft, hrsg. von W. Küttler und G. Seeber, Berlin 1980, S. 59–99; eine gekürzte und überarbeitete Fassung findet sich in diesem Band als Kapitel 11 »Was ist historisches Erkennen?«, S. 175–96.

nicht einfach passiv zu rezipieren, sondern muss hier selbst produktiv sein. Methodisch kann er sich u. a. auch auf Herder beziehen, der einmal sagte: Der Geschichtsschreiber solle seinen Akteur von außen studieren, »um die Seele desselben in Worten und Handlungen auszuspähen«[6] – von außen insofern studieren, als sich der Historiker an exakt festgestellte Fakten halten soll, eben an das Empirische. In einem solchen Vorgehen scheint mir der spezifische Beitrag der Geschichtswissenschaft für die Psychologie zu liegen, ja, sagen wir es getrost etwas altbacken: für die Seelenkunde.

Noch etwas zur menschlichen Wesensbestimmung: Der Mensch ist nicht nur durch das Was seiner Existenz gekennzeichnet, sondern auch durch das Wie. Das Was der sozialen Existenz Bismarcks ist ziemlich leicht festzustellen; aber um das Wie zu eruieren, ist diffizile Arbeit gefordert. Dabei ist der Vergleich Bismarcks mit seinen Mit- und Gegenspielern ein weiteres methodisches Mittel, um die Eigenart seiner Persönlichkeit und seines Wirkens zu erhellen. Offensichtlich haben die Theoretiker recht, die zwischen sozialem und individuellem Wesen eines Menschen unterscheiden – wohl verstanden: unterscheiden, aber beides nicht voneinander trennen. Vielleicht stellt sich am Ende heraus, dass das biedere Wort »Wesensart« ein geeigneter Begriff ist, um die spannungsgeladene Einheit von Was und Wie, von sozialem und individuellem Wesen zu erfassen.

Wenn eine umfassende Biographie das Wesen einer Persönlichkeit, wie es sich in deren Leben und Wirken entwickelt und enthüllt hat, wenigstens annähernd eruieren soll, dann entsteht die Frage: Wie sollen Herkunft, Jugend und Frühzeit behandelt werden, beiläufig, summarisch, in extenso? Bei der Beantwortung dieser Frage gibt es zunächst recht praktische Überlegungen. Wenn das Quellenmaterial nichts hergibt, hat der Kaiser das Recht verloren. Und wenn das Quellenmaterial überquillt, kommt es darauf an, was Autor, Leser und Verleger verkraften können und wollen.

Mir erscheint zur möglichst umfassenden Darstellung des bio-psycho-sozialen Wesens einer Persönlichkeit eine gründliche Erforschung der Herkunft, Jugend und Frühzeit unbedingt erforderlich, und zwar

6 zitiert nach: Helmut Scheuer, Biographie. Studien zur Funktion und zum Wandel einer literarischen Gattung vom 18. Jahrhundert bis zur Gegenwart, Stuttgart 1979, S. 173

aus zwei Gründen: erstens bilden die Familie und ihre Traditionen jene sozialen Verhältnisse, in die der Mensch zunächst hineinwächst; zweitens entfaltet sich die Persönlichkeit oft schon in der Frühzeit und ist in dem Moment bereits vorgeprägt, wo ihre Aktivität auf dem Felde der Politik beginnt, was Veränderungen in der Aktion und Selbstbetätigung nicht ausschließt. Auf jeden Fall: ein intensives Interesse für Herkunft, Kindheit, Jugend- und Frühzeit des biographisch Darzustellenden gibt die Möglichkeit, sowohl sein Persönlichkeitsbild genauer und nuancenreicher zu erfassen, als auch die historischen Voraussetzungen des politischen Wirkens zeitlich weiter zurückzuverfolgen und tiefer zu ergründen.

In besonderen Abschnitten ging ich ziemlich ausführlich auf die Großväter, Onkel und Eltern Otto von Bismarcks ein. Das umfangreiche, bislang höchst ungenügend ausgewertete Quellenmaterial (Briefe, amtliche Dokumente u.a. mehr) gibt vielerlei Aufschlüsse über die Sozialgeschichte und Sozialpsychologie sowohl der Landjunker wie der Ministerialbürokratie Preußens zurzeit, vor und unmittelbar nach der Französischen Revolution. Bismarcks Großvater väterlicherseits war ein Landjunker, der sich von Aufklärungsideen provinziellen Zuschnitts leiten ließ und keineswegs begeistert war vom Koalitionskrieg gegen das revolutionäre Frankreich. Der Großvater mütterlicherseits, Anastasius Mencken, war Kabinettsrat beim alten Friedrich II., dann auch in hohen Diensten bei dessen Nachfolgern und sprach sich, obwohl konservativ eingestellt, so sehr gegen den Interventionskrieg aus, dass er zeitweise als »Jakobiner« verschrien und strafweise beurlaubt wurde. In solchen familiengeschichtlichen Abschnitten wird nicht gezeigt, wie Aufklärungsideen produziert, aber konsumiert, verarbeitet und auf die eine oder andere Weise wirksam wurden.[7]

So ist auch von der Familiengeschichte her der Beginn jener Epoche eingefangen, die um 1789 begann und 1871 endete. Sie bildet trotz der wechselvollen Vielfalt des historischen Geschehens eine revolutionäre Einheit, in der sich der Industriekapitalismus und größere staatliche Einheiten durchsetzten und sich solche wichtigen National-

---

7 Diese Abschnitte entstammen einer Familiengeschichte der Bismarcks, die Ernst Engelberg als selbstständiges Buch veröffentlichen wollte. Dieses Projekt wurde – auch auf Grundlage eigener Recherchen – von Achim Engelberg beendet und 2010 unter dem Titel »Die Bismarcks – Eine preußische Familiensaga vom Mittelalter bis heute« bei Siedler publiziert.

staaten wie Italien und Deutschland bildeten. Noch ein anderer Aspekt der Familiengeschichte: Das Quellenmaterial, das von der väterlichen wie mütterlichen Linie stammt, vermag auch Aufschluss zu geben über jene familiären Überlieferungen, die den jungen Bismarck mitprägen konnten. In seinem Erinnerungswerk schrieb Otto von Bismarck über den Beginn seines Studiums und erwähnte dabei die »historisch gewordenen Lebensverhältnisse«, von denen er bei seinen »siebzehn Jahren mehr zu beobachten Gelegenheit gehabt hatte als die meisten jener durchschnittlich älteren Studenten«[8]. Mit dieser Bemerkung zielte er auf die Burschenschaftler, die um ihn geworben hätten. Wie erfuhr er von den »historisch gewordenen Lebensverhältnissen«? Hat sich der Biologe um die Weitergabe des genetischen Erbgutes zu kümmern, so der Historiker um die des sozialen, kulturellen und politischen Erbes.

Es konnte kaum anders sein, als dass der heranwachsende Knabe mit den Jahren immer mehr von all dem erfuhr, was Eltern, Verwandte und Freunde, mitunter auch Lehrer, von ihrem Standort aus erlebt und verarbeitet hatten: Vom Vorfeld der Großen Französischen Revolution bis zum Interventionskrieg der alten Mächte; vom Sonderfrieden Preußens 1795 bis zum Zusammenbruch der vom alten Fritzen überkommenen Armee 1806, von den Bedrückungen der Fremdherrschaft bis zu den Taten und Opfern des Befreiungskrieges, aber auch von dem wenig heldenhaften Hin und Her des diplomatischen Spiels um die Siegesfrüchte Preußens. Es waren verschiedene Kanäle, über die Otto von Bismarck im aufnahmefähigen Alter von 10 bis 15 Jahren von der dramatischen Zeitgeschichte mehr erfuhr, als es die Schule je vermitteln konnte und wollte. Da offenbarte sich ihm, was nicht nur auf offener Szene der Weltgeschichte, sondern auch hinter den Kulissen vor sich gegangen war und ging; wie in aristokratischer Kumpanei Konnexionen geschaffen, zerrissen und wieder geknüpft wurden; wie im Stillen mit und ohne Augenzwinkern verhandelt und gehandelt wurde. Dies und manches andere umschrieb der alte Bismarck mit den zuvor zitierten »historisch gewordenen Lebensverhältnissen«.

Indem ich in der Biographie auf das soziale Erbe und die Art seiner Weitergabe ausführlich einging, gab ich Beispiele für die konkreten

---

8 Bismarck, GW, Bd. 15, S. 6

Vermittlungen und Verknüpfungen des Individuellen mit dem Allgemein-Historischen.

Noch zwei Bemerkungen zur Blickrichtung, wie das Allgemein-Politische auf das Individuum bezogen werden kann. Über die Ergebnisse des Wiener Kongresses von 1815 beispielsweise braucht der Biograph keine neuen Forschungen anzustellen. Aber bei Darlegung des schon Bekannten muss er beachten, dass damals gesellschaftlich und staatlich der Rahmen und der Inhalt für das geschaffen wurde, was Bismarck in der Zukunft politisch zu bewältigen hatte. Oder nehmen wir die 1848er Revolution: Der Biograph, der sich mit einer Persönlichkeit dieser Zeit beschäftigt, muss die Straßenkämpfe des 18. März nicht unbedingt schildern. Ihre, wenn auch kurze Erwähnung bekommt jedoch in einer Biographie Bismarcks deswegen eine darstellerische Funktion, weil dieser aus Anlass eines Besuchs der Gräber der Märzgefallenen im Jahre 1851 mit einem elementaren Hassausbruch reagierte. So bezieht sich die historiographische Skizze des 18. März, wenn auch unausgesprochen und sehr mittelbar, auf die Person Bismarcks.

Es sei noch auf den Aspekt des Privat-Persönlichen einer Biographie hingewiesen. In einigen Abschnitten bin ich auf private Beziehungen Bismarcks ausführlich eingegangen. Dies tat ich nicht, weil mir an pikanten Beigaben gelegen war, sondern wegen der Darstellung zweier bedeutungsvoller Entwicklungsstadien im persönlichen Bereich. Bei dem einen Kapitel zeigte sich sehr bald, dass private Leidenschaften für attraktive Engländerinnen in Aachen über das rein Zufällige der Begegnungen hinaus im Grunde der Versuch waren, aus der bürokratischen Enge in die scheinbar weite Welt der englischen Hocharistokratie auszubrechen und insofern in einem hohen Maße auch sozial mitbestimmt. Bismarck rang sich in dieser Zeit durch zum Verzicht auf eine staatlich vorgezeichnete Karriere, deren enger Rahmen ihn schier zu erdrücken schien, wie ihm wiederholte Bemühungen auf diesem Gebiet bewiesen.

Eine andere Beziehung, nämlich die Bekanntschaft mit einer ihn stark beeindruckenden Pietistin – es war die schon durch Verlobung gebundene Marie von Thadden – schien mir wesentlich nicht nur wegen der verhaltenen Liebe der Partner zueinander, sondern weil Bismarck nun Aufnahme fand in gesellschaftliche Kreise, die ihm auf seiner weiterer Lebensführung beeinflussten. Individuelles verbindet sich allerorts mit Sozialem, scheinbar Beiläufiges enthüllt plötzlich wesentliche Qualitäten.

Relativ ausführlich ging ich ein auf die Revolution von unten 1848/49, in der sich Bismarck als konterrevolutionärer Heißsporn betätigte, aber auch auf die Revolution von oben 1866/67, in der er nach dem Motto handelte: Lieber eine Revolution machen als eine erleiden. Die fünfziger Jahre, obwohl in das Geschichtsbewusstsein als Zeit der Reaktion eingegangen, waren keineswegs ein Jahrzehnt der Stagnation. Nur die Hauptpunkte seien erwähnt: einmal ein bis dahin nie dagewesener Aufschwung der kapitalistischen Industrie und damit Erstarken des Besitz- und Bildungsbürgertums; zum anderen Schwächung der zwei Hauptmächte der früheren Heiligen Allianz, nämlich des Zarismus nach seiner Niederlage im Krimkrieg 1856 und des Habsburgerreichs insbesondere nach seiner Niederlage im oberitalienischen Krieg 1859.

In der Auseinandersetzung mit diesen Veränderungen in der geschichtlichen Wirklichkeit verstand Bismarck, erstarrte Denkgewohnheiten zu überwinden. Im Briefwechsel mit dem Ultrakonservativen Leopold von Gerlach drängte er darauf, dass die preußische Regierung einen »Plan« ihrer Politik ausarbeiten müsse. Er besaß die Fähigkeit, von seinem junkerlichen Standpunkt historisch-politische Interessenlagen, denen er in der Praxis konfrontiert war, einmal mit scharfer Beobachtungsgabe und praktischem Verstand zu erkennen und zum anderen in der inneren Konsequenz ihrer geschichtlichen Entwicklung gedanklich weiterzuverfolgen und für seine Zwecke zu nutzen.

Die Notwendigkeiten, die Bismarck im Auge hatte, bezogen sich auf Zusammenhänge äußerer Erscheinungen und Prozesse, aber drangen nicht zum Wesen der gesellschaftlichen Struktur und Entwicklung vor. Darum war er später so blind gegenüber der historischen Entstehung der Arbeiterbewegung. Doch konnte er für einen zeitlich und räumlich begrenzten Umkreis von politischen Zusammenhängen und Prozessen die Kräfteverhältnisse und die handelnden Menschen, die seiner scharfen Beobachtungsgabe zugänglich waren, durchaus richtig einschätzen und sein Handeln planmäßig gestalten, es also in eine politische Strategie und Taktik einordnen.

In der Innenpolitik war Bismarcks strategisches Ziel: Erhalten und Stärken des preußischen Königtums als Voraussetzung für die Sicherung der ökonomischen, sozialen und politischen Macht des immer mehr kapitalistisch wirtschaftenden Junkertums, negativ ausgedrückt: Zurückweisen aller jener liberalen und demokratischen Machtansprüche, die zum bürgerlichen Parlamentarismus hätten führen können; doch Konzessionen in wirtschafts- und nationalpolitischer Hinsicht.

In engem Konnex mit diesen innenpolitischen Zielsetzungen waren die strategischen Ziele in der Außenpolitik die Hegemonie Preußens in Deutschland, d.h. in dem durch die Zollunion abgegrenzten Deutschland, negativ ausgedrückt: Ausschluss Österreichs aus diesem Deutschland und Beseitigung des Deutschen Bundestags oder seine Unterwerfung unter Preußen. Nach 1866 rückte unter dem negativen Aspekt seiner außenpolitischen Zielsetzung an die Stelle Österreichs das Napoleonische Frankreich, das als Störfaktor für die nationalstaatliche Einigung Deutschlands unter preußischer Hegemonie entscheidend geschwächt werden sollte.

In der Alltagssprache, mitunter auch in der Agitation, kann man wissenschaftlich unreflektiert von Taktik schlechthin sprechen und braucht in ihr weder zwischen Grundlinie, Varianten und Kunstmitteln zu unterscheiden. In der historischen Analyse eines umfang- und formenreichen Materials sind jedoch solche Begriffsunterscheidungen notwendig. Sonst können wir das vielgestaltige Handeln Bismarcks historisch nicht adäquat erfassen.

Historisches Bemühen sollte immer die Forderung nach konkreter Analyse einschließen, die nicht über die Sache reflektiert, sondern bei der Sache bleibt. Nicht immer gelingt es, Begriffliches und Anschauliches miteinander zu verbinden, aber unser Bemühen sollte doch darauf gerichtet sein.

Alles drängte das Bismarcksche Preußen zur politischen und ökonomischen Revolution des Jahres 1866/67: Es annektierte Hannover, Nassau, Kurhessen, Schleswig-Holstein und Frankfurt am Main, entthronte dabei, alle geheiligten Grundsätze des Legitimismus verletzend, drei Fürsten. Bismarck gründete den Norddeutschen Bund, der liberale Gewerbegesetze schuf und das im Krieg gegen Frankreich geborene Kaiserreich von 1871 hervorbrachte. Damit waren die national- und wirtschaftspolitischen Forderungen der Bourgeoisie im wesentlichen erfüllt und weitere entscheidende Schritte getan, um die schon zersetzte feudalbürokratische Hohenzollernmonarchie allmählich in eine bürgerliche umzuwandeln.

Überdies brachte das allgemeine, gleiche, direkte und geheime Wahlrecht im Rahmen des preußisch beherrschten Nationalstaats der Arbeiterbewegung größere Bewegungsfreiheit und Propagandamöglichkeiten, die auch in der Zeit des Ausnahmegesetzes gegen die Sozialdemokratie nicht vollständig unterdrückt werden konnten. Aber das preußisch-deutsche Reich wurde kein parlamentarischer Staat, denn die Reichsregierung war nicht dem Reichsparlament gegenüber verantwortlich. Der durch die Reichsgründung geschaffene Staatstyp war die Negation sowohl des feudalen Absolutismus als auch des bürgerlich-liberalen Parlamentarismus und förderte den junkerlich-bürgerlichen Militarismus. Da das neue Reich aus einer Revolution von oben hervorging, war sein Schöpfer Otto von Bismarck einer merkwürdigen Dialektik der Geschichte unterworfen: Bei aller Unwandelbarkeit seiner Position als eines bereits kapitalistisch wirtschaftenden Junkers Ostelbiens wurde aus dem stockpreußischen Konterrevolutionär von 1848/49 der »königlich-preußische Revolutionär« der Jahre 1866/70. Diese von Friedrich Engels formulierte und nur für die wenigen Jahre der Reichsgründung gültige Kennzeichnung brachte der frühere US-Außenminister Henry Kissinger in einem Bismarck-Essay in die griffige Formel vom »weißen Revolutionär«.

Das Jahr 1870/71 war im doppelten Sinne ein Epocheneinschnitt.

Das allgemeine Ergebnis in Europa war die Selbständigkeit und staatliche Einigung der großen Nationen, mit Ausnahme Polens. Öfters wurde darauf hingewiesen, u. a. von dem französischen Sozialisten Jean Jaurès, die relativ lange Periode des Friedens nach 1871 sei auch der Konstituierung kräftiger Nationen, vor allem Deutschlands und Italiens, zu danken gewesen.

Das alles führte dazu, dass nach 1871 innerhalb der gesellschaftlichen und politischen Auseinandersetzungen das Hauptinteresse von der nationalen zur sozialen Frage, insbesondere zur Arbeiterfrage, überging – alles auf dem Boden der weiteren Entwicklung des Industriekapitalismus. Die Pariser Kommune war ein erstes Fanal für diesen Epochenwechsel.

Er war bei der Gliederung und der Gestaltung der Kapitel des zweiten Bandes meiner Bismarck-Biographie im Auge zu behalten. Unverkennbar beeinflussten die sozialen Spannungen in zunehmendem Maße die Außenpolitik der meisten Großmächte, erst recht ihre Innenpolitik. Jetzt musste ich August Bebel und seine ständig zahlreicher werdenden Anhänger immer wieder zu Worte kommen lassen. Zu Bismarck gehörte eben auch Bebel. Mochte innerhalb des Parlaments der wichtigste Gegenspieler des Reichskanzlers der Zentrumsmann Ludwig Windthorst sein, im gesamtgesellschaftlichen Leben war es doch der sozialdemokratische Parteiführer. Das hat auf seine Weise der sozialliberale Friedrich Naumann erkannt, der 1913 schrieb: »Lange Zeit hingen in meinem Zimmer die Bilder Bismarcks und Bebels nebeneinander, denn in beiden lebte gegensätzlich und oft zusammengehörig die deutsche Reichsgründungszeit. Der Todfeind der bürgerlichen Gesellschaft gehörte zur Gesamterscheinung der Bismarckschen und Nachbismarckschen Zeit.«[9] In ähnlichem Geiste wie Friedrich Naumann sah ich das Verhältnis von Bismarck und Bebelanhängern. Neugierig, bisweilen sogar etwas spöttelnd, hat man mich gefragt, wie ich wohl mit diesem Verhältnis fertig werde. Bismarck sei schließlich nach 1871 nicht mehr der Mann der Revolution von oben gewesen, der mit ihr eine große historische Leistung vollbracht habe.

In der Tat bleibt seine Kurzsichtigkeit gegenüber der Arbeiterbewegung und ihren wichtigsten, auf Fabrikgesetzgebung gerichteten Gegenwartsforderungen schwer verständlich. Seine Repression der Sozialdemokratie und der Gewerkschaften ist moralisch nicht zu rechtfertigen und bleibt politisch blamabel. Es fiel mir nicht schwer, hier kritisch zu sagen, was gesagt werden musste.

Zu den Bismarckgegnern gehörte bekanntlich der politische Katholizismus. Der immer wieder zu hörenden Behauptung, dass die Quellen über die Motive Bismarcks zum sogenannten Kulturkampf den Historiker im Stich lassen, kann ich nur bedingt zustimmen. Im Unterschied zu den Liberalen kümmerte sich Otto von Bismarck jedenfalls kaum um die ideologischen Fragen; im Gegenteil, er empfahl den diplomatischen Vertretungen in dieser Hinsicht sogar Zurückhaltung. Bismarck ging erst dann in den Kampf, als das Zusammenwirken der neugegründeten Zentrumspartei und der römischen Kurie offensichtlich wurde, als er überdies eine Allianz aller zentrifugalen Kräfte des Reiches und außenpolitischer Intrigen befürchtete, die klerikale Mächte gegen Deutschland einigen könnten. Die Kirche wollte er durchaus Kirche sein lassen, aber er gestand ihr keinen Einfluss auf den

---

9 zitiert nach: Ernst Engelberg, Bismarck – Das Reich in der Mitte Europas, Berlin 1990, S. XII

Staat zu, wie übrigens auch nicht der protestantischen Orthodoxie. Das stelle ich ausführlicher als sonst üblich dar.

Die Zusammenarbeit zwischen Bismarck und den Liberalen bezog sich bekanntlich auch auf die Wirtschaftspolitik und ging um 1878 zu Ende. Meine Darstellung wendet sich gegen die These, wonach 1878 die zweite Reichsgründung stattgefunden habe. Trotz des Übergangs vom bisherigen Freihandel zum Schutzzoll – eine keineswegs auf Deutschland beschränkte Erscheinung – änderte sich in der Grundstruktur des Industriekapitalismus nichts.

Bismarck blieb zwar immer den junkerlichen Grundbesitzern verbunden und verteidigte ihre und seine Interessen in diesem Umbruchsjahr besonders eifrig, aber er war als Repräsentant des neuen Reiches durchaus für die Stärkung der Industrie, die sich trotz der allgemeinen Depression in einem solchen Ausmaße entwickelte, dass allmählich Frankreich und sogar England eingeholt und überholt werden konnten.

In einem besonderen Kapitel gehe ich auf die Unternehmer und Erfinder und ihre imponierende Innovationskraft ein. Auch wenn Bismarck dieser Welt fremd gegenüberstand, unterdrückt hat er sie nicht, sondern den Welthandel in seiner Art gefördert. Er erkannte durchaus, dass die Reichsgründung neue Kräfte freisetzte, die entwicklungsfähig waren und die er berücksichtigen musste.

Nun zur Außenpolitik. Nach 1871 betrieb Bismarck eine Politik des europäischen Gleichgewichts, beruhend auf dem Prinzip der territorialen Saturiertheit des neugegründeten Reiches. Dem Sicherheitsbedürfnis auf dem Kontinent ordnete er auch den kolonialen Expansionismus unter, dem er unter dem Druck von Interessenten und Ideologen eine Zeitlang nachgab. Er warnte jedoch vor einer solchen »Weltpolitik«, die mächtige Gegenbündnisse heraufbeschwören könnte und später auch heraufbeschwor.

Im Sinne seiner Gleichgewichtspolitik strebte er gute Beziehungen zu möglichst vielen europäischen Großmächten an; dabei sollten die Vertragsabschlüsse und die diplomatischen Aktivitäten so gestaltet werden, dass Deutschland niemals in Abhängigkeit von einer Großmacht geraten konnte. Als Bismarck im Oktober 1879 mit Österreich-Ungarn ein Defensivbündnis abschloss, war er zugleich bemüht, einen solchen Neutralitätsvertrag zwischen Wien, Berlin und Petersburg zustande zu bringen, der sowohl die österreichisch-russischen Gegensätze auf dem Balkan zu mindern imstande war als auch Deutschland davor bewahrte, in eben diese Balkangegensätze militärisch hineingezogen zu werden. So brachte er im Juni 1881 das Dreikaiserbündnis zwischen Deutschland, Österreich-Ungarn und Russland zustande, das eigentlich ein Neutralitätsvertrag war.

Es ist eine alte Erfahrung, dass es schwer ist, den Gang diplomatischer Verhandlungen ansprechend darzustellen; darum war ich bemüht, die Eigenart der handelnden Diplomaten zu kennzeichnen und die Atmosphäre der Gespräche, soweit dies quellenmäßig möglich war, einzufangen, auch um den Vergleich zu Mit- und Gegenspielern sichtbar zu machen. Bismarck stand nach Abschluss des Dreikaiserbündnisses 1881 auf dem Höhepunkt seines internationalen Ansehens. Seine Autorität war nicht so spektakulär wie während des Berliner Kongresses 1878, aber doch solide begründet. Im April 1882 bekannte er, dass ihm die auswärtige Politik »auch keine einzige schlaflose Stunde« bereite. Er, der nicht zu eitler Überhebung neigte, behauptete sogar, Frankreich und England fragten Deutschland um Rat, Österreich täte nichts ohne Anfrage, Italien mache förmlich den Hof und selbst England komme entgegen.

Das immerwährende Problem, der österreichisch-russische Balkangegensatz, der schließlich auch zum Ausgangspunkt des Ersten Weltkrieges wurde, machte der Bismarckschen Außenpolitik die größten Schwierigkeiten. Als darüber das Dreikaiserbündnis 1887 zerbrach, ersetzte Bismarck es durch den geheimen Rückversicherungsvertrag mit Petersburg, der sowohl dem Sicherheitsbedürfnis Russlands als auch Deutschlands genügen sollte. Spannungsfrei blieben die Beziehungen zu Petersburg wahrhaftig nicht, dennoch wollte Bismarck den »Draht nach Russland« nie abreißen lassen. Als dies nach seiner Entlassung geschah und sich sein Nachfolger Leo von Caprivi außenpolitisch einseitig auf Österreich-Ungarn orientierte, war Bismarcks Opposition dagegen von prinzipieller Natur.

In meinem Buch wende ich mich entschieden gegen die gängige Vorstellung vom grollenden Alten im Sachsenwald. Natürlich spielte bei seinen zahlreichen Interviews und inspirierten Presseartikeln auch die persönliche Bitterkeit über seine Entlassung und die Art, wie sie vollzogen worden war, eine Rolle. Hatte er doch gehofft, sich bei Verzicht auf die Innenpolitik auf sein »Altenteil«, die Außenpolitik, zurückziehen zu können. Entscheidender aber war seine Sorge um die

Zukunft Deutschlands, um den Bestand des von ihm so schwer errungenen Reiches. Das war es, was ihm die »Gedankenjagd des Nachts«[10] verursachte.

Anglophil war Bismarck nie, schon wegen des parlamentarischen Systems im Inselreich, und er äußerte sich gerade in den 1890er Jahren mehrmals recht unfreundlich über den britischen Kolonialexpansionismus. Aber er wies die Vorstellung des Admirals Tirpitz, »eine achtbare Flottenstärke« könne Deutschland für Russland und andere Mächte bündnisfähig machen, »beinahe zornig von der Hand«, wie glaubhaft berichtet wurde. Für seine Opposition gegen den Bau von Großkampfschiffen fand Bismarck sogar die Zustimmung Bebels im Reichstag. Die Politik der Nachfolger Bismarcks hat England in das Lager der Gegner Deutschlands getrieben, in die Triple-Entente, die die Einkreisung des Reiches brachte. Wie ich im Schlusskapitel von Band II. zeige, hat man das bedeutendste außenpolitische Erbe Bismarcks, das Umsicht im europäischen Kräftespiel verlangte, schlechterdings vertan.

Was sich im Laufe der Jahrzehnte bei Bismarck an politischer Erfahrung, Umsicht und taktischem Geschick entwickelt hatte, an Vertrauen, das die Monarchen und viele ausländische Politiker schließlich zu ihm gewannen – das alles wurde vergeudet, mit sträflichem Leichtsinn und Selbstüberhebung vom jungen Kaiser, ungekonnt von seinen Beratern und verantwortungslosen Experimentierern.

Auf der Negativseite im historischen Wirken Bismarcks blieben seine Feindschaft gegenüber allen demokratischen Kräften, insbesondere in der Arbeiterbewegung, und sein eingefleischter Royalismus, der ihn am Ende lähmte gegen Wilhelm II. So konnte dieser zur Symbolfigur einer nicht nur von Unternehmern, Bürokraten und Militärs, sondern auch von bürgerlichen Parteien getragenen Politik der Herausforderung anderer traditioneller Mächte werden.

Trotz dieser reaktionären Züge in seinem Denken und Wirken war Bismarck nun einmal eine Persönlichkeit mit reichen Anlagen; von großer Sensibilität für die Natur, die Musik und klassische literarische Bildung, wurde er zu einem der bedeutendsten Stilisten deutscher Sprache. Erwähnt seien auch sein urwüchsiger Humor und seine treffende Charakterisierungskunst. Wer glaubt das schon, wenn er die trutzigen Bismarckdenkmäler vor sich sieht.

---

10 Bismarck, GW, Bd. 9, S. 209

Sogar Politiker, die ihm nicht wohlgesonnen waren, bestätigten ihm außerordentliche Liebenswürdigkeit im Umgang. Viele gewann er durch die Schlichtheit, mit der er über große Weltereignisse sprach. Seine menschliche Anziehungskraft kam aus Gegensätzen. Er konnte energisch sein und hielt sich doch im Grunde genommen für eher ängstlich und vorsichtig. Er konnte geduldig abwarten, aber auch mit rascher Entschlusskraft handeln. Eitel war er nicht, aber sein Selbstgefühl war leicht verletzt.

Was ich hier summarisch andeute, schwingt in der ganzen Biographie mit, ist aber in einem der Schlusskapitel, betitelt »Gäste, Gespräche, Gewohnheiten« ausführlich dargelegt.

Alles in allem habe ich mich bemüht, die Frage zu beantworten, die 1923 einmal Karl Radek aufwarf, ein Publizist aus dem Umkreis Lenins, der da schrieb: »Die deutsche Bourgeoisie war nicht imstande, Deutschland zu einigen, aber irgendwo in einem kleinem Gutshause schuf ein Gott oder ein Teufel, will sagen die Molekular-Arbeit der Geschichte, jenen Bismarck, der diese Aufgabe löste. Wenn man seine ersten Berichte liest, wenn man die Entwicklung seiner Politik Schritt für Schritt verfolgt, dann schlägt man die Hände über dem Kopf zusammen und fragt sich: Woher dieses überwältigende Erfassen der europäischen Wirklichkeit bei einem preußischen Junker?«[11]

Die Absicht, die historische Persönlichkeit in den Mittelpunkt der Darstellung zu stellen, modifizierte Ernst Engelberg in einem Entwurf zu einem Vorwort für die Familiengeschichte der Bismarcks, nicht aber für die eigentliche Biographie:

Diese Schrift war nicht geplant[12]; sie entstand mit innerem Zwang aus der Beschäftigung mit der Familiengeschichte, die als Einleitung zur

---

11 K. Radek, W. I. Lenin, in: Lenin. Reden und Aufsätze über Lenin, Neuss 1989, S. 75 f.

12 Die erste Fassung einer Familiengeschichte bis 1815 entstand bis Anfang der 1980er Jahre und sollte auf Anraten der Verleger in Ost und West nach der Bismarckbiographie publiziert werden. Einige Erkenntnisse der Schrift verwendete Ernst Engelberg in der langen Einleitung von »Bismarck – Urpreuße und Reichsgründer«. Zwar sammelte der Autor in den 1990er Jahren noch Material zur Familiengeschichte, schrieb verschiedene Fassungen, aber er konnte diesen Bismarckstoff in keine gültige Form bringen; zwei Möglichkeiten sah er: Band 1 Familiengeschichte von der ersten urkundlichen Erwäh-

Biographie Otto von Bismarcks gedacht war. So nützlich, ja unentbehrlich die vorliegenden Arbeiten zur Genealogie Bismarcks auch sind, es zeigte sich doch bald, dass in ihnen der reichliche Quellenfundus des Bismarck-Archivs in Friedrichsruh und das Material in staatlichen Archiven einseitig und ungenügend ausgewertet worden waren. Neben diesen genealogischen Arbeiten wurden wertvolle Forschungen insbesondere zur Frühgeschichte des Geschlechts veröffentlicht; auch hat eine Reihe von Heimatforschern und Chronisten Interessantes zutage gefördert und in heute schwer zugänglichen Aufsätzen und Schriften publiziert. Sollte all das Material ungenutzt und die verstreute Literatur unausgewertet bleiben?

Sicherlich ist die Bismarck-Familie mit ihrer langen Geschichte nur durch ihren großen Nachfahren im 19. Jahrhundert im Bewusstsein der Nachbetrachter außergewöhnlich geworden; aber den Autor interessierte immer mehr das Gewöhnliche dieses Adelsgeschlechts, das Repräsentative, das Eine unter Vielen. So drängte es ihn, die Familie und die eine oder andere der Persönlichkeiten innerhalb ihrer Zeit in ihren sozialen Existenzbedingungen, ihren politischen Bezügen und ihrem kulturellen Zeitkolorit darzustellen.

Den Autor bestärkte auch noch das allenthalben neu aufkommende Interesse für die Preußengeschichte, das zu einer umfangreichen Publizistik führte. Sich mit ihr produktiv auseinanderzusetzen, schien schon im Blick auf Otto von Bismarck, der nun einmal vom Urpreußischen herkam, als unumgänglich. Von dieser Sicht her wird die Bismarcksche Adelsfamilie mit der Geschichte Brandenburg-Preußens erst recht in enge Beziehung gesetzt.

Im Bewusstsein der Bismarcks wird sehr wohl zwischen der jeweiligen Familie im engeren Sinne und der Familie im weiteren Sinne unterschieden. Die letztere besteht aus der Gesamtheit der verzweigten Linien, die durch gleiche Abstammung und ökonomisch-soziale Homogenität miteinander verbunden sind und unter den Begriff des Adels-Geschlechts subsumiert werden können. Die Familie im engeren

---

nung 1270 bis zur Geburt Otto von Bismarck, Band 2 Otto von Bismarck 1815 – 1871, Band 3 Otto von Bismarck 1871 – 1898 und möglicherweise Epilog über die Bismarcks im 20. Jahrhundert. Weiterhin erwog er zwei Bücher, eine Familiengeschichte und eine gekürzte Biographie, zu veröffentlichen.

Sinne ist die menschlich-soziale Zelle einer ausgeprägten Klasse, deren Kernmasse der grundbesitzende Adel ist.

Er wiederum bewegt sich in Widersprüchen zu anderen Klassen oder Klassenfraktionen und in einem interessebedingten Wechselspiel zum brandenburgisch-preußischen Staat, der seinerseits den Wechselfällen freundlicher oder feindlicher Beziehungen zu anderen Staaten und Völkern ausgesetzt ist.

Diese Überlegungen machen es verständlich, warum in dem chronologisch-genetischen Ablauf weit mehr Kongruenz als Diskrepanz zwischen den verschiedenen Teilbereichen der Gesellschaft, auch zwischen Geschlecht und Geschichte vorhanden ist; dies zeigt sich besonders an Wendepunkten. Ein solch tiefer Einschnitt der Bismarckschen Familiengeschichte wie die Permutation von 1562 etwa ist nicht zu trennen von der Endphase der fürstlichen Nach-Reformation, die die antiklerikale Volks-Reformation, d.h. die revolutionäre Volksbewegung mit ihrem Höhe- und Wendepunkt des Bauernkriegs, niedergeschlagen und dann ausgebeutet hat. Die Synchronisation zwischen Familiengeschichte und allgemeiner Geschichte als Ausdruck der Einheit in der Vielfalt des historischen Prozesses zeigt sich immer wieder.

Deshalb gingen wir bei der Periodisierung, die sich in der Gliederung dieser Schrift niederschlägt, stets vom Charakter einer Epoche oder Periode aus – immer mit dem Ziel, die Isolierung der Familiengeschichte vom ökonomisch-sozialen, politischen und kulturellen Gesamtgeschehen zu vermeiden. Im Singulären der Familie ist zugleich das Generelle der jeweiligen Struktur in Gesellschaft und Staat enthalten. Es hängt von der geistigen und moralischen Kraft der Familienmitglieder ab, inwieweit sie sich ökonomischen Prozessen anpassen, politische Entwicklungen meistern und geistige Strömungen verarbeiten können.

10.

Exkurs und Dokumentation: Erfolg und Krise

Zu viel ist geschehen
Was nicht hat geschehen sollen,
und was hat kommen sollen,
kam leider nicht …
Wisława Szymborska (Das Ende eines Jahrhunderts)

Die Jahre nach 1985, also die in seinen 70er Lebensjahren, waren für Ernst Engelberg die seiner größten Reputation als Wissenschaftler und Publizist; noch hoffte er, dass die seit 1917 begonnenen Versuche einer nachkapitalistischen Gesellschaftsformation gelingen könnten, doch diese standen kurz vor dem Scheitern.

Größere Aufmerksamkeit als 1985 durch das Erscheinen des ersten Bandes seiner Bismarck-Biographie in Ost und West erreichte sonst kein DDR-Gesellschaftswissenschaftler. Sein West-Verleger, Wolf Jobst Siedler, schrieb Jahre später, am 5. April 1999 zum 90. Geburtstag des Jubilars, in der WELT: »Ein deutsches Gelehrtenleben, ausgestoßen vom Dritten Reich, gelehrt, aber auch gezügelt vom Sozialismus, zu Ehren und Wirkung gekommen, als der real existierende Sozialismus schon zu Schanden gekommen war.«

Heute weiß man, dass sich seit den 1970er Jahren die Welt zunehmend veränderte: nicht nur die östliche, auch die kapitalistischen Gesellschaften nahmen neue Gestalt an. Die digitale Revolution beeinflusste die Wertschöpfungsketten und damit die Machtverhältnisse. Damals aber war das pulsierende, noch unübersichtliche und formbare Gegenwart. Wie nahm Ernst Engelberg das wahr? Wie verarbeitete er die Umbrüche in den 1990er Jahren?

Zu den Gründen des Untergangs der DDR gehörte, dass dieser Staat keine offene Diskussion über Politik, Ökonomie und Kultur zuließ, obwohl eine Vielzahl herausragender Intellektueller in ihm lebte. Nicht wenige kamen nach 1945 aus erzwungenem Exil zurück, manche aus Konzentrationslagern, andere aus dem Archipel Gulag.

Werner Mittenzwei konstatiert neue Konflikte. »Marxisten die meisten, befanden sie sich zwar in Übereinstimmung mit der antifaschistischen Ordnung, aber es baute sich eine Spannung auf zwischen dem, was sie lehren wollten und dem, was sie lehren sollten. Durch den Einfluss der Sowjetunion setzten sich Lehrmeinungen und ideologische Strömungen durch, die sie mit ihren eigenen Auffassungen nicht immer in Übereinstimmung bringen konnten. Ihr Dilemma bestand darin, dass sie sich schlecht gegen die offizielle Politik und deren Repräsentanten stellen konnten. Sie wären sonst in eine Front mit Leuten geraten, die sie einst bekämpft hatten. Andererseits wurden ihnen Standpunkte abverlangt, die sich nur schwer mit ihrer Lebensauffassung vereinbaren ließen.«[1]

Kollegen von Ernst Engelberg, der in den 1950er Jahren an der Leipziger Universität lehrte, waren u.a. der Philosoph Ernst Bloch (1885–1977), der Literaturwissenschaftler Hans Mayer (1907–2001), der Romanist Werner Krauss (1900–1976), der Historiker Walter Markov (1909–1993), der Ökonom Fritz Behrens (1909–1980).

Gerade letzterer, obwohl heute weniger bekannt, gab entscheidende Hinweise, warum der 1917 begonnene Sozialismusversuch scheiterte. Und das ist umso erstaunlicher, wenn man bedenkt, dass er bereits 1980 verstarb. Seine Arbeiten wurden erst 1992 publiziert, aber von der breiten Öffentlichkeit kaum wahrgenommenen.

---

1 Werner Mittenzwei, Die Intellektuellen. Literatur und Politik in Ostdeutschland 1945–2000, Leipzig 2001, S. 195 f.; Ernst Engelberg und Werner Mittenzwei diskutierten solche Fragen in den 1970er Jahren bei gemeinsamen Ferien im thüringischen Reinhardsbrunn.

Nach Fritz Behrens ist der Staatsmonopolismus in der stalinistischen Variante »keine Entartung und Deformation des Sozialismus, wie seine kapitalistische Variante keine Entartung und Deformation des Kapitalismus ist. Er ist eine gesellschaftliche Formation, die den Kapitalismus ablöste, nachdem er nicht durch den Sozialismus abgelöst worden ist. ... Staatsmonopolismus ist eine Verschmelzung von Überbau und Basis, ohne aber die Spaltung der Gesellschaft in Überbau und Basis wirklich zu überwinden.«[2]

Über ein Jahrzehnt vor dem Ende dieser Regime im europäischen Raum schrieb er dies. Prophetische Worte damals, die heute eine Basis bilden könnten, auf der die Theorie der Geschichte als Abfolge von Gesellschaftformationen, wie sie auch Ernst Engelberg entwickelte, modernisiert werden kann. Gerade Fritz Behrens' Marx-Kritik könnte heute produktiv gemacht werden: »An die Stelle des Stufenganges eines Weltgeistes tritt bei Marx der Stufengang gesellschaftlicher Formationen, beide mit Notwendigkeit, bei Hegel mit logischer, bei Marx mit historischer Notwendigkeit!«[3]

Zum real bezeichneten Sozialismus fragte er bohrend, ob er eine Gesellschaft sei, »die zwar nicht mehr kapitalistisch ist im klassischen Sinne, aber als eine neue – vom Marxismus nicht vorausgesehene – Variante der Klassengesellschaft den Weg zu einem Sozialismus im klassischen Sinn versperrt? ... Ist die vom Marxismus behauptete Notwendigkeit des Sozialismus wirklich eine historische Notwendigkeit oder war sie nicht nur eine von mehreren Möglichkeiten, die nicht verwirklicht wurde, deren Chance verpasst worden ist?«[4]

Diese und andere Fragen konnten die in Leipzig in den 1950er Jahren vereinten Gesellschaftswissenschaftler nicht mehr diskutieren. Ernst Bloch und Hans Mayer gingen in den Westen, Walter Markov wurde aus der SED ausgeschlossen, Fritz Behrens ging in die innere Emigration.[5]

Zwar gab es eine kleine symbolische Wiedervereinigung, als 1987 Hans Mayer erstmals seit seinem Weggang in der Akademie der Künste einen Vortrag in der DDR halten konnte und anschließend ein Foto entstand,

---

2 Fritz Behrens, Abschied von der sozialen Utopie, Berlin 1992, S. 34

3 Ebenda S. 43

4 Fritz Behrens, »Man kann nicht Marxist sein, ohne Utopist zu sein ...« Texte von und über Fritz Behrens, hrsg. von G. Krause und D. Janke, Hamburg 2010, S. 161

5 Vgl. hierzu: D. Janke, Wie real war der Sozialismus? Fritz Behrens' Weg in die innere Emigration. Ebenda S. 54–65

auf dem Ernst Engelberg, Walter Markov und Hans Mayer zusammenstehen, es gab auch sporadische Briefe und Gespräche, aber einen Arbeitszusammenhang gab es nicht mehr.

Privat gab es in der Treptower Wohnung von Ernst Engelberg seit den 1970er Jahren regelmäßig Treffen, bei denen die gesellschaftlichen Krisen in Ost und West diskutiert wurden. Vor allem der Ökonom Nathan Steinberger (1910–2005)[6]*, den Ernst Engelberg aus Studententagen kannte und der lange Jahre im Gulag schuften, hungern und frieren musste, erwies sich als treibende Kraft. Gewöhnlich erschien er mit einem Freund seit Kindertagen, dem Journalisten Max Kahane (1910–2004).*

Nicht zuletzt aufgrund dieser Diskussionen entstand Mitte der 1980er Jahre folgender, hier erstmalig publizierter Text. Er wurde nicht bearbeitet oder gekürzt, nur die Rechtschreibung leicht angeglichen, da es in diesem Exkurs um die Dokumentation der Wahrnehmung der gesellschaftlichen Umbrüche geht, die sich von Ernst Engelbergs Jugendträumen eines freiheitlichen, demokratischen Sozialismus unterschieden.

Thesen über Friedenssicherung und Sozialreform

Die Krisenerschütterung der Weltverhältnisse drängt sich uns in der einen oder anderen Weise immer wieder auf: Atomgefahr und Rüstungswahn; vielfältiger Missbrauch der Wissenschaften; Zukunftsbelastungen der Jugend; die Arbeitshektik der Beschäftigten; die Not der Arbeitslosen und die »neue Armut«; die Naturverschmutzung und -vergiftung; eine Wirtschaftskriminalität, die selbst vor Gesundheitsschädigung von Menschen nicht zurückschreckt; ziellose oder »fundamentalistisch« missbrauchte Eruptionen in der Dritten Welt und in den Gettos der Industrieländer.

Das Leugnen einer ernsthaften Kriegsgefahr (Franz Josef Strauß) oder der von den Liberalen verbreitete Glaube an die sogenannten Selbstheilungskräfte der Wirtschaft führen zur Passivität der Menschen, zu ihrem falschen Vertrauen in die Zukunft. Das Wort von der »Selbstheilungskraft« hat dann Sinn, wenn es zur Tat wird, nicht im

---

6 Nathan Steinberger wird von Helmut Steiner als »einer der engsten Vertrauten Fritz Behrens'« charakterisiert. Ebenda S. 22

egoistischen Tun der Einzelnen, sondern in ihrem solidarischen Zusammenwirken: der vielgefeierte Widerstand gegen die Kräfte des Unheils genügt nicht mehr; Offensive tut not – Offensive, die tatsächlich eine »neue Zeit« anstrebt und ihretwegen neue Wege beschreitet.

Alles, was die Menschen bedrückt und bedroht, steht in einem verhängnisvollen Zusammenhang. Schon vor dem Ersten Weltkrieg warnten Politiker, vor allem innerhalb der Sozialistischen Internationale, einmal vor einem allzu großen Vertrauen in die Gipfel der Diplomatie, zum anderen vor dem Isolieren aller Friedensbemühungen von der Beseitigung der ökonomischen, sozialen, politischen und moralischen Gebrechen in der Welt. Die vielfältigen Protestaktionen der vergangenen zwei Jahrzehnte liefen oft genug nebeneinander her, mitunter sogar gegeneinander.

»Versöhnen statt spalten« heißt eine Lösung. Richtig verstanden sollte sie heißen: Sammeln aller von der Weltenkrise Bedrückten und Bedrohten, also der Arbeiter, der Mittelstände, der Bauern, der Intellektuellen und Studenten, aber auch aufgeschlossener Unternehmer – Sammeln und Einigen auf Forderungen, die eine koordinierte Gegenoffensive für eine atomwaffenfreie Welt, soziale Sicherheit und höhere Lebensqualität ermöglichen. Im 19. Jahrhundert entzündete sich gelegentlich aus Anlass von Weltausstellungen eine soziale Bewegung, die vorwärts wies. Darum sei eine provozierende Frage gewagt und darauf eine Antwort versucht. Wenn es wahr ist, wie in den Medien immer wieder verkündet wird, dass die Messe alljährlich zu Hannover die größte der Welt sei, warum kann nicht parallel zu ihr ein »Internationaler Kongress für Sozialreform und Friedenssicherung« tagen? Entsprechend den auf der Messe vertretenen Unternehmungen und tätigen Firmenleitungen könnte der Kongress ihr werktätiges Spiegelbild sein, repräsentativ für die Weltregionen von West und Ost, Nord und Süd, für die verschiedenen Produktionszweige, aber auch für möglichst viele ideologische Richtungen. Parallel tagen, das heißt nicht isoliert voneinander. Mannigfache Kontakte und Beratungen zwischen Kongress- und Messeteilnehmern wären möglich, ja sogar notwendig – gleichsam in einer konzertierten Aktion im Großen und ohne gouvernementale Paternalisierung.

Die Beratungsgegenstände könnten und müssten sehr weitgespannt sein: Fragen der Mitbestimmung, der Marktbeherrschung und nicht zuletzt der Kapitallenkung, womit man schon beim Problem der menschheitsbedrohenden Aufrüstung angelangt wäre. All diese Beratungen sollten sowohl unverbindlichen Meinungsaustausch wie demagogischen Schlagabtausch vermeiden, vielmehr unter dem Signum welthistorischer Perspektiven stehen; dabei die gegebenen Interessen nüchtern feststellend nach jenen Zwischenaktionen und Kompromissen suchen, die von der geschichtlichen Entwicklung geschaffen werden. Damit wären auch die Voraussetzungen dafür geschaffen, dass der Kongress der Auftakt einer ganzen Bewegung werden könne. Sie selbst schlösse durch ihre bloße Existenz zwei Extreme aus: einerseits den ultraliberalen Glauben an die selbstheilenden Kräfte der Marktwirtschaft, andererseits das Dogma bürokratischer Wirtschaftsplanung Stalinscher Observanz.

Das solidarische, eine Partnerschaft der Vernunft anstrebende Handeln der in der Wirtschaft tätigen Menschen sollte verbunden werden mit einer geistigen Bewegung, die sich auf die Ur-Fragen unseres gesellschaftlichen und politischen Seins konzentriert. Diese Bewegung zu inaugurieren und in Gang zu halten könnte eine »Freie Akademie der Wissenschaften und der Künste« sein; sie hätte einen secessionistisch-oppositionellen Charakter gegenüber den bestehenden Akademien, die in Gelehrsamkeit verhockt, überdies in einem falschverstandenen Pluralismus ziel- und haltlos geworden sind. Dieser wissenschaftliche und künstlerische Sezessionismus könnte seinen Hauptsitz gleichfalls in Hannover haben, in einer Stadt nicht allein der internationalen Messe, sondern auch eines Leibniz, jenes Genies der Verbindung von Theorie und Praxis, von imponierendem Integrationswillen und weltweiter Sicht.

Pauschal gesagt, sowohl die östliche wie die westliche Welt müsste unter die kritische Lupe genommen werden. Da drängt sich immer wieder die quälende Frage auf, warum der »real existierende Sozialismus« als Alternative zum heillos kranken Kapitalismus gerade in den Industrieländern so gut wie keine Attraktionskraft mehr hat. Es geht nicht um moralisierende Klagen und Anklagen, sondern um eine historische Ortsbestimmung unserer Zeit. Es ist keineswegs müßiges Wühlen in der Vergangenheit, wenn man der Zweifelsfrage nachgeht, ob das Stalinsche Russland nach dem Tode Lenins die Weichen nicht doch falsch gestellt hat. Ob es die Neue Ökonomische Politik, statt sie theoretisch weiter zu durchdenken und praktisch weiterzuführen, allzu rasch liquidiert hat – überdies in des Wortes finsterstem Sinne, nämlich mit despotischen Mitteln. Die Stalinsche Politik ging darauf hinaus, die vom Kapitalismus überkommene ökonomisch-soziale Infrastruktur und marktwirtschaftliche Dynamik allzu radikal und allzu rasch zu liquidieren, statt sie zu integrieren und allmählich dialektisch aufzuheben.

In dem sektiererisch-ultraradikalen Tun verstieß man in zweierlei Hinsicht gegen die Dialektik. Erstens ließ man sich von einer abstrakten Verneinung der nicht-sozialistischen Ökonomie leiten. Lenin dagegen hatte schon während des Ersten Weltkrieges beim Studium der Hegelschen *»Logik«* kommentierend notiert: »Nicht die bloße nackte Negation … –, sondern die Negation als Moment des Zusammenhangs, als Moment der Entwicklung, bei Erhaltung des Positiven, …«[7]

Zweitens hat sich die Stalinsche Industrialisierung fast ausschließlich auf die jeweilige Spitzen-Technologie orientiert, ohne genügend zu beachten, dass der Höchststand der Produktivkräfte nicht allein an dieser gemessen werden darf, sondern auch der arbeitsteilige Variationsreichtum innerhalb einer gesellschaftlichen Totalität zu berücksichtigen ist: Die möglichst weitgespannte Variationsbreite hinsichtlich der Arbeitsgegenstände und Arbeitsmittel sowie der sich in verschiedenen Betriebsgrößen äußernden Arbeitsteilung ist entscheidend für den produzierenden Menschen, der als materiellen Stimulus eine möglichst große Auswahl von nicht verordneten Gebrauchsgegenständen und Dienstleistungen haben möchte.

Aber der Westen hat, wenn er sich mit dem Osten vergleicht, keinen Grund, selbstzufrieden und selbstgerecht zu sein. Der eingangs dieser Thesen angeführten sozialen Gebrechen und tödlichen Gefahren gibt es genug. Der Kapitalismus kann die von ihm entwickelten Produktivkräfte schon nicht mehr im Interesse der Menschen meistern. Die Arbeitslosigkeit, die zu einer Dauererscheinung der kapitalistischen Gesellschaft wird, beeinträchtigt die menschlichen Fähigkeiten, ja macht die freie Entwicklung der Einzelnen unmöglich. Selbst die bürgerlichen und politischen Freiheiten sind nur in einigen Industrieländern der westlichen Welt gewährt und auch da nicht voll gesichert. Ohnehin sollte die gängige Sprachmünze »Demokratie« nach ihrem inneren Gehalt untersucht werden. Der kanadische Politikwissen-

---

7 Lenin, Werke, Bd. 38, S. 218

schaftler C. B. Macpherson hat vor Jahren in seinem Buch *»Demokratietheorie«* die liberal-demokratische Gesellschaft als kapitalistische Marktwirtschaft enthüllt und gezeigt, dass ihre ökonomische Dynamik die individuelle Freiheit zur Selbstentfaltung der natürlichen Möglichkeiten eher vermindert als maximiert. Macpherson zeigte bereits in der graphischen Gestaltung seines Buches (C. H. Beck, München 1977) ein zerrissenes Bild der New Yorker Freiheitsstatue.

In kritischen Momenten der Geschichte sind Liberale stets gegen staatsbürgerliche Rechte der Einzelnen wie ganzer Organisationen, insbesondere der Arbeiter, angegangen. Demokratie, einst von den Liberalen verabscheut, wird dieser Begriff heute demagogisch missbraucht. Staaten des »freien Westens«, die sich demokratisch nennen, sind bestenfalls nur liberal. Männer wie Macpherson verlangen eine Präzisierung des Demokratiebegriffs. Ihnen ist er nur für solche gesellschaftliche Eigentumsverhältnisse gerechtfertigt, in denen jeder die effektive Chance hat, seine Persönlichkeit frei entfalten zu können. Man könnte diese Forderung noch schärfer als allseitige Entwicklung des Individuums formulieren.

Gegenüber der im Machtbereich der USA eingeleiteten liberal-konservativen Wende, die keine moralisch-politische Erneuerung brachte, vielmehr einen heuchlerischen Sozialdarwinismus wiederbelebte, genügt kein bloßer Widerstand. Eine Gegenoffensive steht auf der welthistorischen Tagesordnung, ein einheitliches Handeln vieler Millionen, ein gesamtgesellschaftlicher Aufbruch, beseelt von den besten Traditionen theoretischen Denkens und ästhetischen Schaffens. Anders ist der Prozess der moralisch-politischen Verfaulung, der gesellschaftlichen Degeneration nicht aufzuhalten, die Katastrophe nicht zu verhindern. Was historisch notwendig ist, muss auch möglich werden.

Durch die Systemkrisen, die zum Ende des Staatssozialismus sowjetischen Typs und zur Transformation des Kapitalismus führten, kam es zu gewaltigen Umbrüchen speziell in Europa. Die nationale Frage drängte wieder auf die Tagungsordnung.

In seiner berühmt und legendär gewordenen Gesprächsreihe interviewte Günter Gaus Ernst Engelberg nach dem Erscheinen von »Bismarck – Urpreuße und Reichsgründer«. Es sollte das erste und letzte Gespräch mit einem ostdeutschen Historiker vor dem Mauerfall werden. Die

ARD sendete es am 22. September 1985 um 23.25 Uhr. Besonders die Einschätzung der deutschen Teilung ließ aufhorchen:

GAUS: Als Sie im Frühjahr 1949 nach Leipzig gingen – im Herbst desselben Jahres wurden die beiden deutschen Nachkriegsstaaten gegründet –, rechneten Sie noch nicht mit einer dauerhaften Teilung?

ENGELBERG: Dauerhaft, das kann man ja nie sagen. Dauerhaft in dem Sinne von ewiger Teilung, das glaube ich auch heute noch nicht.

GAUS: Leiden Sie an der deutschen Teilung?

ENGELBERG: Ja, natürlich. Wenn Sie die Voraussetzungen, von denen ich ausgegangen bin, in Betracht ziehen, meine Jugendzeit, dann muss man natürlich verstehen, dass ich nicht sozusagen in Jubel ausbreche, wenn ich die Teilung Deutschlands besehe. Aber als Historiker muss ich natürlich die Ursachen erkennen, und da habe ich andere Vorstellungen als das hier in der Bundesrepublik gängig ist.

GAUS: Sie hatten, bevor ich Sie unterbrach und nach dem Schmerz über die Teilung fragte, gesagt, auch jetzt könnten Sie sich noch nicht vorstellen, dass es eine Teilung auf ewig sein müsste.

ENGELBERG: In der Geschichte gibt es nichts Ewiges.[8]

Bei einem Kolloquium zu seinem 80. Geburtstag im April 1989, die Krisen spitzten sich zu, aber die Ex- und Implosionen des Herbstes waren noch nicht sichtbar, hielt Ernst Engelberg eine Rede, die aufhorchen ließ.

Bemerkungen zu Männern, die Geschichte machen

Nach dem Ableben von Karl Marx schrieb Friedrich Engels gegen Ende seines Briefes an Friedrich Adolph Sorge in New York: »… Die Menschheit ist um einen Kopf kürzer gemacht, und zwar um den bedeutendsten Kopf, den sie heutzutage hatte. Die Bewegung des Proletariats geht ihren Gang weiter, aber der Zentralpunkt ist dahin, … Die

---

8 Zur Person: Ernst Engelberg, in: Ernst Engelberg, Die Deutschen. Woher wir kommen, hrsg. von A. Engelberg, Berlin 2009, S. 303

Lokalgrößen und die kleinen Talente, wo nicht die Schwindler, bekommen freie Hand. Der endliche Sieg bleibt sicher, aber die Umwege, die temporären und lokalen Verirrungen – schon so unvermeidlich – werden jetzt ganz anders anwachsen ...«[9]

Das hier Zitierte ist wohl den Anwesenden bekannt. Aber Hand aufs Herz! – Ich vermute, dass Sie den ganzen Brief von Friedrich Engels vorwiegend unter dem Eindruck des Krankheitsberichtes und der herben Mitteilung über den Verlust seines großen Freundes gelesen haben; aber die wenigen Striche, mit denen das Verhältnis von objektiver Entwicklung und subjektiver Wirkung skizziert wird, haben wir alle nur oberflächlich wahrgenommen. Erst recht waren wir für die Warnungen vor den »kleinen Talenten« und den »Schwindlern«, die »freie Hand bekommen«, nicht sonderlich aufnahmebereit und -fähig, desgleichen nicht für die Kassandrarufe über »Umwege« und »Verirrungen«, die »anwachsen« werden.

Engels bemerkte ein anderes Mal, dass das Aufkommen von Genies ein Zufall sei. Ganz so war es wohl doch nicht. Man beachte: Weltgenies wie Marx und Lenin wuchsen in Ländern und Zeiten heran, wo die Vollendung der bürgerlichen Revolution auf der historischen Tagesordnung stand, und zwar angesichts einer Arbeiterbewegung, die sich eine proletarisch-sozialistische Revolution zum Ziele setzte. Beide Genies standen gleichsam an der Spitze einer Vielzahl von Talenten und sahen sich nicht allein als Führer des in die Zukunft weisenden Proletariats, sondern als Renegaten jener Klasse, aus der sie hervorgegangen waren; sie brachten deren Bildungstraditionen und -güter mit herüber und veränderten sie zu einer dialektisch neuen Qualität.

Dass der Stafettenstab weltbedeutender Führungskräfte von Deutschland auf Russland überging und sich hier die Befürchtungen von Friedrich Engels zunächst nicht bewahrheiteten, war eben doch kein Zufall. Es war auch geschichtlich bedingt, dass Lenin unter den Klassikern des Sozialismus am ausgeprägtesten Theorie und Praxis miteinander verband. Seit dem Vorabend des Ersten Weltkrieges bereitete er sich mit besonderer Intensität auf die sozialistische Revolution vor, nicht zuletzt durch das Studium der praktisch angewandten Dialektik

9 MEW, Bd. 35, S. 460 f.

im Marx-Engels-Briefwechsel und der theoretisch fixierten Hegelschen Dialektik.[10]

Bekanntlich hat Lenin während des Ersten Weltkrieges beim Studium der Hegelschen Werke sowohl die materialistischen wie die revolutionären Momente der Dialektik herauszuarbeiten versucht, immer auch im Blick auf die Beendigung des Krieges durch die Revolution.

In diesem Bemühen kommentierte er einmal Hegels Kritik am »leeren Negativen« und notierte: »Nicht die bloße Negation, nicht die unnütze (leichtfertig – unbesonnene) … –, sondern die Negation als Moment des Zusammenhangs, als Moment der Entwicklung, bei Erhaltung des Positiven, …«[11] Momente des Zusammenhangs und der Entwicklung – das sind nach meinem Erachten die entscheidenden Stichworte in dieser Notiz. Lenin hat im Hinblick auf die »Erhaltung des Positiven« nicht etwas Drittes zwischen Kapitalismus und Sozialismus, nicht eine starre Konvergenz im Auge, sondern Durchgangsstufen, Etappen, Perioden im Formierungsprozess. Formierung hat ja auch rein sprachlich sehr viel mit der Formation einer Gesellschaft zu tun. Systeme mit ganzheitlicher Organisation werden eben nicht aufgebaut, sondern entwickeln sich und werden entwickelt, verschiedene Phasen durchlaufend, dabei objektiv und subjektiv zielgerichtet.

Gelegentlich erinnert man an Eduard Bernsteins Ausspruch: »Die Bewegung ist alles – das Endziel ist nichts.« Mag man auch diese zugespitzte These als antirevolutionär ablehnen, so bleibt zugleich zu bedauern, dass die Marxisten-Leninisten der Bewegung insofern zu wenig Aufmerksamkeit geschenkt haben, als sie oft die Tendenz verfolgten, den Formierungsprozess einer Gesellschaft, eben des Sozialismus, sachwidrig zu verkürzen.

Es scheint mir kein müßiges Wühlen in der Vergangenheit, sondern ein Dienst an Gegenwart und Zukunft zu sein, wenn wir einmal Lenins und Stalins Wirtschaftspolitik vergleichen. Lenin hat, getreu seiner dialektischen Methode, kurz vor und nach der Oktoberrevolution eine ökonomische Konzeption verfolgt, die tatsächlich manches »Positive« von früher erhalten wollte. Die Sabotage der russischen und internati-

---

10 Vgl. hierzu den das Vorwort dieses Bandes abschließenden Redeausschnitt von 1996, S. 10–12

11 W. I. Lenin, Werke, Berlin 1961 ff., Bd. 38, S. 218; die Formulierung in der Klammer aus: Lenin, Philosophischer Nachlass – Exzerpte und Randglossen, Berlin 1932, S. 150

onalen Bourgeoisie, die sich bis zum Bürger- und Interventionskrieg steigerte, machte dies zunächst unmöglich. Aber mit der Neuen Ökonomischen Politik kam Lenin wieder auf den Kern seiner ursprünglichen, für die erste Entwicklungsperiode des Sozialismus konzipierten Wirtschaftspolitik zurück.

Sicherlich ist noch längst nicht erforscht, unter welchen Zwängen sich die Neue Ökonomische Politik befand und welchen Charakter die NÖP-Bourgeoisie hatte. Gerade deswegen scheint mir die Frage berechtigt, ob man mit dem Aufgeben der Neuen Ökonomischen Politik nicht zu vieles von der überkommenen ökonomisch-sozialen Infrastruktur und marktwirtschaftlichen Dynamik allzu radikal und allzu rasch liquidierte, anstatt das Überkommene zu integrieren und im Fluss der Bewegung allmählich dialektisch aufzuheben. Durch Lenin sind wir angehalten, diesen Fluss der Bewegung ständig zu beobachten und zu analysieren und danach die jeweiligen Aktionsprogramme zu entwickeln, alles Abstrakte im Verneinen der nichtsozialistischen Ökonomie zu vermeiden.

In diesen Kontext gehört auch die Frage, ob man das Niveau der Produktivkräfte ausschließlich an der jeweiligen Hoch- und Spitzentechnologie messen kann. Vielmehr gehört, wie mir scheint, zum Höchststand der materiellen und menschlichen Produktivkräfte nicht allein die Hochtechnologie, sondern auch der arbeitsteilige Variationsreichtum innerhalb einer gesellschaftlichen Totalität. Die möglichst weitgespannte Variationsbreite der Arbeitsgegenstände und Arbeitsmittel sowie der sich in verschiedenen Betriebsgrößen äußernden Arbeitsteilung ist höchst entscheidungsvoll. Der produzierende Mensch braucht nun einmal als materiellen Stimulus eine umfassende und vielfältige Auswahl von Gebrauchsgegenständen und Dienstleistungen. Jahrzehntelang sollte der kämpferische Ausnahmezustand nicht dauern. Am Ende erweist sich der kleine Alltag als das eigentlich Große, als das Feld der Selbstverwirklichung des Menschen. Im täglichen Leben muss sich die sozialistische Alternative zum Kapitalismus verwirklichen.

Sicherlich muss, wie schon angedeutet, noch vieles über die ökonomische und soziale Entwicklung in Land und Stadt in der Sowjetunion erforscht werden. Aber es kann keinen Zweifel darüber geben, dass nach Lenins Tod und Stalins Machtergreifung die Neue Ökonomische Politik, statt gedanklich und praktisch weiterentwickelt zu werden, liquidiert wurde, und zwar im schlimmsten Sinne. Theoretisch formuliert trat das ein, was Lenin beim Studium der Hegelschen Logik als »bloße«, »leichtfertig-unbesonnene Negation« bezeichnet und abgelehnt hatte.

Es begann mit der Kollektivierung, die – gelinde formuliert – eine Verballhornung des Leninschen Genossenschaftsplanes war; ich halte mich an einen noch nicht gedruckten Beitrag meines alten Freundes von der Kommunistischen Studentenfraktion, Nathan Steinberger. Er war schon als Student unser Fachmann für Agrarfragen, veröffentlichte in der Sowjetunion eine Schrift über die nationalsozialistische Agrarpolitik – übrigens mit einem Vorwort von Wilhelm Pieck versehen –, wurde 1937 verhaftet und verbrachte bis 1952 sein Leben in Arbeitslagern; zurückkehren durfte er erst Ende 1955. Ich zitiere: »... Im Zuge des Vernichtungsfeldzugs, den Stalin angeblich gegen die Kulakenklasse, tatsächlich aber ... gegen die überwältigende Mehrheit der arbeitenden Bauern führte, wurden der Mechanismus und die Methoden jenes Terrorsystems entwickelt, das wenige Jahre danach zur völligen Liquidierung der in der Oktoberrevolution errungenen Arbeiterdemokratie und zur Austilgung der revolutionären Kader eingesetzt und dem in der Folge alle Bereiche des gesellschaftlichen Lebens unterworfen wurden. Der Stalinsche Absolutismus nahm seinen Ausgang von der Kollektivierung.«

Es war vor allem Bucharin, heißt es weiter, der erkannte, dass die Pseudosozialisierung des Dorfes »in eine schwere Krise der Landwirtschaft von langer Dauer münden müsse und dass sich dies unheilvoll auf die Gesamtentwicklung der Sowjetwirtschaft und im Resultat hemmend auch auf die von allen Richtungen der Partei als notwendig erachtete Beschleunigung der Industrialisierung auswirken werde«. Die Stalinsche Kollektivierung hat gerade in den ersten Jahren millionenfachen Hungertod über das Dorf gebracht und eine permanente, das ganze Land erfassende Krise der Versorgung mit Lebensmitteln ausgelöst. Die Industrialisierung war während der ersten Fünfjahrpläne noch von revolutionärem Elan getragen und durch imponierende Pionierleistungen, vor allem jugendlicher Arbeitsbrigaden, gekennzeichnet. Mit der bürokratischen Kommandowirtschaft aber versandete die sozialistische Begeisterung »zur ausschmückenden Phrase der Ukase und Prikase«.

Die Prozesse, die millionenfachen Verhaftungen und die Lagertoten ohne Zahl – sie sind bekannt. Stalin hatte sich mit ausgeklügelter Machttechnik an die Spitze der Bewegung und des Staates gebracht. War er, um mit Engels zu reden, bloß ein Schwindler? Er war schlimmer …

Was die Rolle Stalins vor und während des Zweiten Weltkrieges betrifft, so möchte ich von meiner Sicht aus vorläufig nur folgendes bekennen: Jedem, der mir im Sommer 1939 gesagt hätte, die Hitlerarmeen würden im kommenden Krieg Leningrad blockieren, bis vor die Tore Moskaus gelangen, und die erste große Entscheidungsschlacht würde weit im Sowjetland, an der Wolga, stattfinden – dem hätte ich, bildlich gesprochen, die Augen ausgekratzt. Dass es so weit kam, spricht nicht für die politische, militärische und moralische Führungskraft Stalins. Die Sowjetvölker mussten allzu schwer und verlustreich um ihre nationale und physische Existenz kämpfen und haben schließlich unsägliche Opfer auch für unsere Befreiung vom Faschismus gebracht.

Wenn mir aber Moskauer Freunde früher sagten, sie seien mit der Parole »Für Stalin und das Vaterland« in den Krieg gezogen, dann pflegte ich ihnen zu erwidern: Die Freiheitskrieger von 1813 kämpften auch im Zeichen von »Gott, König und Vaterland«, heute aber ehren wir nicht Friedrich Wilhelm III., sondern das Volk und die Generäle.

Es ist ein schwieriger Prozess, sich vom Stalinschen Erbe zu lösen. Aber der Sozialismus erweist sich in der Sowjetunion als reformfähig – trotz aller Turbulenzen. »Umwege« und »Verirrungen«, um mit Engels zu sprechen, hatte es übergenug gegeben, und das ist bitter für uns. Doch ich möchte schließen mit dem, was Engels am Ende seines Briefes an Sorge schrieb: »Nun – wir müssen's durchfressen, wozu anders sind wir da? Und die Courage verlieren wir darum noch lange nicht.« So können wir Alten sicher sein, dass die Ideale unserer Jugend trotz allem verwirklicht werden.

Soweit die Rede. Etliche Anwesende wussten, dass Ernst Engelberg im vertraulichen Gespräch vom damals noch an der Macht befindlichen Erich Honecker als dem »größten Kümmerling, den die deutsche Arbeiterbewegung hervorgebracht hat,« sprach. Es gab Anfragen, ob er sich oppositionellen Diskussionskreisen anschließen möchte, ob er die Rede – möglicherweise auch im Westen – publizieren würde. Er wehrte höflich, aber bestimmt ab. Meistens verwies er auf den Endspurt bei seiner großen Bismarck-Biographie, deren zweiter Band 1990 zum 100. Jahrestag der Entlassung des Eisernen Kanzlers herauskommen sollte und tatsächlich jubiläumsgerecht erschien.

Seine Rede kam vorher: Als die Berliner Zeitung sie jedoch nach dem Sturz Honeckers und dem Mauerfall am 16. November 1989 publizierte, war ihre mögliche politische Wirkungskraft erloschen, sie war, was sie bis heute ist: ein Dokument.

Nie gab Ernst Engelberg seine positive Bewertung der Oktoberrevolution und Lenins auf – die Rolle Trotzkis blieb bei ihm stets unterbelichtet.[12] *Bei der Frage, warum der Sozialismus scheiterte, sind seine Schriften gerade auch im Vergleich zu anderen Marxisten blass.*[13]

Antonio Gramsci zum Beispiel, der einen der wichtigsten Beiträge zum politischen Denken im 20. Jahrhundert lieferte, quälte sich in den 1920er/30er Jahren im Gefängnis mit der Frage seines Scheitern und des aller sozialistischen Umstürze in entwickelten Ländern nach und inspiriert durch die Oktoberrevolution 1917: »Im Osten war der Staat alles, die Zivilgesellschaft war in ihren Anfängen und gallerthaft; im Westen bestand zwischen Staat und Zivilgesellschaft ein richtiges Verhältnis, und beim Wanken des Staates gewahrte man sogleich eine robuste Struktur der Zivilgesellschaft. Der Staat war nur ein vorgeschobener Schützengraben, hinter welchem sich eine robuste Kette von Festungen und Kasematten befand; von Staat zu Staat mehr oder weniger, versteht sich, aber gerade dies verlangt eine genaue Erkundung nationaler Art.«[14]

---

12 Vgl. hierzu: Gedanken zu Lenin im Roten Oktober, in: Ernst Engelberg, Die Deutschen. Woher wir kommen, hrsg. von A. Engelberg, Berlin 2009, S. 235–246

13 Man findet bei Ernst Engelberg Anstreichungen und Exzerpte, die darauf schließen lassen, dass er in dieser Hinsicht arbeiten wollte. Etwa markierte er bei Eric Hobsbawm: »Eine der Ironien dieses denkwürdigen Jahrhunderts ist, dass das dauerhafteste Resultat der Oktoberrevolution – deren Ziel es ja war, den Kapitalismus weltweit umzustürzen – ausgerechnet die Rettung ihres Antagonisten im Krieg wie im Frieden war: Sie spornte ihn an (indem sie angst machte), sich nach dem Zweiten Weltkrieg selbst zu reformieren; und sie machte wirtschaftliche Planung in einer Weise gemeinverständlich, dass schließlich sogar einige ihrer Aspekte zum Prozedere dieser Reform gehören sollten.« In: Das Zeitalter der Extreme. Weltgeschichte des 20. Jahrhunderts, aus dem Englischen von Yvonne Badal, München Wien 1995, S. 22f.

14 Zitiert nach: Frank Deppe, Politischen Denken im 20. Jahrhundert, Band 2: Politisches Denken zwischen den Weltkriegen, Hamburg 2003, S. 250. Vgl. dazu: A. Engel-

Die Zivilgesellschaft justifiziert und institutionalisiert die Beziehungen zwischen den Klassen und Schichten. Nur wenn die Gesellschaft mit ihren Verbänden und Vereinen, Massenorganisationen und Medien sich selbst zerstörte, konnte – wie im Osten Deutschlands – ein »real sozialistisches« Regime die Macht ergreifen.

Scharfsinnig schließt daran der erwähnte Fritz Behrens: »Der Staatsmonopolismus … ist eine gesellschaftliche Formation, die den Kapitalismus ablöste, nachdem er nicht durch den Sozialismus abgelöst worden ist. Er ist eine verkehrte Rücknahme der Gattungsgeschäfte der Gesellschaft in ihren Schoß, eine Ökonomisierung des Überbaus und eine Politisierung der Basis bei Aufrechterhaltung der grundsätzlichen Antagonismen einer Klassengesellschaft.«[15] *Nach der weitgehenden Abschaffung des Privateigentums an den Produktionsmitteln stand die Gesellschaft eigentumslos der Staatsmacht gegenüber.*

Ebenso, kann man heute ergänzen, wie im 20. Jahrhundert erwächst der »Sozialismus des 21. Jahrhunderts« von Bolivien bis Venezuela an den Peripherien. Was als »Sozialismus« bezeichnet wird, könnte als Gesellschaftsformation(en) gedeutet werden, in der Länder am Rande versuchen, sich von den Zentren des Kapitalismus zu emanzipieren und mit diesen möglichst gleichzuziehen.

Diesen Fragen ging Ernst Engelberg nicht nach. Es ist für mich ein entscheidender Grund, warum ich einige seiner Buchprojekte jetzt zu Ende führe; immerhin arbeitete er nach Abschluss des zweiten Bandes der Bismarck-Biographie 1990 noch rund zehn Jahre, schrieb Artikel, hielt Vorträge und überarbeite alte Manuskripte. Auch die Familiengeschichte der Bismarcks hätte eine Deutung des Scheitern des real genannten Sozialismus erfordert und – letztendlich – fehlt diese bis auf die hier dokumentierten Hinweise in seiner Theorie.

Man wird neben seinem Alter – er versuchte es in seinem neunten Jahrzehnt – aber auch die Zeitstimmung berücksichtigen müssen. Erst die Systemkrise seit 2008 machte marxistisch inspiriertes Denken für breite Kreise wieder interessant. Ernst Engelberg arbeitete – mit einem Romantitel gesprochen – in Zeiten des abnehmenden Lichts.[16]

---

berg, Das 20. Jahrhundert denken, in: Blätter für deutsche und internationale Politik, 56. Jahrgang, 7/2011, S. 121–123

15 Fritz Behrens, Abschied von der sozialen Utopie, Berlin 1992, S. 34

16 So der Bestseller- und Buchpreisgewinner-Roman 2011 von Eugen Ruge. Das Buch schlägt zeitlich einen Bogen von 1952 bis 2001. Der Schwerpunkt liegt auf dem Herbst

Deshalb beende ich – so meine Hypothese – hiermit auch seine auf dem Kolloquium anlässlich seines 80. Geburtstages, also noch vor dem Mauerfall, erstmalig angekündigten weltgeschichtlichen Betrachtungen über Evolution und Revolution. Damals meinte Ernst Engelberg:

Ich glaube nicht, dass meine gegenwärtige Auffassung der Dinge im Widerspruch steht zu dem Geist, den ich bei meinem Eintritt in die revolutionäre Arbeiterbewegung vorfand. Damals, im Mai 1928 in München, bewusst neun Jahre nach der Niederschlagung der dortigen Räterepublik, und auch in den kommenden Jahren war die Verbindung von Patriotismus und Internationalismus selbstverständlich und für den KJVD und die KPD erfolgreich. Daran halte ich auch heute fest, obwohl ich weiß, dass die Sachlage vielschichtiger und schwieriger geworden ist. Erneut zeigt sich, dass die nationale Problematik in unlösbarem Zusammenhang steht mit den Fragen der Evolution und Revolution in der Weltgeschichte. Darum werde ich in den Jahren, die mir noch zu produktivem Schaffen übrig bleiben, alle diesbezüglichen Arbeiten wieder aufnehmen und sie zu vertiefen und zu aktualisieren versuchen.

Ernst Engelberg bemühte sich darum nach dem Erscheinen der Bismarck-Biographie, also ab dem Herbst 1990, als sich Deutschland staatlich neu vereinte und die Sowjetunion, die ihre osteuropäischen Satrapen schon verloren hatte, ihrem Ende entgegenging.

Er ließ angesichts einer brutaler werdenden neuen Kapitalismusformation, die stärker von den Finanzmärkten gesteuert wurde und wird, von seiner grundsätzlichen Auffassung, dass eine nachkapitalistische Gesellschaft notwendig sei, nicht ab. Es geht in den Fragmenten stets um drei

---

1989 und spielt zu großen Teilen im gleichen gesellschaftlichen Milieu, in dem Ernst Engelberg arbeitete und lebte. Übrigens war der Vater des Autors, Wolfgang Ruge, ein Arbeitskollege von ihm. Beide sind heute die einzigen führenden DDR-Historiker, von denen Werke aus dem Nachlass oder neu aufgelegt werden in bekannten Verlagshäusern, stets herausgegeben und bearbeitet von den Söhnen. Die zeitliche Nähe der Publikationen, die ohne Absprache erfolgte, ist evident: Ernst Engelberg »Die Deutschen. Woher wir kommen« (2009); Wolfgang Ruge, »Stalin – Vorgänger Lenins«, Ernst und Achim Engelberg »Die Bismarcks – Eine preußische Familiensaga vom Mittelalter bis heute« (beide 2010); Wolfgang Ruge »Gelobtes Land – Meine Jahre in Stalins Sowjetunion« (2012) sowie das vorliegende Buch (2013).

Dinge: Mut machen für eine kämpferische Haltung; Erneuerung einer Kritik des Kapitalismus; die Aufforderung, nicht bei der Negation stehen zu bleiben. Drei Beispiele:

Einleitung zum Vortrag »Sinn der Geschichte«[17]

Seit über zehn Jahren hängt an einem meiner Bücherregale ein Ausspruch Martin Bubers: »Altsein ist ein herrlich Ding, wenn man nicht verlernt hat, was anfangen heißt.« Was aber heißt anfangen, wenn man 85 Jahre alt geworden ist; ob man das dann überhaupt noch sagen darf? Was mich anbelangt, so werde ich wohl beim Anfangen bleiben, solange ich lebe und es mir gesundheitlich vergönnt ist. Anfangen heißt für mich, die Dinge immer wieder, wie Thomas Mann es verstand, anderen Beleuchtungen auszusetzen, eigene Erlebnisse und erarbeitete Erkenntnis ständig neu zu überprüfen, fragen, wo man irrte, was man korrigieren muss, was geblieben ist. Wie steht es damit in einer Zeit, die so sehr wie die unsere zur Selbstüberprüfung eigenen Verhaltens und wissenschaftlichen Bemühens herausfordert?

Beim Nachdenken darüber kam ich zu fast überraschenden Ergebnissen. Ich hatte angenommen, mehr über Bord werfen zu müssen, doch das war in wesentlichen Dingen gefehlt. Alle die ökonomisch-sozialen, politischen und moralischen Krisenerscheinungen der Gesellschaft, die mich in meiner Jugend zu der von Marx und Lenin geprägten Bewegung gedrängt hatten, treten gegenwärtig, da ich alt geworden bin, wieder in voller Breite und Intensität in Erscheinung. Im Gegenteil, die Bedrohungen der Menschen wie der Menschheit haben sich sogar noch verstärkt. Da bleibt an den Grundeinschätzungen, die bereits Marx und Engels über diese Gesellschaft gegeben haben, nichts zurückzunehmen. Schmerzlich allerdings ist es zu erkennen, wie die Weiterentwicklung ihrer Theorie und Methodik vernachlässigt und vieles ihrer lebendig praktizierten Dialektik pervertiert, in starre Katechismusschemata gepreßt wurde. Hier bietet sich eine ganze Fülle von Problemen an, die ich nur kurz unter das Grundproblem Dialektik von Evolution und Revolution subsumieren möchte. Mehr denn je ist kri-

---

17 Eine überarbeitete Fassung dieses Vortrages befindet sich in diesem Band als Kapitel 12, »Gibt es einen Sinn der Geschichte?«, S. 197–215.

tische Beobachtung und Analyse des Weltgeschehens gefragt. Da ist noch eine Überfülle zu tun, wenn man sich nicht jenem teils modischen, teils auch ehrlich verzweifelten Pessimismus unserer Tage überlassen will. Es gibt auch einen moralischen Antrieb, der uns bewegt, wenn wir heute erneut nachdenken über den Sinn der Geschichte und zumindest nach Lösungsmöglichkeiten suchen.

Benjamin »Engel der Geschichte«[18]

Es gibt einen heute leider von den »Nachgeborenen« nahezu zuschanden zitierten Geschichtsbegriff von Walter Benjamin, der ein Bild Paul Klees als Engel der Geschichte interpretiert. Mit vor Entsetzen geweiteten Augen schaut dieser Engel, zukunftsabgewandt, auf die Gräuel der vergangenen Geschichte. Walter Benjamin muss es sehr ernst damit gewesen sein, denn schließlich nahm er sich, auf der Flucht verzweifelnd, das Leben. Ob diesem regen Geiste aber die heute modische dogmatische Einengung der ganzen Geschichte auf dieses Bild adäquat ist, wage ich zu bezweifeln, wissend, welch' heilige Kuh ich hiermit frevelnd berühre.

Wer nicht verzweifeln will, muss kämpfen, und mit schreckgeweiteten Augen – so war es auch bei Benjamin – kämpft man nicht mehr.

Titellose Zeitreflexion[19]

Gegen den Zeitgeist gerichtet sein, dabei darf man nicht verharren. In der Negation muss auch erkennbar werden, wofür man steht.

---

18 Der von S. Kleinschmidt herausgegebene Band Walter Benjamins »Allegorien kultureller Erfahrung«, Ausgewählte Schriften 1920–1940, Leipzig 1984, entfaltete Wirkung unter kritischen Intellektuellen. Das Bild vom Engel der Geschichte ist Abschnitt IX. des Essays »Über den Begriff der Geschichte«.
Vgl. hierzu auch die Auseinandersetzungen von Heiner Müller: »Glückloser Engel« (geschrieben 1958), »Glückloser Engel 2« (1991).

19 Unwesentlich modifiziert erschienen als Geleitwort von »Gegen den Zeitgeist. Zwei Deutsche Staaten in der Geschichte«, hrsg. von G. Fischer, H-J. Krusch, H. Modrow, W. Richter, R. Steigerwald, Schkeuditz 1999, S. 11–12

Das erscheint umso dringlicher, als sich an der Jahrhundertwende zeigt, dass Konflikte, die am Jahrhundertanfang standen, noch nicht gelöst worden sind. Zwei große Kriege erschütterten die Welt, zwei Revolutionen brachen in ihrem Gefolge aus, die Oktoberrevolution in Russland und die Novemberrevolution in Deutschland. Gleichsam als Konterrevolution setzte sich der Faschismus in Italien und Deutschland durch, und nachdem er seine blutige Spur der leidenden Menschheit aufgedrückt hatte, entstanden in der Zeit des kalten Krieges zwei deutsche Staaten, die entgegengesetzte Wege einschlugen. Im kapitalistischen Gesellschaftssystem verbleibend, aber es industriell mit großer Innovationskraft ausbauend, die damalige BRD. Mit schlechteren Startbedingungen und Unzulänglichkeiten neue Wege suchend, die DDR. Es wird nicht angehen, dem ökonomisch effektiveren einfach das Prädikat richtig anzuheften wie den wirtschaftlich gescheiterten Versuch nur mit dem Verdikt falsch zu versehen. So einfach verläuft Geschichte nicht.

Wenn ich vom Universitätsbereich sprechen darf, so wurden eben wirklich neue Sichtweisen auf gesellschaftliche Prozesse eröffnet, gelehrt zumeist von Gegnern des Naziregimes, von den früher Ausgeschlossenen. Aufgenommen von Studenten, von denen viele von unten auf kamen, für die es früher keinen Platz auf hochgelahrten Universitäten gegeben hatte. Sie nahmen wahr, dass ihre Sache verhandelt wurde, auch wenn es in Leipzig unter neuen Aspekten um die Große Revolution der Franzosen ging. Erstmals in der Geschichte deutscher Universitäten fand dort auch die Arbeiterbewegung in der Wissenschaft gebührende Beachtung, ein Forschungsgegenstand, der später überall aufgenommen und untersucht wurde.[20]

Was ist daraus geworden? Alles umsonst? Das Thema schwindet, wenn sich das Problem erledigt hat, und das ist nun wahrlich nicht der Fall. Nach wie vor steht unter veränderten Verhältnissen, in einer Spätphase des Kapitalismus, das Verhältnis von Kapital und Arbeit zur Debatte, selbst wenn es unter Umkehrung tatsächlicher Verhältnisse mit den verhüllenden Begriffen von Arbeitgebern und Arbeitnehmern auftaucht.

---

20 Vgl. hierzu Ernst Engelberg, Die Deutschen. Woher wir kommen, hrsg. von A. Engelberg Berlin 2009, S. 311

Aber wo sind die Kräfte, die verändernd wirken können? Das ist in der Tat die Frage, die bislang noch vor jedem gestanden hat, der sich nicht in spießerhafter Selbstgenügsamkeit mit dem Status quo abfinden will und kann.

Ungeduldig zu sein ist nicht nur berechtigte Eigenschaft der Jugend, sie ist sogar unerlässlich für jene, die es zu neuen Ufern drängt. Wir finden sie schon in Goethes Faust, als dieser in bohrender Erkenntnisdrang den »Fluch vor allem der Geduld« entgegenschleudert. Revolutionäre Ungeduld war auch den Klassikern des Marxismus keineswegs fremd und bewirkte, dass sie oft die historischen Perspektiven allzu verkürzt sahen. Das hat Friedrich Engels in späteren Jahren nicht nur erkannt, sondern auch zu erklären versucht, wenn er vom mitunter notwendigen Warten auf Dialektik sprach. Damit hatte er wohl die Zeit im Auge, in der sich die weitertreibenden Widersprüche herausbildeten.

Krasse Widersprüche sind auch heute gerade genug vorhanden, an den Arbeitsstätten, in den Ländern, zwischen den Ländern und weltumfassend auf den Kontinenten, auch zwischen den Menschen und den Naturkräften, in der Ökologie, in der Ökonomie wie in der Politik. Doch wo die weitertreibende dialektische Spannung zwischen den auf Veränderung drängenden Kräften und den das Bestehende mit Ingrimm verteidigenden noch nicht zu menschenwürdiger Lösung gebracht werden kann, da ist es wohl geboten, die Einzelbereiche mit dem Ziel zu analysieren, deren Beziehungsgeflecht und historische Bewegung zu erkennen.

Heute ist Frits Behrens' Erkenntnis, es gibt keine historische Notwendigkeit, fast Allgemeingut. Die Gegenwart ist ein durch Geschichte vorbereitetes Möglichkeitsfeld. Eine andere Welt kommt bestimmt. Verändern wird sich die Erde bis zum Untergang, der möglich geworden ist. Ebenso möglich, aber nicht notwendig, ist eine gerechtere Welt.

Für diese kann der theoretische Ansatz von Ernst Engelberg, der Kontinuitäten und Wandlungen verschiedenen Charakters besser erkennen lässt, produktiv sein. Wenden wir uns seiner Erkenntnistheorie zu.

11.

Was ist historisches Erkennen?[1]

Alles, was im Subjekt ist, ist im Objekt,
und noch etwas mehr;
Alles, was im Objekt ist, ist im Subjekt,
und noch etwas mehr.
Johann Wolfgang von Goethe[2]

I.

In der Erkenntnis der historischen Tatsachen sowie ihrer Struktur- und Entwicklungszusammenhänge zeichnet sich kein abstrakter, sondern ein dialektischer Widerspruch zwischen Subjekt und Objekt ab. Das Objekt, das in Natur und Gesellschaft dem Subjekt gegenübertritt, ist sicherlich die Voraussetzung der menschlichen Erkenntnis, zumal der

---

1 Jürgen Kockas wirkmächtiges Buch »Sozialgeschichte« beginnt mit den Sätzen: »Nichts ist entscheidender für den wissenschaftstheoretischen und methodologischen Standort eines Sozialwissenschaftlers oder Historikers als die Art, wie er das Verhältnis von Untersuchungsgegenstand, Begriff/Theorie und (außerwissenschaftlichem) Interesse denkt. Von diesem Angelpunkt her lassen sich – sofern überhaupt eine einigermaßen konsistente theoretisch-methodologische Position vorliegt – die Vorstellungen erschließen und begründen, die er sich vom rechten Verhältnis zwischen Theorie und Empirie, Objektivität und Parteilichkeit, Wissenschaft und Praxis macht.« Von dieser Position gesehen, ist das folgende Kapitel das Herzstück dieses Buches.

2 Goethezitat von A. Engelberg eingefügt, Maximen und Reflexionen 1376

Mensch nur in der Natur und Gesellschaft existiert. Aber das Subjekt ist weder im Denken noch im Handeln machtlos gegenüber dem Objekt; die Dialektik der Erkenntnis bringt es mit sich, dass das erkennende und handelnde Subjekt Freiheit gewinnt gerade in der Gebundenheit an das Objekt.

Die geschichtswissenschaftliche Erkenntnis verliert ihren sicheren Boden, wenn sie die objektiv-reale Existenz ihres Erkenntnisgegenstandes – außerhalb und unabhängig vom menschlichen Bewusstsein – nicht voraussetzt. Die Abhängigkeit und Bestimmtheit der Gedanken von den objektiv-realen Gegenständen oder Sachverhalten machen die eine Seite der Erkenntnistheorie des Marxismus aus. Die andere Seite umfasst die Abhängigkeit und Bestimmtheit der Gedanken von den gesellschaftlichen Verhältnissen, unter denen sie entstehen. Die beiden Seiten müssen zwar unterschieden werden, stehen aber in einem Wechselverhältnis zueinander, das heißt: Man muss das Verhältnis von gegenständlicher und sozialökonomischer Bestimmtheit von Erkenntnissen in seiner Dialektik erfassen. Mit der materialistischen Determiniertheit im doppelten Sinn hängt die doppelte Bestimmung des Begriffs »Gegenstand« zusammen.

Die außerhalb und unabhängig vom menschlichen Bewusstsein existierende objektive Realität mit ihren unmittelbaren Tatsachen und ihren Struktur- und Entwicklungsgesetzen bildet den potentiellen Gegenstand menschlichen Erkennens. Aber aus ihrer qualitativ und quantitativ unendlichen Mannigfaltigkeit suchen sich die Menschen die Gegenstände ihrer Erkenntnisbemühungen entsprechend der sozialhistorischen Entwicklung ihrer materiellen und ideellen Bedürfnisse und Erkenntnismittel aus. So entwickelt sich aus dem potentiellen der reale Erkenntnisgegenstand. Indem der reale Erkenntnisgegenstand in Beziehung steht zum Erkenntnis-Subjekt, ist er Erkenntnis-Objekt.

Den objektiven Sachverhalt (das Erkenntnis-Objekt) betrachten wir als Grundlage der Erkenntnis; umgekehrt ist ihre subjektive Seite bedeutsam, weil ohne sie der Prozess des Erkennens nicht zu begreifen ist. Die Widerspiegelung des vom erkennenden Subjekt ausgesuchten und objektiv-real existierenden Erkenntnisgegenstandes wird durch das Prisma der Lebensbedingungen und Interessen der verschiedenen Klassen gefiltert und geformt. Deshalb ist das Erkennen insbesondere gesellschaftlicher Zustände und Entwicklungen in einem hohen Maße vom sozialen Standort des Erkenntnissubjekts abhängig.

Die wissenschaftliche Aneignung der Wirklichkeit, gerade auch die geschichtliche, ist also nicht deckungsgleich mit der Wirklichkeit selbst. Das erkennende Subjekt kann keine Fotografie der Vergangenheit herstellen. Die viel verschrieene marxistische Widerspiegelungs- und Abbildtheorie ist dialektisch, hat also auch den Prozesscharakter der Erkenntnis im Auge. Es ist keine Utopie, einen möglichst hohen Grad von Übereinstimmung der Erkenntnisse (der Resultate der Erkenntnisfähigkeit) mit dem Erkenntnisobjekt zu erstreben, d. h. einen möglichst hohen Wahrheitsgehalt.

Der dialektische Widerspruch zwischen Subjekt und Objekt muss in einem ständigen, nie abgeschlossenen Prozess der Erkenntnis von den Individuen wie der Gesellschaft gelöst werden. Der Prozesscharakter der geschichtswissenschaftlichen Erkenntnis zeigt sich im doppelten Sinn, einmal im Hinblick auf die allgemeine Geschichte der Geschichtswissenschaft, zum anderen im Sinn der Struktur und des Ganges der Erkenntnis sozusagen im Einzelverfahren, bezogen also auf einen bestimmten Gegenstand oder Komplex von Gegenständen und vollzogen in einem bestimmten Zeitraum.

Zu diesem Prozesscharakter der Erkenntnis gehört das Verhältnis von Empirie, Theorie und Methode. Durch diese Art von Dreiecksverhältnis sind wir jetzt unausweichlich auf die Tatsachenforschung als methodologischen Ausgangspunkt gestoßen. Allerdings ist diese Kennzeichnung in mancher Hinsicht problematisch, jedenfalls nur relativ zu nehmen. Allein schon die Notwendigkeit, an die Tatsachenforschung mit einem Problembewusstsein heranzugehen, das durch praktische Zwecke und vorgegebenes Wissen und Können letzten Endes sozialhistorisch determiniert ist, zeigt an, dass es eine reine Empirie kaum gibt, und zwar umso weniger, je mehr die Erkenntnistätigkeit in und mit der menschlichen Geschichte voranschreitet.

Jede Wissenschaft ist auf Tatsachen gegründet und geht in ihrer Forschung von Tatsachen aus. Bei allen praktischen Determinanten des Erkenntnisprozesses und den damit verbundenen Emotionen ist immer noch gültig: »Je mehr wir unsere Sympathien und Antipathien aus dem Spiel lassen, desto besser können wir die Tatsachen selbst und ihre Folgen beurteilen.«[3] Mit diesem moralischen Grundgebot des

---

3 MEW, Bd. 38, S. 363 f.

sine ira et studio aber ist das Problem der Tatsache und ihrer methodologischen Funktion erst gestellt und noch lange nicht gelöst.

Über das Elementare, womit es jeder Wissenschaftler bei der Tatsache zu tun hat, sind sich weder Philosophen noch Historiker einig, zumal schon in die Erfassung der historischen Tatsache das Wechsel- und Spannungsverhältnis von objektivem Sachverhalt (Erkenntnisobjekt) und subjektiver Aussage, kurz: von Objekt und Subjekt hineinreicht. Alle objektiven Erscheinungen des materiellen und geistigen Lebens werden für uns erst dann Tatsachen, sobald es für sie Aussagen gibt, die wahr und gewiss sind, d. h. durch ein ständig zu verbesserndes Beweisverfahren belegt, nach- und überprüft, also bewiesen sind.

Wir gehen an die Analyse der historischen Tatsachen mit dem Ziel heran, den dialektischen Zusammenhang von Ereignis, Struktur und Bewegung zu erhellen. Durch diese Art des Fortschreitens in unserer Betrachtung wollen wir versuchen, das Komplexe, das im Elementaren enthalten ist, zur Entfaltung zu bringen.

Es sei aber vermerkt, dass das durch die Darstellung aufgezwungene Nacheinander der Gliederung: Ereignis, Struktur und Entwicklung zugleich ein wechselseitiges Zueinander bedeutet. Das zwingt den Autor gelegentlich zum Vorgreifen oder Zurückblenden in der Entwicklung seiner Argumentation.

II.

Der Historiker hat es zunächst, so scheint es, nur mit Ereignissen zu tun. Darum spielte in der Geschichte der Geschichtswissenschaft die »Ereignisgeschichte« lange Zeit eine so überragende Rolle. Die vornehmliche Beschäftigung mit singulären Tatsachen, wie diesen und jenen interessant oder wichtig erscheinenden Ereignissen, erlaubte – wie es schien – ziemlich leicht die Deskription dessen, »wie es einmal gewesen ist«. Auch von der Quellenlage her fühlte man sich zu dieser Art von Deskription gedrängt.

Werfen wir beispielsweise vom theoretisch-methodologischen Standpunkt aus einen Blick auf das Ereignis des Streiks. Wir setzen voraus: Einen Streik können wir auf Grund von einwandfreien Quellen als eine zweifelsfrei festgestellte Tatsache betrachten. Im Vergleich mit den selbst wieder aus unzähligen Ereignissen zusammengesetzten Ereignis-Komplexen wie Krieg und Revolution sind Streiks relativ einfach zu erfassen. Aber auch sie haben methodisch ihre Tücken; wer sich mit Streikstatistik beschäftigt und dabei ökonomische und politische Streiks unterscheiden soll, weiß davon ein Lied zu singen. Wir haben es innerhalb des Ereignisses »Streik« mit einer mehr oder weniger großen Zahl von solchen Begebenheiten zu tun wie Streikversammlung, Aufruf, Streikpostenaktion und Polizeiintervention, Demonstrationen und vielleicht sogar Schießereien, Maßnahmen und Erklärungen der Unternehmer, Pressepolemiken usw. Man kann die Vielfalt dieser Art von Ereignissen innerhalb des Gesamtereignisses Streik nur dann einigermaßen adäquat wiedergeben, wenn man spezifizierende Termini wie Anlass, Begebenheiten, Taten, Vorfälle etc. gebraucht.

Selbst wenn wir die Tatsache des Streiks im Sinne eines Ereignisses noch auf der Ebene der deskriptiven Empirie analysieren, stoßen wir auf Erscheinungen, die nach Ort und Zeit vor und nach dem Ereignis existieren und wirken. Von Betrieben, Polizei und anderen Institutionen gar nicht zu sprechen. Vor allem sind da die Arbeiter und die Unternehmer. Sie bilden, noch rein empirisch betrachtet, deutlich unterschiedene soziale Gruppen, die sich in einer nicht zu übersehenden sozialen Konfliktsituation, nämlich Streik, befinden. Arbeiter und Unternehmer haben als Träger eines Klassenverhältnisses keinen singulären Charakter, sind sogar – jedenfalls im Vergleich zu dem einmaligen Ereignis Streik – als invariant anzusehen. Aber Arbeiter und Unternehmer, die schon auf der Ebene der empirischen Betrachtungsweise auf gesellschaftliche Strukturen hinweisen und deshalb als Strukturelemente bezeichnet werden können, existieren und wirken. Und was existiert und wirkt ist eine Tatsache. Aus dem Ereignis »Streik« können wir mit großer Wahrscheinlichkeit schließen, dass in jedem geschichtlichen Ereignis der Doppelaspekt von sowohl spezifischen, individuellen wie auch allgemeinen, sich wiederholenden Elementen zu beachten ist.

Nun können wir wagen, die historischen Tatsachen zunächst in zwei Grundtypen einzuteilen; demnach unterscheiden wir zunächst zwischen Strukturelementen und Ereignissen im Denken und Handeln der Menschen.

Diese Unterscheidung zwischen zwei in der Wirklichkeit keineswegs getrennten Tatsachentypen bedarf hinsichtlich der Struktur schon jetzt einiger Präzisierungen, die wir allerdings erst im nächsten Abschnitt beurteilen können. Mit einigem Recht wird gelegentlich behauptet, dass der Begriff »Struktur« schillernd sei. Damit weicht man aber der Beantwortung der unumgänglichen Frage aus, worauf sich die Struktur beziehe und wie sie in sich differenziert und historisch abgegrenzt werden soll. Der Ausdruck »Sozialstruktur« kommt der ins Auge gefassten Sachlage schon näher. Er bedeutet: Von der Gesellschaft wird man ausgehen müssen, von ihrer Grundstruktur mit ihren Teilstrukturen und Strukturelementen. Es bleibt vorläufig dahingestellt, in welchem Zusammenhang sich die verschiedenen Elemente innerhalb der Grundstruktur der Gesellschaft zueinander befinden und wie diese Gesellschaft historisch abgegrenzt werden soll.

Das Ereignis eines Streiks zeigt das Proletariat als konstituierendes Strukturelement der kapitalistischen Gesellschaftsformation; die sozialökonomische Analyse zeigt, dass es nicht isoliert ist, sondern verbunden mit seinem Gegensatz, der Bourgeoisie. Das Kapitalverhältnis bildet die Einheit und den Kampf der Gegensätze. Die beiden Klassen bedingen also einander, durchdringen sich, obwohl ihre Interessen sich gegenüberstehen, so sind sie doch insofern identisch, als sie zwei notwendige Glieder sind: Einheit und Kampf der Widersprüche!

Die beiden Gegensätze in der widerspruchsvollen Einheit der Gesellschaftsstruktur, die wir Kapitalismus nennen, bringen notwendigerweise eine Bewegung hervor – eine Arbeiter-Bewegung, die sich in einer Unzahl von Ereignissen ausdrückt, zu denen Streiks gehören. Und gerade die Arbeiter-Bewegung ist ein Demonstrationsbeispiel dafür, wie eine geschichtliche Bewegung zu einer Entwicklung führen kann, die die Lösung der Widersprüche in einer prinzipiell neuen, höheren Einheit anstrebt. Wer Struktur sagt, muss gerade in der Geschichte Bewegung und Entwicklung mitdenken. Darum genügt es nicht, allein von Strukturelementen zu sprechen; es handelt sich auch um solche der Entwicklung. Struktur, Bewegung und Entwicklung gehen ständig ineinander über. Dies schafft abgeleitete Praxisformen wie Gewerkschaften und Parteien.

Das Beispiel »Streik« eröffnet noch weitere Aspekte. Wenn wir dieses Ereignis in seiner direkten Beziehung zum Strukturverhältnis von Kapital und Arbeit sehen, entstehen weitere Fragen, beispielsweise nach der Struktur der Arbeiterklasse in diesem oder jenem Lande, in dieser oder jener Region, in dieser oder jener Periode. Weiterhin ist nach dem methodischen Grundsatz, einen Erkenntnis-Gegenstand (Objekt) in möglichst vielen Zusammenhängen zu betrachten, folgende Erfahrung unabweisbar: Das Ereignis eines Streiks kann, auch wenn es in seinem Umfang, in der Art der Forderungen und in seinem Ablauf noch so präzise analysiert und dargestellt wird, nur dann in seiner historisch-politischen Bedeutung erfasst werden, wenn es im Zusammenhang mit der Gesamtheit der Klassenbeziehungen, der Intensität der politischen Kämpfe und dem Charakter der jeweiligen Epoche und Periode gesehen und gewertet wird. Streiks von etwa gleichem Umfang und ähnlichen Forderungen erhalten ein verschiedenes Gewicht, je nachdem, ob sie in der relativ friedlichen Periode des Kapitalismus oder in einer revolutionär zugespitzten Situation stattfinden. Auch von dieser Sicht her erkennen wir die methodische Bedeutung der Periodisierung, d. h. der Bestimmung des historischen Platzes eines jeweiligen Zeitabschnitts.

Kurz: In Streiks von einigem Umfang äußern sich, wie in allen Ereignissen, die inneren und äußeren Widersprüche der sozialökonomischen und politischen Strukturen und damit deren Bewegung und Entwicklung.

Das bedeutet, dass wir von der Theorie her, die in Methode umschlägt, gezwungen sind, neue Tatsachen zu erforschen, zu ordnen und im konkreten Struktur- und Entwicklungszusammenhang zu untersuchen. Die methodische Seite der Theorie muss uns in allen Phasen der Forschung bewusst sein und wirksam gemacht werden. Die Theorie darf der Empirie nicht angeklebt sein, vielmehr müssen Methode und Empirie im ständigen Wechselverhältnis miteinander wirken und ständig ineinander übergehen.

Das Verhältnis zwischen den beiden Tatsachentypen (Struktur- und Entwicklungselement einerseits und Ereignis andererseits) ist bei den Beispielen, die sich auf das Proletariat mit seinem notwendigen Korrelat, die Bourgeoisie, und auf ein solches Ereignis wie Streik beziehen, relativ einfach. Weit komplizierter und methodisch schwieriger zu bewältigen ist der Fall, wo wir es mit solchen Struktur- und Entwicklungselementen mit ihren inneren und äußeren Widersprüchen zu tun haben wie Konzentration der Produktion und des Kapitals, Umschlag in das Monopol, Veränderungen in den herrschenden Klassen oder überhaupt in der Klassenstruktur, ihrer bewusstseinsmäßigen Widerspiegelung in Ideologien oder mit solchen Ereignissen wie diplomatischen und militärischen Aktionen, Vertragsabschlüssen, parlamentarischen Interventionen, Gesetzen, Demonstrationen usw.

Die Beispiele deuten schon an, dass sich beide Tatsachentypen sowohl auf die Basis wie auch auf den Überbau beziehen können und hier in einem unmittelbaren oder vermittelten Verhältnis zueinander stehen. Die Konzentration der Produktion und des Kapitals als Struktur- und Entwicklungselemente stehen in Deutschland beispielsweise mit solchen Ereignissen des Jahres 1870 wie der Gründung der Deutschen Bank am 10. März und der Aktiennovelle vom 11. Juni in unmittelbarer Beziehung, von dramatischen Ereignissen wie Bankenkrachs ganz abgesehen. Oder: Der Marxismus ist ein dem Bereich des Überbaus zugehörendes Struktur- und Entwicklungselement, aber die Veröffentlichung des *»Manifests der Kommunistischen Partei«* ist ein Ereignis von weltgeschichtlicher Bedeutung, die Bekundung einer ideologischen Revolution und damit der Vorbote der sozialen und politischen Weltrevolution, die mit dem Oktober von 1917 begann. Das Einzelereignis vom Februar 1848 ist, genau besehen, unerhört vielschichtig; es steht in Zusammenhang mit der ökonomischen, politischen und ideologischen Entwicklung der dreißiger und vierziger Jahre in Europa und Nordamerika, mit dem Vorabend der internationalen Revolution von 1848/49 und mit einer kolossalen Fernwirkung. Ein Ereignis kann als historische Tatsache also nur dann richtig und voll gewürdigt werden, wenn es nicht nur in seinem zeitgenössischen Strukturzusammenhang, sondern auch nach dem Grad seines fernwirkenden Entwicklungszusammenhangs gesehen wird.

Wir konnten die These vom Doppelaspekt eines jeden historischen Ereignisses am Beispiel des Streiks relativ leicht demonstrieren. Es gibt jedoch viele Ereignisse, wo die Vermittlungen zwischen singulärem Geschehen und länger währenden, wenn auch dynamisch bewegten Strukturen viel verwickelter und zugleich verdeckter sind. Betrachten wir nur aus dem Ereigniskomplex »Krieg« das Faktum entscheidender Schlachten. Sie können erforscht werden einmal im Hinblick auf die möglichst getreue, mit allen dramatischen Effekten versehene Wiedergabe dessen, wie es gewesen war, zum anderen mit dem Ziel, die strategisch-taktische Anlage der gegnerischen Streitkräfte nachzuzeichnen. Aber gerade damit wird sich der methodisch geschärfte Blick auf die dynamisch bewegten Strukturen richten, die vom Ökonomischen bis zum Politisch-Moralischen reichen – auf bewegte Strukturen also, die auf das dramatische Ereignis hinsteuerten und sich in ihm bewährten oder auch nicht. Wenn Reinhart Koselleck darauf hinweist, dass jedes Ereignis mehr und zugleich weniger zeitigt als in seinen Vorgegebenheiten oder strukturellen Voraussetzungen enthalten sei, dann ist dies richtig; nur muss hinzugefügt werden, dass diese Feststellung ein Beweis mehr für die Dialektik von Notwendigkeit und Zufall ist.[4]

Was nun die historische Persönlichkeit betrifft, so wird manchmal erklärt, dass sie Strukturen zerstören, bewahren oder begründen könne. Dieses Argument kann sicherlich nicht mit leichter Hand abgetan werden; aber es ist nicht zu leugnen, dass jede historische Persönlichkeit, gleich von welcher biologischen Konstitution, durch Erziehung, Zeit- und Lebensumstände in soziale und politische Strukturen hineinwächst und damit – bewusst oder unbewusst – Bindungen eingeht. Dabei ist die soziale Herkunft eines Politikers nur eine Komponente im Kräftefeld der Struktur und Entwicklungszusammenhänge, die auf ihn einwirken und ihn bilden. Marx und Lenin, beide aus bürgerlichen Intellektuellenkreisen stammend, konnten proletarische Ideologen und Führer werden, weil ihr bewusstes politisches Leben und Wirken in einer Zeit und in einem Lande begann, wo die Widersprüche zweier Gesellschaftsformationen und zweier sozialer Grundstrukturen sich verknoteten und zur Lösung drängten. Überdies muss auch beim Verhältnis von »Strukturen und Persönlichkeiten in der Geschichte«[5] die Dialektik von Notwendigkeit und Zufall mit berücksichtigt werden. Davon hängt die ideologische Physiognomie des Politikers ab, der sich den Charakter seiner Zeit geistig-praktisch (empirisch), wie etwa Bismarck, oder wissenschaftlich-theoretisch, wie etwa Lenin, aneignet. Auf jeden Fall hängen Erfolg, Dauer des Erfolgs oder Misserfolg auch davon ab, in welchem Maß die historische Persönlichkeit das Kräftespiel, das in den Strukturen wirksam ist, berücksichtigt oder nicht. Jeder bedeutende Politiker wusste mehr oder weniger deutlich, dass es für ihn Freiheit des Handelns nur in der Gebundenheit an vorgegebene Strukturen gab.

---

4 R. Koselleck, Darstellung, Ereignis und Struktur, in: Geschichte heute, hrsg. von G. Schuld, Göttingen 1973, S. 312

5 Vgl. T. Schieder, Strukturen und Persönlichkeit in der Geschichte, in: Historische Zeitschrift 195, 1962, S. 265 ff.

In unseren Betrachtungen über den Begriff der Tatsachen versuchten wir den Zusammenhang und zugleich die Unterscheidung von Ereignissen und Strukturen anhand von Beispielen aus dem Kapitalismus zu beleuchten. Wir zweifeln nicht, dass solche Zusammenhänge in vorkapitalistischen Gesellschaften ebenfalls existieren. In dieser Hinsicht sei als Beispiel der millionenfach zitierte Gang nach Canossa von 1077 angeführt. Damals begegneten sich auf einer Felsenburg am Nordabhang des Apennins der deutsche König und präsumtive Kaiser Heinrich IV. und Papst Gregor VII. nicht bloß als Personen, sondern als personifizierte Institutionen.

Es stießen aufeinander die königlich-kaiserliche Zentralgewalt und das Papsttum mit ihren gegenseitig unvereinbaren Ansprüchen auf Hegemonie. Merkwürdig ist, dass man mit dieser Feststellung einerseits offene Türen einrennt, andererseits erkennen lässt, dass man bisher in solchen und ähnlich spektakulären Ereignissen den Zusammenhang mit politischen und sozialen Strukturen nicht zum vollen theoretischen Bewusstsein erhoben und daraus erst recht kaum methodologische Schlussfolgerungen gezogen hat. Das singuläre Ereignis von Canossa war nur der dramatisch zugespitzte Ausdruck eines weit ausgebreiteten und tief hinab reichenden Struktur- und Entwicklungszusammenhangs der feudalen Gesellschaft. Es ging um viel mehr als nur um den Gegensatz zwischen Kaisertum und Papsttum; es ging ganz allgemein um jenen innerfeudalen Gegensatz, der entstand aus der Verschmelzung von Grundherrschaft und Kirche und der Beherrschung der letzteren durch die erstere, und dies auf allen Stufen der sozialen Hierarchie, angefangen vom Kirchenpatronat in kleinen Grundherrschaften bis zur Investitur der Bischöfe. Diese aktiv gewordenen Gegensätze brachten noch andere in Bewegung, nämlich die zwischen Fürstentum und Königtum, zwischen Städten und Fürsten weltlicher und geistlicher Observanz, zwischen Bauern und Aristokratie, das Königtum nicht ausgenommen. Der ganze im 10. Jahrhundert eingespielte Strukturzusammenhang kam in der zweiten Hälfte des 11. Jahrhunderts in lebhafte Bewegung und modifizierte die bisherige Entwicklung.

Wir fühlen uns jetzt in der Lage, die Unterscheidung und den Zusammenhang der zwei Tatsachentypen zu präzisieren. Demnach unterscheiden wir erstens Struktur- und Entwicklungselemente innerhalb einer ökonomischen Gesellschaftsformation, in der die Menschen in geschichtlich konkret bestimmten Produktions- und Klassenverhältnissen handeln, zweitens Ereignisse im Handeln und Denken der Menschen, d. h. der von Klassen geprägten Volksmassen und Persönlichkeiten.

Wir sahen, dass sich eine zunächst relativ einfach erscheinende Tatsache wie ein Streik als recht komplex enthüllt, auch wenn wir noch im Beschreiben verbleiben, ohne die im Streik verborgenen ökonomisch-sozialen Zusammenhänge einer Analyse zu unterziehen. Die Komplexität jeder Tatsache ist bei aller Beachtung von Gradunterschieden nicht zu leugnen. Auf der anderen Seite haben diejenigen recht, die sagen, dass jede Tatsache eine »herausgegriffene Tatsache« sei und diese Art von Abstraktion, diese Isolierung oder Ablösung aus Strukturzusammenhängen im Begriff der Tatsache liege.

Oft wird von der »Einzeltatsache« gesprochen. Aber wo beginnt sie, und wo hört sie auf? Diese Frage setzt sich in die um, wie und in welchem Umfang Tatsachen herausgelöst aus dem geschichtlichen Zusammenhang betrachtet werden können. Die Art dieser Herauslösung aus dem Gesamtzusammenhang zu Beginn eines Forschungsprozesses hängt nicht allein von der Natur des zu untersuchenden Gegenstandes ab, sondern auch von der Problemstellung.

Nehmen wir die Verhandlungen um den Nikolsburger Vorfrieden vom Juli 1866. Es hängt vom besonderen Interesse des Forschers ab, ob er den ganzen Komplex oder im Wesentlichen nur das Verhältnis Bismarcks zur preußischen Armeeführung in jenen Tagen als eine Tatsache ins Auge fasst. Im letzteren Falle mag es dem Forscher um die Klärung von Machtstrukturen im damaligen Preußen gehen. Wenn hier zur besonderen Untersuchung Tatsachen aus einem größeren Komplex herausgelöst werden, so zeigt sich, dass die gelegentliche Frage, ob man von der Strukturanalyse oder von der historischen Detailanalyse ausgehen soll, müßig ist. Darüber entscheiden eben der Charakter des Forschungsgegenstandes und zugleich das Forschungsinteresse, die Problemstellung des Historikers. Die geschichtswissenschaftliche Tatsache, wie auch jede Tatsache im naturwissenschaftlichen oder soziologischen Experiment, hat nicht nur Abbild-, sondern auch Funktionscharakter.

III.

Da Tatsachen-Aussagen durch ständig verbesserte Beweisverfahren belegt, nachgeprüft bzw. überprüft, also bewiesen werden müssen, berühren wir damit das Gebiet der Quellen-Forschung und -Kritik.

Der Historiker hat es zunächst mit Quellen zu tun, die die historische Praxis schuf und die Teil dieser Praxis sind. Sie reichen in großer Bandbreite mit fließenden Grenzen von Produkten individueller Herkunft bis zu solchen von öffentlichem Charakter: Privatbrief, Erinnerung, Chronik, Erzählung, Diplomatischer Erlass oder Bericht, Urkunde, Akten, Vertrag, Artikel, Rede, Aufruf, Parteiprogramm, Gegenstände aller Art, Architektur usw., Gesetz und Verordnung, zeitgenössische Statistik, Register aller Art, Matrikel, Personalverzeichnisse, Karteien, Enqueten, Fragebogen usw. Quellen mit neuen Dimensionen sind Dokumentarfilme und Fernsehsendungen. Alle angeführten Quellen geben, mit Bertrand Russell gesprochen, harte und weiche Daten an; auch hier gibt es fließende Grenzen.

Es liegt in der Natur der Sache, dass Quellen von Massencharakter besonders geeignet sind für Informationen über geschichtliche Strukturen; aber auch Quellen individueller Herkunft wie Briefe und Erinnerungen können zumindest unbeabsichtigte Nebeninformationen über sozialstrukturelle Bedingungen geben. Es zeigt sich auch hier, dass jedes Ereignis einen Doppelaspekt hat: neben den spezifischen und individuellen Elementen allgemeine, sich wiederholende.

Die überlieferten Quellen sind voneinander isolierte Ausgangsstoffe der historischen Analyse. Nach Inhalt wie Form sind sie, einzeln genommen, in ihrer Aussage beschränkt und bedürfen deshalb einer kritischen Analyse. Wenn aus der unbestreitbaren Tatsache, dass ein solches Ereignis wie etwa eine Schlacht vom Soldaten ganz anders erlebt wird als vom General, gefolgert wird, dass eine objektive Geschichtsschreibung nicht möglich ist, dann werden in einem geistreich erscheinenden Kurz-Schluss die erprobten Möglichkeiten der Quellenkritik, zu der der Quellenvergleich gehört, recht leichtfertig negiert. Es steht jedoch fest: Wenn Quellen voneinander isolierte Ausgangsstoffe der Analysen sind, so sind erst die Resultate dieser Analysen mehr oder weniger vollgültige geschichtswissenschaftliche Tatsachen, die aber immer noch nicht das Wesen der Erscheinungen wiedergeben. Die Arbeit beginnt also mit der Kritik der Quellen, die in der einen oder anderen Weise »versachlichte Tatsachen« und damit zugleich Informationsträger sind. Die Quellenkritik in ihrer ganzen Vielschichtigkeit macht bekanntlich die historische Methode ersten Grades aus. Es ist Aufgabe der Geschichte der Geschichtswissenschaft, das Verhältnis zu untersuchen zwischen den vielfältigen, aus der Vergangenheit überlieferten Quellen, die »versachlichte Taten« sind, und den Tatsachentypen, die durch Quellenkritik eruiert werden.

Es gibt keine Quelle, die nicht nach Vergleich und begrifflicher Verallgemeinerung verlangt; es gibt auch keine vollgültige geschichtswissenschaftliche Tatsache ohne Quelle als historischen Rohstoff. Archivalien, Originalausgaben, museale Gegenstände und historische Bauten sind durch ihre ursprüngliche, den Hauch des Unmittelbaren vermittelnde Materialität in ihrer Aussagekraft stärker und zugleich wesentlich schwächer als die wissenschaftliche Geschichtsliteratur, soweit sie auf quellenkritisch eruierten Tatsachen beruht und das Wesen der Struktur- und Entwicklungszusammenhänge annähernd adäquat und formgerecht widerspiegelt. Auch von diesem Gesichtspunkt aus wird die Dialektik von Subjekt und Objekt in der Erkenntnistätigkeit des Historikers relevant.

Im Zusammenhang mit diesem Abschnitt über das Verhältnis von Quellen und Tatsachen-Aussagen mag noch etwas über den Platz der quantitativen Methode innerhalb des geschichtswissenschaftlichen Erkenntnisprozesses gesagt sein. Ihre Erfolge, insbesondere in der Wirtschaftsgeschichte und darüber hinaus bei der Erforschung von sozialen und politischen Massenkräften, sind unbestreitbar. Auf sie wird man in Zukunft schon deswegen nicht verzichten können, weil beträchtliches Quellenmaterial mehr und mehr aus Zahlen, Computertabellen und -programmen bestehen wird. Allerdings darf nicht der Aberglaube überhandnehmen, wonach »nichts zählt, was nicht gezählt, gemessen oder gewogen werden kann«, wie der scharfsinnige Fritz Redlich sarkastisch meinte.[6]

Wie alle Analysen setzen die quantitativen Methoden folgendes voraus: eine Problem- und Fragestellung, die von der gesellschaftlichen Praxis oder der Wissenschaftsentwicklung aufgezwungen wird; eine

---

6 Redlich, F., »Neue« und traditionelle Methoden der Wirtschaftsgeschichte, in: Geschichte und Ökonomie, hrsg. von H.-U. Wehler, Köln 1973, S. 242

fundierte und bewährte Theorie; eine kritische Aufbereitung der Quellen, und zwar hinsichtlich ihrer Quantität wie ihrer Qualität, wobei man methodische Errungenschaften der traditionellen Quellenkritik durchaus berücksichtigen muss; kritische Be- und Auswertung des vorgegebenen Wissens.

Schon diese Aufzählung für jene quantitativen Methoden, die auch Cliometrik genannt werden, zeigt, dass die Quantifizierung alles andere als ideologiefrei ist und nicht als Musterbeispiel positivistischer Entideologisierung angepriesen werden kann.

Was die praktische Determinante betrifft, so wurde zum Beispiel hinsichtlich jener Arbeiten, die unter Anwendung quantitativer Methoden über die Entstehung und den Ausbruch des Ersten Weltkriegs in den USA Anfang der sechziger Jahre des zwanzigsten Jahrhunderts durchgeführt worden sind, fast übereinstimmend festgestellt, dass der praktische Impuls dafür das Interesse an der Beherrschung des Rüstungswettlaufs war; aus dem negativen Verlauf der Vorgeschichte des Ersten Weltkriegs und der Juli-Krise 1914 sollten Lehren für die Gegenwart gezogen werden. Ein anderes Beispiel: Einen Zusammenhang zwischen der praktischen Determinante und der Untersuchungsmethode gibt es vermutlich auch bei der Arbeit von Robert W. Fogel (Nobelpreisträger für Wirtschaftswissenschaften 1993, A.E.), der in den 1960er Jahren nachweisen wollte, dass der Bau von Eisenbahnen für die wirtschaftliche Expansion der Vereinigten Staaten unnötig war. Hier kann man schwer die Frage unterdrücken, ob denn eine solche Thematik nicht mit der öffentlichen Kontroverse über den weiteren Ausbau von Autobahnen zuungunsten des Baus von Eisenbahnen – unbewusst oder bewusst – zusammenhängt.

Was nun die methodisch umsetzbare Gesellschafts-Theorie betrifft, so ist sie für die Forschungspraxis der Cliometriker relevant. So kann beispielsweise der Behaviorismus dazu führen, dass die Analyse auf die Handlungsweise der führenden Politiker verengt wird.

Je nach der Auffassung über den Zusammenhang der verschiedenen geschichtswirksamen Kräfte, anders ausgedrückt: den Zusammenhang zwischen den spezifischen, individuellen und den allgemeinen, sich wiederholenden Elementen in einem geschichtlichen Ereignis wird die Frage nach der Quantität und Qualität der heranzuziehenden Quellen anders gelöst.

Es bleibt dabei: Die Vorstellung von der wert- und ideologiefreien Quantifizierung ist ein Märchen; zum anderen bedarf diese einiger theoretisch-methodologischer Prinzipien, die außerhalb des Modellbaus bzw. Computerverfahrens liegen. Damit ist die quantitative Methodik in die Zone der Hilfswissenschaften verwiesen.

Dennoch: Bei der Frage der quantitativen Methoden geht es nicht mehr um das Ob, sondern um das Wie. Dabei wird sowohl heilsbewusster Expansionismus als auch konservative Abwehrhaltung aufzugeben sein.

IV.

Mit und nach der Quellenkritik hat es der Historiker zunächst mit dem Konkreten im herkömmlichen Sprachgebrauch zu tun, d. h. mit der Gesamtheit der unmittelbaren Tatsachen, die die Grundlage aller begrifflich zu verarbeitenden Anschauung und Vorstellung ist.

Das Konkrete im herkömmlichen Sprachgebrauch, »Ausgangspunkt« des Erkenntnisprozesses, wird zu dessen »Resultat«, zum Konkreten höherer Ordnung erst dann, wenn die unmittelbar gegebenen Tatsachen in ihrem spezifischen, eben anschaulich-fassbaren Zusammenhang innerhalb einer strukturierten und sich bewegenden gesellschaftlichen Totalität gesehen sind. »Das Konkrete ist konkret, weil es die Zusammenfassung vieler Bestimmungen ist, also Einheit des Mannigfaltigen.«[7]

Wenn wir nach der Zusammenfassung verschiedener Bestimmungen, nach dem konkreten Zusammenhang der Tatsachen fragen, dann ist im Grunde die Frage nach den Strukturen im Gesellschaftlich-Historischen gestellt: Was sind Strukturen und was sind keine? Müssen sie in einer räumlich-zeitlichen Grundstruktur zusammengefasst werden?

Keine Strukturen sind beispielsweise: Angaben über Beschäftigungen in einem bestimmten Zeitraum, über Einkommen und Preise, Daten über das Bruttosozialprodukt, die durchschnittliche Steigerung von Löhnen, Lebenshaltungskosten, Export- oder Importzahlen. Hier handelt es sich um Faktenreihen, die Struktur- und Entwicklungselemente mitbestimmen, aber über die hinaus zu denken ist.

---

7 MEW, Bd. 13, S. 632

Hier kommen wir wieder zu der am Anfang beleuchteten Frage nach dem Verhältnis von Subjekt und Objekt zurück – der Frage nämlich, ob das erkennende Subjekt den gesuchten Zusammenhang in einer ideal-typischen Gedankenkonstitution herstellt oder im zu erkennenden Objekt, sich ihm unterordnend, entdeckt, begrifflich verarbeitet und anschaulich macht. Diese erkenntnistheoretische Grundfrage haben wir immer im Auge zu behalten, wenn wir Antwort suchen auf die Fragen nach dem Zusammenhang in und zwischen den Strukturen.

Abstraktionen dürfen in der Geschichtswissenschaft nicht so sinnentleert sein, dass der Zusammenhang von Empirie und Theorie zerrissen wird. So wie im Ereignis, wie wir gesehen haben, Strukturelemente angelegt sind, so ist in der Struktur die Bewegung und Entwicklung angelegt. Um den historischen Zusammenhang nicht zu zerreißen, bleibt es oberstes Gebot des Historikers, in seiner Forschung und Darstellung so vorzugehen, dass Struktur und Entwicklung nicht als einander entgegengesetzte Bestimmungen des historischen Geschehens erscheinen.

Wenn es der Historiker mit Verhältnissen und Beziehungen von Menschen zu tun hat, dann folgt unausbleiblich die Frage: Welche Verhältnisse gehen die Menschen ein, und wie bilden sie sich zu einem gesellschaftlichen Ganzen? Was ist in dieser gesellschaftlichen Totalität im Hinblick auf die menschliche Existenz absolut, und was ist relativ? Absolut ist, dass die Menschen in ihrer praktisch-sinnlichen Tätigkeit, in der Produktion und Reproduktion ihres Lebens sowohl Beziehungen zur äußeren Natur als auch Beziehungen untereinander eingehen und in dieser Praxis das Wechselverhältnis des gesellschaftlichen Seins und Bewusstseins wirksam ist; relativ ist, dass diese Grundbeziehungen in noch näher zu erforschenden Zeiträumen (Epochen, Perioden) Formwandlungen unterworfen sind.

Zur Dialektik von Absolutem und Relativem sei noch folgendes gesagt: Der »historische Sinn«, von dem Marx und Engels immer wieder sprachen, ist dadurch auf ein sicheres Fundament gegründet, dass die Menschengeschichte sowohl hinsichtlich ihrer Entstehung als auch ihrer ständigen Grundlage mit der Naturgeschichte verbunden bleibt. Es ist die Arbeit, die den Stoffwechsel zwischen Mensch und Natur vermittelt, reguliert und kontrolliert. Die Arbeit ist »eine von allen Gesellschaftsformationen unabhängige Existenzbedingung des Menschen, ewige Naturnotwendigkeit, um den Stoffwechsel zwischen

Mensch und Natur, also das menschliche Leben zu vermitteln«.[8] Im »Stoffwechsel zwischen Mensch und Natur« entwickelt der arbeitende Mensch als »Resultat der angewandten Energie«[9] Produktivkräfte, die sich vor allem in Arbeitsmitteln vergegenständlichen. Da aber die Arbeit immer gesellschaftliche Tätigkeit, Quelle des Reichtums nur »in und durch die Gesellschaft«[10] ist, produzieren oder reproduzieren die Menschen ihre Existenzmittel nicht nur auf einem historisch jeweils erreichten Niveau ihrer Produktivkräfte, sondern zugleich in ihren gesellschaftlichen Beziehungen und Verhältnissen, also in den Produktionsverhältnissen.

Es ist der Mensch, der in der materiellen Produktion die Dialektik von Produktivkräften und Produktionsverhältnissen schuf – also das geschichtliche Grundgesetz, das sowohl für alle Bereiche und Formen der gesellschaftlichen Tätigkeit als auch für alle Gesellschaftsformen wirksam ist. Zur besonderen Aufgabe der Historiker gehört es wohl, herauszuarbeiten, welchen Charakter und welches Ausmaß die Entscheidungs- und Handlungsfreiheit der Menschen je nach der Epoche, nach dem besonderen Gesellschafts- und Produktionsbereich und nicht zuletzt nach der Klassenzugehörigkeit annimmt, wie sich die Entscheidungs- und Handlungsfreiheit widerspruchsvoll entwickelt.

Es gibt kein Fatum in der Geschichte. Auf der anderen Seite ist immer wieder dies zu beachten: Die jeweiligen Produktionsbedingungen haben zwar die Menschen mit Bewusstsein geschaffen; aber dann existieren sie unabhängig vom Bewusstsein und Willen der nachfolgenden Generation, die die jeweiligen Produktionsbedingungen nicht frei wählen kann, vielmehr als materielle Ausgangsposition für weitere produktive Tätigkeit nehmen muss, um sie allerdings mit Bewusstsein weiterentwickeln zu können.

Von dieser Sicht her erweist sich eine gleichsam oberste gesellschaftliche Totalität als unabweislich – die ökonomische Gesellschaftsformation. Die weitere Konsequenz ist, dass wir alle Tatsachen, die die Quellen vermitteln, im Zusammenhang mit der Struktur, der Bewegung und der Ablösung der Gesellschaftsformationen betrachten können. Erst in diesem – zumeist vielfach vermittelten – Zusammenhang

---

8 MEW, Bd. 23, S. 57
9 MEW, Bd. 4, S. 548
10 MEW, Bd. 19, S. 17

wird die Tatsache eine historische, kann ihr Gewicht gemessen und bewertet werden.

Wir ordnen das geschichtliche Material, d. h. die Vielzahl der durch die Quellenanalyse gewonnenen Fakten gleichsam nach den einzelnen Schichten der gesellschaftlichen Struktur. Nur ist davor zu warnen, dass Begriffe wie Ordnung und Schichtung uns dazu verleiten, in einer statischen Betrachtungsweise zu verharren.

Die gesellschaftliche Grundstruktur ist in all ihren Schichtungen und im Verhältnis dieser zueinander eine sich ständig bewegende und sich entwickelnde Totalität. Es genügt nicht, beim Ordnen des geschichtlichen Materials im Geiste der Schubfachordentlichkeit zu prüfen, wo etwas seinem Inhalt nach hingehört, sondern diese statische Betrachtungsweise ist durch eine dynamische zu ergänzen, d. h. durch die Erkenntnis der innerlich widersprüchlichen Tendenzen eines Faktums oder Faktenkomplexes und der ganzen Totalität ihrer mannigfaltigen Beziehungen. Als Ziel muss bleiben, das Wesen der historischen Selbstbewegung durch Aufdecken und konkrete Charakterisierung der Widersprüche in den verschiedenen Gesellschaftsformationen zu enthüllen. Dabei haben wir nicht nur die Einheit und den Kampf der Gegensätze mit den zahlreichen Formwandlungen im Blick, sondern auch die Entwicklung vom Nebeneinander zur Kausalität und von der einen Form des Zusammenhangs und der wechselseitigen Abhängigkeit zu einer anderen, tieferen, allgemeineren.

Gerade wegen der wechselseitigen Abhängigkeit der Tatsachen und verschiedenen Strukturen innerhalb der gesellschaftlichen Totalität (Grundstruktur = Gesellschaftsformation) besteht keine absolute Selbständigkeit und Bewegungslosigkeit der verschieden gearteten Teilbereiche oder Kräftefelder. So gibt es keine absolute Autonomie z. B. des Religiösen, und die Reformation kann von der bürgerlich-bäuerlichen Revolutionsbewegung und deren Ausnutzung durch die Fürsten nicht getrennt werden. Eine isolierbare Teilgeschichte existiert nur im Wissenschafts-Organisatorischen, nicht aber im Prinzipiellen. Die gesellschaftlichen Teilbereiche können umso weniger voneinander isoliert werden, als es immer wieder Übergänge von einer Bestimmung zur anderen, manchmal in ihr Gegenteil, gibt. Denken wir nur daran, dass die Überbauerscheinung Wissenschaft in Produktivkraft umschlagen kann.

Der Begriff der Evolution wird zweifach verstanden, einmal als Synonym für die Dialektik von Struktur, Bewegung und Entwicklung einer Gesellschaft, zum anderen als Gegensatz zu Revolution. Deshalb einige Bemerkungen über das Wechselverhältnis von Evolution und Revolution, und zwar vornehmlich unter dem Aspekt der Abfolge von ökonomischen Gesellschaftsformationen.

Die Evolution mit ihren antagonistischen Widersprüchen ökonomischer, sozialer und ideologischer Art bereitet die Revolution in Inhalt und Form vor, wie diese wiederum die ihr folgende Evolution bestimmt.

Die Frage nach der Revolution war die Seele der verdichtenden Zusammenfassung des historischen Materialismus im programmatischen Vorwort zur *»Kritik der politischen Ökonomie«*, die 1859 in Deutschland herauskam. Dabei war der Kapitalismus mit all seinen in der Ökonomie wurzelnden Klassenkämpfen und revolutionären Perspektiven der methodische Bezugspunkt der Analyse der Geschichte der menschlichen Gesellschaft. Marx und Engels stießen, ausgerüstet mit dem aus dem Durchleuchten ihrer Zeit gewonnenen Begriffsapparat, vom Kapitalismus aus in die Vergangenheit vor, um zu entdecken, welches seine Voraussetzungen und zugleich die von ihm zu überwindenden Entwicklungshemmnisse waren; von einem ihnen gerade noch zugänglichen Punkt der Vergangenheit gingen sie den Forschungsweg wieder zurück in die Gegenwart, um dann 1859 jene Reihenfolge von Gesellschaftsformationen zu fixieren, die bei allen Umwegen und Tempoverlusten im Einzelnen in den Wetterstürmen der Geschichte den relativ kürzesten Weg zum Kapitalismus bezeichnete.

Gerade diese damals fixierte und keine andere Reihenfolge der sich zum Kapitalismus hin bewegenden Gesellschaftsformationen bleibt deshalb bedeutungsvoll, weil sie die Hauptlinie der geschichtlichen Entwicklung darstellt. Diese These erweist sich nicht nur als eine theoretische Widerspiegelung der Wirklichkeit, sondern zugleich als ein Hilfsmittel bei der Entscheidung, wann und wie sich lange Zeit relativ stagnierende Länder und Kontinente in die Folge der Gesellschaftsformationen im wahrsten Sinne des Wortes »einreihen« können.

In der Progression der Gesellschaftsformationen liegt gerade die Eigenart des historischen Grundgesetzes, nämlich in den dialektischen Wechselbeziehungen von Produktivkräften und Produktionsverhältnissen, begründet. Jeder der beiden Pole in diesen Wechselbeziehungen ist in sich kompliziert strukturiert und in jedem Moment von inneren und äußeren Widersprüchen bewegt, die je nach Intensität in der Evolution oder Revolution wirksam sind.

V.

Der Weg der historischen Erkenntnis geht von der Empirie über die Theorie zur Darstellung. Die Theorie, das Mittelstück in diesem dreigliedrigen Verhältnis, muss so gestaltet sein, dass sie als Methode dazu dienen kann, das empirische Tatsachenmaterial in seinem Zusammenhang von Ereignis, Struktur und Entwicklung zu ordnen und, jedes willkürliche Arrangement verhindernd, zu sach- und formgerechter Darstellung zu bringen.

Am Beispiel des Begriffs »Revolution von oben« verfolgten wir schon dessen Entstehung und Geschichte.[11] Auf jeden Fall sind Bemühungen um das Erfassen politischer Begriffsbildungen keineswegs philologische Kleinkrämerei; diese Art von Begriffsgeschichte ist vielmehr geeignet, Material für die Erkenntnistheorie zu liefern. Der Verlauf gesellschaftswissenschaftlicher Begriffe kann uns helfen, allmählich die genetischen Zusammenhänge von Empirischem und Theoretischem, die konkreten Übergänge aufzuklären und damit die Methode theoretischer Verallgemeinerung weiter auszubauen.

Die Geschichtswissenschaft kommt ohne Begriffe, die sie in einem ständigen Prozess der Erkenntnis verfeinern und vertiefen muss, nicht aus. Sie braucht diese selbst im Narrativen. Rein naturalistische Malerei ist auch im Historiographischen nicht möglich. Das bedeutet, dass auch hinsichtlich der geschichtswissenschaftlichen Darstellung, die von der Forschung zwar zu unterscheiden, aber nicht zu trennen ist, theoretisch-methodologische Probleme auftauchen.

Narratives und Theoretisches müssen organisch verbunden werden. Hier hat der Historiker in die Schule von Künstlern zu gehen, nicht allein um der sprachlichen Kultur willen. Der Historiker hat sich mit den Künstlern zu treffen, die wie Bertolt Brecht für eine adäquate Gestaltung theoretisch-methodische Überlegungen vornehmen.

---

11 Vgl. in diesem Band Kapitel 6 »Was ist eine Revolution von oben?«, S. 79–102.

Was das »Einfühlen« betrifft, so wird kein Historiker dessen Erkenntniswert bestreiten, wenn er sich mit Menschen zu befassen hat, die auf der historischen Szene agieren. Da ist auch heute noch Goethes Wort gültig: »Wenn ihr's nicht fühlt, ihr werdet's nicht erjagen.« Erlebnis und Wissen, Gefühl und Verstand können wir nicht voneinander trennen. Auch die Intuition ist nichts Mystisches. Sie ist eine gedankliche Erhellung, die in außerordentlich komprimierter Zeitspanne vor sich geht. Dadurch, dass sie eine Situation mit einem Mal erfasst, täuscht sie oft darüber hinweg, dass ihr eine lange Periode mühseliger Gedankenarbeit vorausging.

VI.

Insbesondere bei der Geschichtsschreibung, dem krönenden Werk des Historikers, steht dieser vor der Frage, welche Sprache er benutzen soll. Bedient er sich der Umgangssprache, läuft er Gefahr, Form und Inhalt seiner Arbeiten zu vulgarisieren. Der Ausweg wäre die Volkssprache. Während die Umgangssprache in spezifischen Ausdrucksweisen nur für wenige Jahrzehnte charakteristisch ist, umfasst die Volkssprache ein zeitlich viel weiter gespanntes Sprachmaterial.

Der Historiker kann die Volkssprache in seine Wissenschaftssprache integrieren, kann sie sogar zur literarischen Sprache umformen. Zwei Beispiele dafür: Karl Barth und Karl Marx. So sehr sich die Sprache des theologischen Dogmatikers und Predigers von der des sozialistischen Theoretikers und Propagandisten unterscheidet – beide schöpften auf ihre Weise aus der Volkssprache und integrierten sie. Ihre Bildung und ihre Lebenssphäre waren dafür bestimmend: Karl Barth wirkte in Kirchengemeinden – Karl Marx in und für Arbeiterorganisationen.

Überhaupt scheint mir die Lebenssphäre des Historikers eine beachtenswerte Komponente seiner Sprachgestaltung zu sein. Lese ich die verstiegene Sprache einiger Soziologen und neuerdings auch Historiker, frage ich mich unwillkürlich: Wo leben diese Menschen? Für wen schreiben sie? Um keine Missverständnisse aufkommen zu lassen, möchte ich betonen, dass es mir fernliegt, die spezialisierte Sprache zum Beispiel der Kybernetiker zu diskreditieren. Fachsprachen für eng begrenzte Zwecke sind berechtigt. Wollen wir Historiker jedoch auf breitere Kreise wirken, sind wir verpflichtet, jeder auf seine Weise, an einer Sprache zu arbeiten, die Begrifflichkeit und Anschaulichkeit, Wissenschaftlichkeit und Wirksamkeit miteinander verbindet.

12.

Gibt es einen Sinn der Geschichte?

An den Fortschritt glauben heißt nicht, an irgendeinen automatischen oder unvermeidbaren Prozess, sondern an eine progressive Entwicklung der menschlichen Möglichkeiten zu glauben.
E. H. Carr

Der Fortschritt ist kein kontinuierliches Fortschreiten. Dazwischen liegen die Katastrophen.
Werner Mittenzwei

Gäbe es einen alle Epochen der Entwicklung des Menschen und seiner Gesellschaft durchwaltenden Sinn, so wäre die Geschichte nicht von Menschen gemacht.
Fritz Behrens[1]

Die Historik, die die Geschichte erforscht, bietet für jeden Zeitenwandel reflektierend und darstellend viele Vergleiche an, ökonomisch-soziale, politische und psychologische Erklärungen für Niedergangsperioden, für Weltkriege, für Revolutionen, heiße und kalte Bürgerkriege

---

1 Zitate von A. Engelberg eingefügt; E. H. Carr, Was ist Geschichte, Stuttgart 1963, S. 116; Werner Mittenzwei, Die Intellektuellen, Leipzig 2001, S. 558 (Schlusssatz); Fritz Behrens, Abschied von der sozialen Utopie, Berlin 1992, S. 221

unserer Epoche und früherer Zeiten. Künstler des Wortes, des Bildes und des Klanges vermitteln Erlebnisse leidender, gequälter, herrschsüchtiger und rebellischer Menschen in Fülle. Und immer wieder bleiben bohrende Fragen offen, so etwa, ob die gegenwärtige Weltkrise der menschlichen Lebens- und Schaffenswelt zum ewigen Kreislauf der Geschichte gehört? Bleibt jenes »Menschlich-Allzu-Menschliche«, das immer wieder Niedertracht in Kriegs- und Friedenszeiten hervorbringt, für immer bestehen? Die Frage nach der Natur des Menschen bewegt uns, und wenn der Mensch sich verändert, unter welchen Bedingungen, inwieweit und in welcher Richtung geschieht es? Wohin entwickelt sich überhaupt die Menschheit?

Der Ruf nach Erlösung diesseits oder jenseits der Erdenwelt ist seit Jahrtausenden nicht verhallt. Erlösung vom Übel erfleht das Gebet, das die Hoffnung aufs Jenseits richtet. Aufs Diesseits aber richtet sich die *»Internationale«:* »Uns aus dem Elend zu erlösen, können wir nur selber tun.« Beide allerdings hoffen auf Erlösung in der Zukunft, wo immer sie auch gelegen sei. Gehört dieses Sehnen und Streben von Individuen, von Klassen und Schichten des menschlichen Geschlechts nicht auch zu einem möglichen Sinn der Geschichte?

Schon dem Sprachgebrauch nach enthält das Wort Sinn nicht allein das Zweckhafte, das Wozu und Wofür, es verweist die geschichtliche Bewegung auch auf ein Wohin.

Unwiderstehlich drängte sich im aufgewühlten 20. Jahrhundert die Sinnfrage der Geschichte auf. Ich möchte mich auch von persönlichen Erinnerungen her an die Sachlage herantasten. Bereits im Ersten Weltkrieg fragten Frauen und Mütter, wofür ihre Männer und Söhne eigentlich gefallen seien. Die konventionelle Formel von der »stolzen Trauer« verfing schon damals nicht mehr. Und im Zweiten Weltkrieg, wo sich den gefallenen Soldaten auch eine Vielzahl umgekommener Zivilisten beigesellte, wurden die Fragen noch bedrängender. Unauslöschlich haben sich mir im Exil jene verzweiflungsvollen Stunden eingeprägt, in denen jüdische Emigranten vom Tode ihrer in Deutschland verbliebenen Angehörigen erfuhren; ermordet waren sie, nicht gefallen auf dem Schlachtfeld, auch nicht im blutigen, wutverzerrten Gemetzel der Pogrome, sondern in blutfreien Gaskammern, kalt vorbereitet nach einem logistisch ausgeklügelten Verfahren mit dem Ziel industrieller Massenvernichtung. Eine entsetzliche Perfektionierung des Schreckens; fast treten die Mörder zurück, umso klarer zeichnet sich die Unterscheidung zwischen schutzlos ausgelieferten Menschen und eiskalter Unmenschlichkeit ab. Hier nahm die historische Sinnfrage neue Dimensionen an. Und dennoch steht sie, intellektuell gesehen, in Zusammenhängen, um deren Erkundung sich Historiker und Philosophen schon seit langen Zeiten, bereits im Altertum, bemühten.

Bei den griechischen Historikern waren es die Götter, die in das geschichtliche Geschehen unmittelbar und oft grausam strafend eingriffen. Im vielfach Bewegten aber galt als das im Wesentlichen Gleichbleibende: die Überzeugung von der Unveränderlichkeit der menschlichen Natur, vermittelt in der Gesamtschau des Erforschten und Dargestellten als einer zyklischen Wiederholung. Die Ereignisse des politischen und kriegerischen Geschehens, die Taten der Heroen, ihr Kampf ums Leben, ihr Übermut, ihre Rache und ihr Tod – die ganze tragische Poesie der Geschichte –, alles steht unter dem Gesetz von Entstehen, Wachstum und Untergang, neu beginnend im gleichen Rhythmus. Diese zyklische Auffassung vom geschichtlichen Leben gab keinen Trost, keine Hoffnung, bestenfalls stärkte sie die Seelen im bitteren Daseinskampf der Völker und Staaten.

Auffallend, dass diese moralisch zweckgerichteten Vorstellungen von geschichtlichen Abläufen in dieser Epoche nicht nur in Griechenland existierten. Eine im Kern ähnliche geistige Verfassung herrschte in China vor; bezeichnenderweise symbolisierte auch in Indien ein Rad den Zeitbegriff: die ewige ziellose Kreisbewegung von Tod und Wiedergeburt. Nichts Neues werde die Zukunft bringen, es würde ähnlich geartet sein wie vergangenes und gegenwärtiges Geschehen.

Allerdings gab es in der athenischen Polisdemokratie des 5. Jahrhunderts vor unserer Zeitrechnung und in späthellenistisch-römischer Zeit auch Fortschrittsauffassungen eigener Art. Im 5. Jahrhundert war der Fortschritt der praktischen Künste, die den elementaren Lebensbedürfnissen dienten, wie jener der »schönen Künste« unverkennbar.

Doch im Selbstbewusstsein des Erreichten glaubte man nicht mehr an eine Weiterentwicklung. Progress blieb auf das beschränkt, was von der Vergangenheit ausgegangen war und bis zur damaligen Gegenwart reichte; er blieb also retrospektiv.

Man orientierte sich noch nicht, wie später in der Aufklärung, auf ein Weiterwirken in der Zukunft, am allerwenigsten auf eine ferne. Mit ihr gab sich kein Grieche ab; so auch nicht die Denker der späthellenistisch-römischen Zeit. Allerdings wiesen ihre auf die Vergangenheit gerichteten Fortschrittskonzeptionen bereits dialektische Züge auf, etwa die heute noch gültige Erkenntnis, dass technischer Fortschritt durchaus von sittlicher Dekadenz begleitet sein kann. Insgesamt aber blieb in der Griechenzeit die zyklische Geschichtsauffassung dominant. Sie stand, wie bereits angedeutet, im Zusammenhang mit dem Menschenbild. Jacob Burckhardt setzte sich in seinem berühmten, aber – so scheint es – Verlegenheit bereitenden Kapitel seiner Kulturgeschichte »Zur Gesamtbilanz des griechischen Lebens« in strikten Gegensatz zur verklärenden Sicht des deutschen Humanismus, wie sie besonders in Schillers Gedicht *»Die Götter Griechenlands«* poetischen Ausdruck fand. Ihm eignet schon insofern programmatische Bedeutung, als der Dichter an ihm in verschiedenen Zeitabschnitten seines Lebens arbeitete; zuletzt veröffentlichte er es 1803 mit dem Untertitel: »Für die Freunde der ersten Ausgabe«, und die war 1788. Er beginnt mit den hymnischen Zeilen:

»Da ihr noch die schöne Welt regiertet,
An der Freude leichtem Gängelband
Glücklichere Menschenalter führtet,
Schöne Wesen aus dem Fabelland!
Ach, da euer Wonnedienst noch glänzte,
Wie ganz anders, anders war es da!«

Demgegenüber weist Jacob Burckhardt die Vorstellung zurück, dass »die Athener des perikleischen Zeitalters … jahraus, jahrein im Entzücken« gelebt hätten und setzt das Verdikt hinzu: »Eine der allergrößten Fälschungen des geschichtlichen Urteils, welches jemals vorgekommen und umso unwiderstehlicher, je unschuldiger und überzeugter sie auftrat. Man überhörte den schreienden Protest der ganzen überlieferten Schriftwelt …« In der Tat bereitet Jacob Burckhardt in dem umfangreichen Kapitel eine ganze Fülle von Zeugnissen des »griechischen Pessimismus« aus. Nicht nur die repräsentativen Geister aller Epochen der Antike, auch die anderen Überlieferungen bekunden dieses »Gemeingut des griechischen Pessimismus: der Mensch ist zum Unglück geboren, Nichtsein oder Frühsterben das Beste«.[2]

2 Jacob Burckhardt, Gesammelte Werke, Band VI, Griechische Kulturgeschichte, Zweiter Band, Berlin o. J., S. 348 ff.

Ich will hier nicht ergründen, aus welchen Gegenwartsbedürfnissen heraus man die griechische Welt verklärte, ich will auch nicht den widersprüchlichen Zusammenhang erklären zwischen dem »griechischen Pessimismus« und dem gleichzeitigen Bemühen griechischer Künstler und Philosophen um das »Gute und Schöne«. Eines aber steht außer Zweifel: Das Streben nach dem rechten Maß und richtigen Erkennen ist auf die Bewältigung der Gegenwart gerichtet und hatte nichts zu tun mit der Hoffnung auf Veränderung in der Zukunft. In diesem Sinne spricht auch Christian Meier in seinem Buch über das alte Athen von den »Affektkontrollen«, die die Griechen unter sich, fernab von allen Zukunftsideologien, errichtet hätten.[3] Wie immer das auch gewesen sein mag, als eine weiter zu verfolgende These – oder auch Hypothese – möchte ich festhalten: Ihr zumindest skeptisches Menschenbild und ihre Auffassung von den historischen Kreisläufen machte es den Griechen unmöglich, in der Geschichte einen Sinn zu sehen.

Wie aber stand es damit in der römischen Antike? Auch dort, wo im Unterschied zu Griechenland die Geschichtsschreibung mehr geschätzt wurde als die Philosophie, vermittelten die Historiker keine vorwärtsweisende Zuversicht. Das Interesse solcher Staatsschriftsteller und Politiker wie Cäsar und Historiographen wie Sallust, Livius und Tacitus richtete sich – nicht anders als bei Herodot und Thukydides – auf Kriege, auf Außenpolitik mit ihrem Primat gegenüber der Innenpolitik.

Dem allen entsprach die Anerkennung der überragenden Rolle der Persönlichkeiten, deren Eigenart und Wirken mit literarischer Meisterschaft dargestellt wurden. Alles aber durchdrang ein moralisierender Pessimismus. Sowohl Titus Livius (59 v.–17 n. u. Z.), der um die Zeitenwende lebte, als auch der einige Jahrzehnte später schreibende Cornelius Tacitus (56–120) beurteilten ihre Epoche vorwiegend negativ.

Was es da alles zu kritisieren gab, sei nur erinnernd erwähnt: Der Zeitenwende war ein Jahrhundert der Kriege um die Erweiterung des Reiches vorausgegangen, um die Beherrschung der Provinzen, um adlige Machtkämpfe, schließlich um das Niederschlagen der Sklavenaufstände. Das alles bewegte sich im spannungsreichen Wechselspiel mit der Krise der Sklavenwirtschaft, mit der Verschiebung der Besitz- und Kreditverhältnisse, in denen sich die Spanne zwischen Armen und Rei-

3 Christian Meier, Athen. Ein Neubeginn der Weltgeschichte, Berlin 1993, S. 473 f.

chen vergrößerte. Den ökonomisch-sozialen und politischen Turbulenzen entsprach der moralische Verfall: Habsucht und Egoismus, Bestechlichkeit und provozierender Luxus, Schwelgerei und ordinärste Sinnenlust.

Sicherlich: unter den Zeitkritikern waren auch Historiker zu vernehmen. Doch sie konnten die ihnen nahestehenden Staatsgewalten bestenfalls nur akademisch ermahnen. Einen Ausweg wiesen sie nicht; am allerwenigsten vermochten sie die Elendsmassen in Stadt und Land des römischen Riesenreiches moralisch-politisch zu erreichen. Nicht, dass sie dies gewollt hätten, aber es trug zur Verfahrenheit der Lage bei. Titus Livius schlussfolgerte resignierend: Weder unsere Gebrechen noch die Heilmittel vertragen wir mehr.

An dieser irdischen Welt schier verzweifelnd, suchten immer mehr Menschen zumindest eine geistige Erlösung, die sie vom Jenseits erhofften. Auf diesem Boden sozialer und menschlicher Krisen erwuchs und verbreitete sich das Christentum, das ohnehin durch religiöse und vulgärphilosophische Vorstellungen der Spätantike vorbereitet worden war. Über Palästina hinaus erweiterte es immer mehr den Radius seiner Missionstätigkeit – national und sozial.

Vor allem Paulus war es, der bei den vielen Völkern des Römischen Reiches predigte und die meisten Anhänger aus den unteren Schichten der Gesellschaft, den Sklaven, den Handwerkern und den Freigelassenen, gewann. Grundsätzlich opponierte er nicht gegen die Sklaverei: Mit dem Widerspruch, einerseits barmherzige Hinwendung zu den Mühseligen und Beladenen, andererseits mehr oder weniger Verquickung mit den jeweils Herrschenden, lebte und lebt das Christentum bis zum heutigen Tage. Der Grundsatz der nationalen und sozialen Gleichheit, wenn auch nur vor Gott, und die Hoffnung auf eine nahe oder ferne Erlösung im Jenseits schufen jedoch Voraussetzungen für eine künftige Ausbildung zu einer Weltreligion.

Der Geschichte war nun – anders als bei den griechischen und römischen Philosophen und Historikern – mit Jesus und seinem Sühneopfer zur Erlösung der sündigen Menschheit ein Ziel gesetzt. Das veränderte allmählich das historische Denken, wenn auch so, dass der Gewinn auch Verluste brachte. Künftig ergründeten die Historiker weit weniger die in der Vergangenheit wirkenden Kräfte, als dass sie deren moralische Schuldhaftigkeit zu enthüllen trachteten, die Gegenwart warnend und auf das Heil in der Zukunft verweisend. Für das

Geschichtsverständnis aber überwog der Gewinn, indem das Interesse für die Zukunft geweckt wurde und sich die Vorstellungen vom historischen Verlauf wandelten. Allerdings bedurfte es noch einer langen Periode der Kirchengeschichte, bis Augustinus um die Wende vom 4. zum 5. Jahrhundert die klassische Anschauung von einer ziellosen, periodischen Kreisbewegung der Weltgeschichte überwand; das bestimmte dann die Geschichtsauffassungen bis zur Renaissance.

Was die Natur des Menschen betrifft, so ist sie im christlichen Verständnis nach Adams Fall von Geschlecht zu Geschlecht mit der Erbsünde behaftet. Insofern wirkt der antike Pessimismus weiter. Umstürzend ist jedoch die Aussicht auf eine menschliche Erneuerung; durch den Glauben an Christus und an seinen Opfertod erhält der Mensch die Fähigkeit zum Guten schon während seines Erdenlebens wach. Auch hier gibt es der Widersprüche genug. Doch wie sich auch die theologische Anthropologie in den historischen Wechselfällen der kommenden Jahrhunderte bis zu ihrer Säkularisierung in der Aufklärung entwickelt haben mochte, das Christentum hat neue, wenn auch immer wieder höchst prekäre Möglichkeiten einer optimistischeren Sicht auf den Menschen geschaffen. Nicht um eine bloße Affektkontrolle geht es, wie in der Antike, sondern um den Willen zur grundsätzlichen Veränderung. Man soll nicht nur in der Gegenwart verharren, sondern sich der Zukunft zuwenden, selbst wenn Erlösung erst im Jenseits liegt.

Die Verfolgungen der Christen und die geistigen Auseinandersetzungen mit einer werdenden Kirche muss ich aussparen, ebenso die Ausbildung ihrer Verfassung und den Entscheidungskampf zwischen Christentum und Römischem Reich.

Selbst die Entwicklung der römischen Reichskirche bis zur Auflösung des Gesamtreiches und die Gründung katholisch-germanischer Landeskirchen kann und darf uns ebenso wenig beschäftigen wie die Erneuerung des Kaisertums und der Aufstieg des Papsttums. Erst die Vorbereitungsperiode der Reformation und die Renaissance stellen uns wieder vor die Fragen nach der historischen Entwicklung in der Zukunft und dem Menschenbild.

Seit dem 14. Jahrhundert nahmen die im Laufe des Mittelalters sich herausbildenden Nationen ausgeprägter Gestalt an; das gründete auf einer Produktionsweise, die die Naturalwirtschaft erheblich zurückdrängte, die ökonomisch-soziale und kulturelle Bedeutung der Stadt erhöhte und auf dem Lande die mannigfachen Auseinandersetzungen zwischen den Bauern und ihren Feudalherren verschärfte. Im Bemühen, diese spannungsreiche Dynamik zu beherrschen, bildeten sich in England und Frankreich nationalstaatliche Monarchien heraus, die untereinander selbst wieder in blutigen Widerstreit gerieten. Der Hundertjährige Krieg endete 1453 mit dem Sieg Frankreichs; das war im gleichen Jahr, in dem die Türken Konstantinopel eroberten, ein Ereignis, das nach Friedrich Engels das Ende des Mittelalters anzeigen sollte.

Wie dem auch sei, die Ausweitung des Osmanenreiches belastete den seit den Kreuzzügen entstandenen See-Land-Handel mit den vorder-, klein- und ostasiatischen Ländern zusätzlich durch hohe Abgaben, was wiederum dazu motivierte, neue Seewege und Kontinente zu entdecken. Jedenfalls markierten die Landungen von 1492 und 1498 in Amerika und Indien den Anfang der Neuzeit; jetzt begann die erste Aufteilung der Welt.

In Europa erheischte die spannungsgeladene Krise des mittelalterlichen Feudalismus zwingend neue Lösungen. Seit langem kam die Elite in Gesellschaft und Staat mit den überkommenen Moralvorstellungen und Bindungen an die Papstkirche nicht mehr aus und nicht mehr weiter. Je nach individuellem Temperament und Bedürfnis suchten die einen – auf Vermittlung durch geistliche Institutionen verzichtend – durch mystische Versenkung den direkten Zugang zu Gott, andere wiederum, die den theologischen Streit mit der ohnehin schon veräußerlichten Kirche vermeiden wollten, dachten und handelten einfach nach den Erfordernissen des sich verändernden Diesseits, ohne Rücksicht aufs Jenseits und auf überkommene Heilsvorstellungen. Das erforderte allerdings geistig-moralische Neuorientierungen, und eben diese suchten und fanden Gelehrte und Künstler in der Antike. So entstand und entwickelte sich die Re-Naissance, die Wiedergeburt eines bereits Dagewesenen, die trotz allem nicht epigonal war, sondern sich kreativ zeigte, gerichtet auf die realistische Erfassung der Natur und der Gesellschaft, auf die Entfaltung möglichst vieler Fähigkeiten des Menschen. Dennoch brach die Renaissance nicht mit dem Christentum, sondern fand besonders in überzeugenden künstlerischen Ausdrucksformen Eingang in kirchliche Institutionen, sogar in deren Zentralstätte, den Päpstlichen Hof des Kirchenstaates. Spätestens die Gegenreformation erkannte schließlich, dass der Geist des Renaissance-Humanismus das katholische Christentum zwar glanzvoll bereichert, aber auch innerlich ausgehöhlt und gegenüber der von Luther eingeleiteten und von Calvin weitergeführten Reformation geschwächt hatte.

Für die beiden uns interessierenden Hauptprobleme, die Geschichtsauffassung und das Menschenbild, ist die Renaissance besonders aufschlussreich, denn das Rad der Geschichte war durch die Orientierung auf die Antike erneut eingerastet, was die Neuaufnahme der alten Kreislauflehre begünstigte. Repräsentativ für die Vorstellung der Geschichte als der ewigen Wiederkehr des Immergleichen wurde Niccolò Machiavelli (1469–1527). Nach ihm gibt es einen quasi-naturgesetzlichen Kreislauf der Staatsformen, den Zyklus der Aufstiegs- und Niedergangsprozesse der Staaten, bei letztlicher Konstanz der menschlichen Natur. Tief pessimistisch schrieb er im *»Il Principe (Der Fürst)«:* »Von den Menschen lässt sich im Allgemeinen so viel sagen, dass sie undankbar, wankelmütig und heuchlerisch sind, voller Angst vor Gefahr, voll Gier nach Gewinn.«

Damit verabschiedete er die Idee der möglichen Vervollkommnung des Menschen, der ältere Renaissance-Denker, wie etwa Pico della Mirandola, noch angehangen hatten, wenngleich sie sie auf eine Elite beschränkten. Bei Machiavelli aber heißt es über die Natur der Menschen und ihr Verhältnis zu den Staaten in den *»Discorsi«:* Sie alle hatten »von jeher die gleichen Wünsche und die gleichen Launen«. Doch unter dem Eindruck erlebter Zeitgeschichte folgert er dann: »Es ist von der Natur den menschlichen Dingen nicht gestattet, stille zu stehen.« Zum Kreislauf der Geschichte gehört durchaus die Regeneration eines Staates, die eine möglichst bedeutsame historische Persönlichkeit erkennen und gestalten soll. Die rein politische Staatsumwälzung hat dabei bestehende gesellschaftliche Zustände zu bewahren und die Beziehungen zwischen den Klassen und Individuen so zu regeln, dass sie, so Machiavelli, nicht immer wieder destruktiv entarten können.

Diese für Italien konzipierte, gleichsam konservative Revolution hat nichts gemein mit den plebejischen Komponenten der frühbürgerlichen Revolutionsbewegungen in Deutschland. Einen progressiven Sinn sieht Machiavelli in der Geschichte nicht. So folgert Frank Deppe: »Weder akzeptiert er den christlichen Heils- und Erlösungsglauben, der stets die menschliche Geschichte … von der ›Schöpfung‹ bis zum ›Jüngsten Gericht‹ betrachtet; noch antizipiert er das spätere bürgerliche Fortschrittsdenken, das vom Gedanken der … Perfektionierung der Erkenntnis sowie der gesellschaftlichen Verhältnisse geleitet wird.«[4] Die Renaissance im Gesamten war ohnehin nicht vom »Hochgefühl eines Fortschrittsbewusstseins getragen«, wie Werner Krauss nachdrücklich befand. Und dennoch bereitete sie, facetten- und formenreich, wie sie war, und in Bild und Begriff immer wieder auf den Menschen bezogen, gedanklich die Aufklärung vor. Das tat auch Machiavelli, antiklerikal, nüchtern und offen in seinen staatstheoretischen Aussagen. Große Aufklärer wie Voltaire, aber auch Rousseau und Herder wussten, was sie ihm und der ganzen Renaissance zu verdanken hatten.

Einer der merkwürdigen Widersprüche in der Geschichte: Das rationale Erbe der Renaissance übertrug sich auf spätere Generationen der Aufklärer durch eine historische Bewegung, deren geistige Leitbilder theologisch geprägt waren. Es begann mit Luther, der dem Angriff auf die Papstkirche durch seine Schlüsselworte von der Gnade Gottes durch den Glauben statt guter Werke – etwa in Ablassbriefen – populäre Durchschlagskraft verlieh. Die Bewegung der unzufriedenen Massen, begleitet von einer quirlenden geistigen Vitalität, wirkte in verschiedenen Formen rasch über Deutschland hinaus. Die Reformation setzte sich fort und fest in der Schweiz, in Holland, in Schottland und in England und mutierte zu einer bürgerlichen Initialrevolution der Neuzeit. Europäisch, wie sie war, endete sie keineswegs mit der Niederlage des deutschen Bauernkrieges 1526 oder der Täuferbewegung in Münster 1535, sondern frühestens mit dem Sieg der Calvinschen Reformation in Genf 1536. Ohne Luther kein Calvin, ohne Calvin nicht jene Form des Protestantismus, die der heraufkommenden Bourgeoisie als religiöse Orientierung am besten diente – nicht allein im Geistig-Politischen, sondern auch bei der Entwicklung der unternehmerischen Impulse. Der Calvinismus forderte und förderte gewisse Charaktereigenschaften – so etwa den Antrieb zur Arbeit, zwanghaftes Pflichtgefühl, Sparsamkeit usw. –, die der kapitalistischen Produktionsform unverkennbar zugutekamen. Nun war der funktionstüchtige Mensch gefragt, nicht mehr der uomo universale der Renaissance, eher, wenn ich den Vergleich wagen darf, der uomo virtuoso im Sinne Machiavellis. Unversehens wird deutlich, wie – durch ein anderes Umfeld veranlasst – der Mensch am Menschen bildet und formt, wie sich eine

---

4 Frank Deppe, Niccolò Machiavelli – Zur Kritik der reinen Politik, Köln 1987, S. 306

Dialektik von Konstantem und Variablem in der Natur des Menschen auftun kann. Und dies vor allem in Zeiten des Umbruchs, der leidvollen Umgestaltungen in gesellschaftlichen und politischen Verhältnissen.

Frühbürgerliche Revolution und der aufkommende Verlags- und Manufakturkapitalismus, der sich im 16. Jahrhundert entfaltete, hatten vielfältige politische Auswirkungen: durch umfangreiche Abspaltungen von der Papstkirche – der zentralen und einigenden Institution im Abendland – war das Machtgefüge des Feudalismus schwer erschüttert, der politische Spielraum des sich international zur Bourgeoisie entwickelnden Bürgertums erweiterte sich; das Staatensystem in Europa wandelte sich in heftigen Konvulsionen.

Historische Markierungen des 17. Jahrhunderts sind nun einmal die Jahre 1648/49, als sich im zerrütteten Deutschland das Territorialfürstentum etablierte, in Frankreich sich aber die staatliche Einheit als Voraussetzung seiner Vormachtstellung festigte, in England die »great rebellion« mit der Hinrichtung des Königs siegte; zum anderen aber sind die Jahre 1685–1688 bemerkenswert, in denen sich mit der weiteren Hugenottenverfolgung die ersten Krisenzeichen des französischen Absolutismus zeigten und die glorius revolution den Aufstieg Englands bewirkte.

Die unvermeidliche französisch-englische Rivalität bewegte sich im kommenden Jahrhundert auf drei Ebenen, der des staatlich-dynastischen Machtkampfes, der der ökonomischen Entwicklung und der der geistigen Auseinandersetzung mit sozialen, politischen und humanen Problemen. Der französische Absolutismus erlitt im Jahre 1763, nach dem Ende des Siebenjährigen Krieges, seine entscheidende Niederlage, als England in Nordamerika über Frankreich siegte. Das war auch ökonomisch ein bemerkenswerter Zeitpunkt, denn von da an entwickelte sich unaufhaltsam jene industrielle Revolution, die das Inselreich zur Musternation der modernen Industrie machte.

Die französische Aufklärung aber gelangte zu einer geistigen Vormacht, deren Ausgangspunkt fast penibel genau auf das Jahr 1687 zu datieren ist, als die Huldigung der Académie française für das »Siècle de Louis le Grand« den jahrzehntelangen Streit der »Altertumsfreunde mit den Anhängern der Moderne« (Querelle des anciens et des modernes) auslöste. Den provozierenden Vortrag hielt Charles Perrault, der mit Emphase die These vom kulturellen Fortschritt seit der Antike bis zur Gegenwart vertrat. Damit ging er über Grundansichten der Renaissance hinaus, vor allem stellte er die zyklische Geschichtsauffassung infrage und variierte sie in dem Sinne, dass der Gipfelpunkt eines jeden Zyklus höher läge als der des vorhergehenden.

Ein Jahr später, 1688, formulierte Fontenelle eine Art Gesetz, wonach die Geschichte der Menschheit nicht von einer ewigen Kreisbewegung, sondern von einem irreversiblen Fortschritt bestimmt sei. Damit vertrat er jedoch keinen platten Fortschrittsautomatismus. Trotz allen Wissens würden Barbarei und Wildheit in die Gegenwart hineinreichen und den Fortschritt bedrohen. Letztlich aber werden kein Volk und keine ethnische Einheit davon ausgeschlossen bleiben. Mit solchen und ähnlichen Vorstellungen begann die Hauptlinie des bürgerlichen Fortschrittsdenkens in der französischen Aufklärung.

War Fontenelle der bedachtsam reflektierende Akademiker, so erwuchs im 1694 geborenen Voltaire der sensible, vielseitige und angriffslustige écrivain, der einflussreiche Aufklärer Frankreichs. Bei der Beurteilung des Fortschritts erfüllte ihn trotz immer wieder aufkommender Skepsis historischer Optimismus, in den er zukünftige Entwicklungen einschloss. Typischem Aufklärertum gemäß: der Appell an die menschliche Vernunft, die sich, durch Erfahrungen gewitzt, allmählich animalischer Residuen entäußern sollte. Die Menschheit müsse noch lernen, sich der Vernunft zu bedienen. Da es in der Vergangenheit noch nicht gelungen sei, habe es auch in England etwas gekostet, die Freiheit zu begründen. So wörtlich Voltaire: »Es sind Ströme von Blut geflossen, worin der Götze des Despotismus ersäuft worden ist. Aber die Engländer glauben, ihre Freiheit nicht zu teuer erkauft zu haben.«[5]

Voltaire, keineswegs ein Atheist, lehnte die christlich-klerikale Auffassung ab, die dem Menschen nur eine passive Rolle zubilligte auf jenem von der Erbsünde belasteten Leidensweg bis zum Jüngsten Gericht. Nicht Fremd- sondern Eigenbestimmung erwartete er, die Fähigkeit, Barbarei und Feudalismus zu überwinden, mehr noch: Der Sinn der Geschichte erfülle sich im Prozess der Menschwerdung, darum sei keine Erlösung durch ein Mysterium, sondern die des Menschen durch den Menschen geboten.

---

5 Zitiert nach: Wilhelm Girnus, Francois Marie Arouet De Voltaire, Berlin Leipzig 1947, S. 22

Voltaire gilt als der erste Schriftsteller der Weltliteratur, der mit der These von der Überlegenheit eines einzelnen Volkes oder einer Rasse bricht und den Zivilisationsdünkel des Abendlandes bekämpft. Als ob er die geographische Entdeckung der Welt durch die Sicht auf deren Bewohner ergänzen wolle, bezog er in seine historischen Betrachtungen die vor- und nichtchristlichen Völker ein, die Chinesen vor allem, ebenso die Inder und die Araber. Die Einheit des Menschengeschlechts wurde für ihn zum Axiom.

Elf Jahre vor Ausbruch der Großen Revolution der Franzosen kam der bislang verstoßene Philosoph nach Paris, das ihn triumphal empfing. Alle huldigten ihm: die Akademie, das Theater und die Menge auf der Straße. Liest man die Schilderungen aus jenen Tagen, dann weiß man nicht, was bewunderungswürdiger ist: der gefeierte Schriftsteller oder das begeisterungsfähige Volk. Hier pulsierte die Aufklärung im Aufbruch einer Nation, während die Renaissance ein Durchbrechen alter Schranken gewesen war, das große Werk einer Elite.

Von Frankreich her kam die Aufklärung nach Deutschland, wo sie nach Hegels Überzeugung noch vor der Großen Revolution in Immanuel Kant einen Höhepunkt erreichte. Es war im Jahre 1784, als Kant seine berühmte wie berührende Definition veröffentlichte: »Aufklärung ist der Ausgang des Menschen aus seiner selbstverschuldeten Unmündigkeit. Unmündigkeit ist das Unvermögen, sich seines Verstandes ohne Leitung eines andern zu bedienen.«

Sichtlich laufen Kants Thesen auf Hegels apodiktischen Satz aus seinen Vorlesungen zur Philosophie der Geschichte hin: »Der Mensch ist nicht frei, wenn er nicht denkt.«[6] Die aufklärerische Emphase tönte länder- und zeitenumspannend im Loblied auf den Vernunftgebrauch.

Noch vor der Revolution, im Jahre 1784, definierte Kant im Aufsatz »*Idee zu einer allgemeinen Geschichte in weltbürgerlicher Absicht*« die »Geschichte der Menschengattung« als eine im Fortschritt des Vernunftgebrauchs, den er schritt- und stufenweise kommen sah. Bemerkenswert bei ihm ist, dass er seinen historischen Optimismus nach den blutigen Schrecken der Großen Revolution nicht aufgab. Rückschläge und politische Katastrophen hatte er in seinem System mitgedacht.

---

6 Zitiert nach: Horst Althaus, Hegel und Die heroischen Jahre der Philosophie. Eine Biographie, München Wien 1992, S. 398

Den Keim der Aufklärung sah er dennoch immer wieder sprießen, sowohl in der menschlichen Selbstverwirklichung wie auch in einer im Vereintsein der Völker.

Hegel wusste diese »große und erhabene Seite« der Kantschen Philosophie enthusiastisch zu rühmen und zeigte sich beeindruckt von der moralischen Energie, mit der die französischen Denker und Schriftsteller Kirchen- und Autoritätsgläubigkeit kritisiert hatten, damit den sozialen Umbruch geistig vorbereitend. Als Jüngling hatte er mit seinen Freunden Schelling und Hölderlin schwärmerisch auf den »herrlichen Sonnenuntergang« getrunken, und noch als preußischer Staatsphilosoph in der Restaurationszeit bekannte er vor seinen Studenten: »Alle denkenden Wesen haben diese Epoche mitgefeiert.«[7] Der Gedanke an die Menschenrechte als die natürlichen riss alle mit.

---

7 Ebenda S. 395

In der ZEIT vom 26. 11. 1993 findet sich folgende Kolumne von Ernst Engelberg:

Ich lese gerade *»Hegel und Die heroischen Jahre der Philosophie«*. Schon in meiner Studentenzeit bewegte mich Hegel; selbst ein Brief aus dem Zuchthaus im Jahre 1934 enthält die Bitte, mir Hegels *»Logik«* zu schicken. Immer wieder zog mich dieser Denker an.

So näherte ich mich denn mit Spannung der Biographie von Horst Althaus. Würde sie mir noch Neues vermitteln können? Freudig überrascht, war ich wiederum gefesselt von der »Anstrengung des Begriffs«, die Hegel dem Leser abverlangt, wie auch von der luziden Darstellung seines Biographen. Noch nirgendwo fand ich den Menschen Hegel in seinen Widersprüchen derart eindringlich geschildert. Dieses Buch tritt ohne vordergründiges Aktualisieren den subjektivistischen Gegenwartsströmungen entgegen; es beleuchtet subtil die Konflikte, mit denen der Zeitgenosse des französischen Revolutionsgeschehens konfrontiert war.

Die Freiheit selbst, so Hegel, ist noch »unbestimmt«, ein »unendlich vieldeutiges Wort«, das viele »Verwirrungen und Irrtümer mit sich führt«. Was aber Freiheit sei, kläre sich durch die Geschichte. Zumindest dürfe die Organisierung der Freiheit durch den Liberalismus nicht mit der Freiheit selbst verwechselt werden. Und im übrigen sei »der Mensch nicht frei, wenn er nicht denkt«. Seit dem Christentum hätte Freiheit für alle Menschen aufgeleuchtet, »als das Prinzip, das der Weltgeschichte in ihrem weiteren Fortschreiten den Sinn gibt«.

Erneut fesselte mich das Problem der Dialektik, die jetzt geradezu als suspekt gilt. Dabei sind wir heute besonders beherrscht von den vielfältigen Widersprüchen, die in den Erscheinungen der Welt aufbrechen. Hegels Methodik liefert zu annähernder Erkenntnis ihrer Zusammenhänge ein fruchtbares Instrumentarium, weit entfernt von den effektheischenden modischen Pseudotheorien. Umso mehr war ich davon angetan, bei Horst Althaus disziplinierte Forschungsarbeit und geistige Unbefangenheit zu finden; es wirkte auf mich ermutigend.

Neben dem Preisen der Vernunft, die sich sogar unabhängig vom Wissen und Wollen der handelnden Menschen durchsetzen würde, wie man im Höhenrausch glaubte, war es bei Hegel die stufenweise Entwicklung der Freiheit, eines »Destillats« der Vernunft, die er, obgleich sie Verirrungen bringen könnte, realisiert sehen wollte. Trotz aller Bedenken blieb sein historischer Optimismus, der in seinem berühmt gewordenen Satz gipfelte: »Die Weltgeschichte ist der Fortschritt, den wir in seiner Notwendigkeit zu erkennen haben.« Die bei Hegel besonders hervorgehobene »Freiheit« als »Endzweck« der Geschichte musste schließlich ein erneutes Fragen nach dem Verhältnis des Einzelnen zum Ganzen, des Individuums zur Gesellschaft und der Gesellschaft zum Staat herausfordern. Schon Hegel sah Staat, Gesellschaft und Individuum in Wechselwirkungen und ging damit gedanklich weit über die Reflexionen seiner Vorgänger hinaus, nicht ahnend, dass er so den geistigen Boden für die Herausbildung eines dialektischen Materialismus bereiten würde.

Angesichts der industriellen Revolution, die sich von England aus in den west- und mitteleuropäischen Ländern mit allen damit verbundenen Interessenkonflikten verbreitete, genügte es für viele nicht mehr, sich auf den Höhen abstrakter Vernunftgläubigkeit und allgemeinmenschlicher Sittlichkeit zu bewegen. Selbst der idealistisch beflügelte Friedrich Schiller mahnte in einem Epigramm bereits 1797:

»Würde des Menschen. Nichts mehr davon, ich bitt euch.
Zu essen gebt ihm, zu wohnen;
Habt ihr die Blöße bedeckt, gibt sich die Würde von selbst.«

Europaweite Kriege, schwindelhafte Spekulationen und frühkapitalistische Ausbeutungspraktiken in der Napoleonzeit und Restauration riefen Kritiker wie Fourier, Saint-Simon und andere auf den Plan, deren reformerische Visionen ebenso utopisch waren wie alle Träume von Mustergesellschaften der Zukunft. Sie bleiben Patriarchen des Sozialismus, deren ethische Impulse weiterwirkten, aber in einem fortgeschrittenen Stadium der gesellschaftlichen Entwicklung nicht mehr genügten.

Nach der französischen Julirevolution von 1830 und dem Tod von Hegel und Goethe war Deutschland auf dem Wege zum Vormärz, der neue geistige und politische Konstellationen brachte, so die Differenzierung unter den Hegelianern und die Abspaltung der Demokraten von den Liberalen. Dann traten diskussionsfreudige und belesene Handwerksgesellen hervor, deren bedeutendster der Schneider Wilhelm Weitling war. In den vierziger Jahren trafen sie sich mit radikalen Denkern aus dem Bürgertum wie Karl Marx und Friedrich Engels. Wünschten die einen geistige Klärung hinsichtlich ihrer Gegenwartssituation und ihrer gesellschaftlichen Zukunftsperspektive, so suchten die andern, die die Welt nicht allein interpretieren, sondern auch verändern wollten, nach jenen sozialen Kräften, die daran interessiert waren. Damals erweiterte Friedrich Engels seinen praktischen Erfahrungshorizont durch seine Studie *»Die Lage der arbeitenden Klasse in England«*. Weil sich Marx und Engels aus der junghegelianischen Sphäre der rein philosophischen Kritik gelöst hatten und sich bewusst der profanen Welt und den plebejischen Massen zuwandten, entfremdeten sie sich schließlich dem abstrakten Humanismus Feuerbachs, der sie wegen seiner Kritik des Hegelschen Idealismus und der der Religion zunächst begeistert hatte. Die Idee von der Befreiung des Menschen nahm konkretere Formen an.

In der für sie schon beginnenden politischen Kampfsituation scherten sich Marx und Engels nicht um die ihnen viel zu abstrakt dünkende traditionelle Frage, ob der Mensch seiner Natur nach gut oder böse geartet sei, zumal ihnen weder der überschäumende Optimismus eines Fourier noch der abgrundtiefe Pessimismus eines Machiavelli lagen. Nicht die »Konstitution«, wie sie sich später ausdrückten, also die biologisch-psychologischen Merkmale, stand für sie im Vordergrund des Interesses, sondern der Mensch als gesellschaftliches Phänomen in seiner historisch-konkreten Periode, und zwar gerade wegen ihrer Sorge um die leidvollen Deformationen, denen die Individuen unter den gegebenen sozialen und politischen Bedingungen ausgesetzt waren. Unter diesem Blickpunkt erfasste Marx in seinen kritischen Thesen über Feuerbach vom Frühjahr 1845 das »menschliche Wesen« als »das Ensemble der gesellschaftlichen Verhältnisse«.

Das stand keineswegs im Widerspruch zu ihrem Erfülltsein von den humanistischen Idealen, die die bisherige Geschichte überliefert hatte, ganz im Gegenteil, ging es ihnen doch um die gesellschaftlichen Möglichkeiten ihrer Realisierung.

Bevor jedoch dieses Ziel erreicht werden könnte, das keineswegs ein Ende der Geschichte bedeutete, muss die Menschheit das Fegefeuer der letzten Klassenkämpfe in der letzten antagonistischen Gesellschaft, der des Kapitalismus, ertragen und bestehen. Die Klassen brauchten in den vierziger Jahren des 19. Jahrhunderts wahrlich nicht mehr entdeckt zu werden; deren Existenz wie die freundlichen und feindlichen Beziehungen untereinander und gegenüber dem jeweiligen Staat wie der Staaten mit- und gegeneinander hatten liberale Historiker bereits in der französischen Restaurationszeit eindringlich beschrieben. Neu blieb die Aufgabe, den Zusammenhang der Klassenteilung mit der Produktion, mit der Ausbeutung der Ware Arbeitskraft, dem Austausch und der Verteilung der Produkte in den verschiedenen Gesellschaftsformationen aufzuzeigen und zu erklären.

Die Sicht der Geschichte seit dem Ausgang der Urgesellschaft als einer Geschichte von Klassenkämpfen und der Aufhebung der Klassen und ihrer Gegensätze nach der prognostizierten Überwindung der bürgerlichen Gesellschaft ist die Quintessenz des »*Kommunistischen Manifestes*«. Dieses ebenso welthistorische wie weltliterarische Dokument endet in seinem Hauptteil mit dem vielzitierten Satz von der künftigen Assoziation, worin die freie Entwicklung eines jeden die Bedingung für die Entwicklung aller ist.

Dieser Satz mag zu viel zitiert worden sein, sicherlich aber wird er zu wenig analysiert. Als Schlussakkord bedeutet er, dass die vorher dargelegten Klassenkämpfe nicht Selbstzweck, sondern Mittel zum Zweck sind, nämlich der Herbeiführung einer grundsätzlich neuen Phase der Selbstverwirklichung des Menschen. Der historischen Erklärung folgt hier die humanistische Sinngebung. Als Zukunftsvision erhält das Individuum in seinem dialektischen Verhältnis zur Gesellschaft den Vorrang.

Zweifellos bildete sich nach der Oktoberrevolution zunehmend ein gestörtes Verhältnis zwischen Individuum und Gesellschaft heraus, was sich in den unseligen Schauprozessen der dreißiger Jahre in überaus schmerzlicher Weise offenbarte. Das Individuum mutierte zum Opferlamm, wobei gerade hingebungsvolle Charaktereigenschaften schamlos und zynisch missbraucht wurden. Wie bedroht die Lage der Sowjetunion auch gewesen sein mochte, kein Zweck kann die angewandten Mittel rechtfertigen. Und dennoch dürfen wir weder bei der Anklage stehenbleiben noch in einen zweifelnden oder gar verzweiflungsvollen Pessimismus verfallen.

Was uns bleibt, ist die Besinnung auf die ursprünglichen Konzeptionen und Ziele, deren Botschaft ebenso wenig eingelöst ist, wie sich die kapitalistischen Verhältnisse grundsätzlich geändert haben. Weltpolitisch gesehen, sind die Gefahren sogar noch gewachsen. Und im Übrigen: wo der Einzelne nicht mehr gefragt ist, verarmt das Ganze.

Weder verfügt der Einzelne über seine Menschenrechte, noch ist er zur Selbstverwirklichung in der Lage. Wie sollte er das auch – trotz stolz gerühmter Hightech auf immer höher erklommener Stufenleiter bereits Knecht dessen geworden, was er geschaffen hat und weiter schafft. Selbstentfremdung in der Arbeit, deformierende soziale Beunruhigungen, Jagd nach irgendeinem Job, nicht die Erfüllung in einem Beruf, alles beherrschend das Geld; da ist doch die Entfaltung vieler Gaben und Fähigkeiten überhaupt nicht möglich, jener Reichtum der Beziehungen zur Welt, den Marx als ein Kriterium des Menschseins ansah; er gehört zum Sinn der Geschichte.

Was aber soll angesichts dieser Situation das ständige Betonen, die Aufklärung wäre ja gescheitert. Das hilft uns ebenso wenig weiter wie das Wehklagen, der Mensch neige nun einmal zur Gewalt. Vor Illusionen möge uns ein durch Erfahrungen geschärfter kritischer Blick bewahren, aber das Anliegen der Aufklärung kann doch nicht einfach aufgegeben werden, wenn anders man die Menschen nicht entkräftender Resignation und mutlosem Pessimismus überlassen will. Es mag einem heute wohl mitunter scheinen, als gehe die Menschheit durch eine Periode weltgeschichtlichen Fegefeuers. Sicherlich wird da vieles kaum zu verhindern sein. Aber man kann schlimme Prozesse abkürzen, wenn man jener resignierenden Kreislauftheorie eines bedrückenden und oft sogar verzweiflungsvollen Skeptizismus nicht das Feld überlässt. Offen gestanden, ich habe sie nie gemocht, die da nichts gewagt, aber immer schon weise gewusst haben, dass eben doch alles schiefgehen werde. Da halte ich es schon eher mit Mephisto, der dem Faust zuruft: »Es lebe, wer sich tapfer hält!«[8]

Und wenn sich die Menschen aus existentieller Gefährdung retten wollen, kann es nicht ohne besonnenen, kraftvollen und beherzten Rückgriff auf Traditionen der Aufklärung sein, da muss eben doch der

8 Johann Wolfgang Goethe, Faust I, Szene Wald und Hohle; dramatischer Wendepunkt des Stückes

Aufbruch der Menschheit aus selbst verschuldeter Unmündigkeit gewagt werden.

Achim Engelberg

Wie ist dieses Buch erarbeitet worden?

Es ist schon ungewöhnlich, dass Ernst Engelberg ein sechs Mal politisch verschieden strukturiertes Deutschland erlebte: da war das Kaiserreich, die Weimarer Republik, die Nazi-Diktatur, die DDR, die BRD und das neuvereinte Deutschland. Dazu kamen die Exilländer: die Schweiz und die Türkei. Natürlich wirkte sich das auf die Publikationen aus.

Bemerkenswert erscheint ebenso, dass der Bismarck-Biograph vom Elternhause her wegen des Sozialistengesetzes sogar kritisch gegenüber Bismarck erzogen wurde. Einmal meinte er dazu: »Meine erste intensive Beschäftigung mit Bismarck begann als Student im Forschungsseminar von Gustav Mayer an der Berliner Universität. Aus dem Referat von damals über die ›Deutsche Sozialdemokratie und die Bismarcksche Sozialpolitik‹ erwuchs meine Dissertation. Ihre Veröffentlichung erwies sich als unmöglich, nachdem ich vier Tage nach der offiziellen Mitteilung, ich hätte die Promotionsprüfung bestanden (Doktorandenbuch Nr. 74), von der Gestapo am 28. Februar 1934 verhaftet worden war. Später wurden meine Bemühungen, in der Schweizer Emigration die Arbeit zu publizieren, unter anderm von dem Züricher Verleger Emil Oprecht mit der Bemerkung zurückgewiesen: ›Wer interessiert sich heute schon für die deutsche Sozialdemokratie?‹ Dabei war der Verleger Oprecht der Bruder des

Vorsitzenden der Schweizer Sozialdemokratie. Erst Ende der 50er Jahre habe ich vieles aus der Dissertation in meine Schrift ›Revolutionäre Politik und Rote Feldpost‹ einbringen können.«[1]

Diese 1959 erschienene Monographie ist das erste eigene Buch Ernst Engelbergs. Während er eine relativ regelmäßige Publikationsliste als Artikel- und Aufsatzschreiber hat, in seiner Zeit als Hochschullehrer und Akademiedirektor zahlreiche Bücher herausgab, gelangte er als Buchautor in Vierteljahrhundertschritten zu seinem Lebenswerk.

Mit 25 Jahren – 1934 – schloss er mit seiner Dissertation ein Buchmanuskript ab, aber erst mit 50 Jahren konnte er ein eigenes Buch in den Händen halten. Im gleichen Jahr, 1959, erschien auch ein Hochschullehrbuch, ein zweites folgte 1965, eine Aufsatzsammlung 1980, aber erst mit 75 Jahren übergab er jenes Manuskript an den Siedler Verlag, das ihn ein Jahr später weit über die Fachkreise hinaus bekannt machte: den ersten Band seiner Bismarck-Biographie, 1990 folgte ein zweiten Teil.

Erst zu seinem 100. Geburtstag im Jahre 2009 erschien ein weiteres Buch; es war das erste, das ich aus seinem Nachlass[2]*, der damals noch ein Vorlass war, herausgab. Aus verstreuten Artikeln und unveröffentlichten Manuskripten entstand »Die Deutschen. Woher wir kommen«, dem folgte »Die Bismarcks – Eine preußische Familiensaga vom Mittelalter bis heute«, an dem ich als Co-Autor mitschrieb, und nun setze ich diese Arbeit mit dem vorliegenden Buch fort.*

In verschiedenen Formen liegt Theoretisches von Ernst Engelberg vor:

1. *Publizierte Aufsätze und Vorträge*
2. *Unveröffentlichte Aufsätze und Vorträge*
3. *Manuskripte in teilweise mehreren Fassungen*
4. *Materialmappen mit Manuskripten und Artikeln anderer Autoren, Exzerpte und Abschriften, Briefe und Fragmente.*

Bei der Sichtung und Einordnung des Materials ergaben sich die Fragen, die das vorliegende Buch strukturieren. Dabei bemerkte ich, um seinen Wunsch wissend, diese Konvolute zu einem Theorieband zu verdichten,

---

1 Forschungs- und Darstellungsprobleme einer historischen Biographie. Dem Wirken Ernst Engelbergs gewidmet, Sitzungsberichte der Akademie der Wissenschaften der DDR Nr. 16/G, Berlin 1985, S. 9

2 Nachlass 462 (Ernst Engelberg) in der Staatsbibliothek zu Berlin / Preußischer Kulturbesitz

dass diese Arbeit reizvoll sein könnte nicht wegen irgendeiner Sohnespflicht, sondern weil eine marxistische Denkrichtung dadurch dokumentiert und wieder nutzbar gemacht werden könnte.

Dass diese ihren Einfluss nach 1989 dramatisch verlor, hat nicht nur mit veränderten politischen Verhältnissen zu tun, sondern auch mit ihrer vorherigen Abschottung in den Katakomben der Akademie der Wissenschaften der DDR. Hier litt der ursprünglich kräftige Stil Ernst Engelbergs. Nicht wenige Passagen seines 1980 erschienenen Bandes »Theorie, Empirie und Methode in der Geschichtswissenschaft« lesen sich nicht einfach. Gleichwohl bleibt er gehaltvoll.

Das Damaskus-Erlebnis hatte Ernst Engelberg durch seinen Verleger Wolf Jobst Siedler. Am 26. Mai 1983 schrieb dieser ihm von Westberlin einen Brief in den Osten, in dem es hieß: »Das Vokabular, mittels dessen Sie argumentieren, die Terminologie, in der Sie sich bewegen, lässt Sie viel enger erscheinen als Sie in Wirklichkeit sind und denken; mitunter scheinen Sie ganz unvermittelt aus dem freien Argumentieren unabhängiger Gesichtspunkte und überraschender Fragestellungen in vorentschiedene Kategorien zu schlüpfen. Damit meine ich nicht nur manche polemischen, ja rhetorischen Einschiebungen, die wie Fremdkörper wirken, als wenn Sie sich gewohnheitsmäßig einer leidigen Pflicht unterziehen.

Es sind nicht Ihre marxistischen Fragestellungen und Schlussfolgerungen, von denen ich mir eine Hinderung der Wirkung Ihres Buches bei der wissenschaftlichen Kritik im Westen erwarte; es ist der sozusagen verbrauchte Jargon, der sofort Reserve, Kritik, Ablehnung provozieren kann. Lassen Sie mich einige Beispiele für sprachliche Wendungen geben, die auch bei wohlwollenden Kritikern auf Verunsicherung stoßen dürften und der Wirkung Ihres Buches sicherlich im Wege stehen würden. Ihre Arbeit ist so stark und hat so sehr ihre eigene Vernunft, dass Sie auf eine Terminologie verzichten können, ohne die ja auch Linksliberale wie Furet und Marxisten wie Soboul auskommen. Lesen Sie also bitte meine Randnotizen in diesem Licht noch einmal genau und Sie werden sehen, dass ich nie Ihrer Position widerspreche, sondern einzig und allein einem Vokabular, das mir aus dem Stil Ihres Buches und seinem Niveau herauszufallen scheint.

Weshalb die hämischen Seitenbemerkungen (›die übelsten Reaktionäre‹), die ironischen Epitheka (›alles nur Mitleidsgetue‹ statt wenigstens ›Mitleidsgesten‹), die polemischen Hiebe (›der verbohrteste Reaktionär‹, ›die finstersten Junker‹, ›konterrevolutionäre Verbohrtheit‹)? Ist es notwendig, gegen die Geschichte zu polemisieren?

Das Wort ›Reaktionär‹ kommt mehr als siebzig Mal vor, das Wort – und zwar in polemischem Zusammenhang – »Junkerwelt« einhundertfünfzig Mal; auch wenn ich nicht grundsätzlich Bedenken hätte, an der Wende des siebzehnten zum achtzehnten Jahrhundert statt von ›Ständen‹ immer nur von ›Kasten‹ und ›Klassen‹ zu sprechen, würde mich diese Häufung (auf mancher Seite sechs oder acht Mal) irritieren. Und so wird es selbst meinen Freunden von der linken westdeutschen Historikerzunft gehen, den Wehlers oder Rürups oder Kockas. Geben Sie keine Ihrer Positionen auf, aber verzichten Sie wie fast alle marxistischen Historiker Frankreichs oder Italiens auf die abgestandene polemische Terminologie, die durch jahrzehntelangen Missbrauch von drittklassigen Vulgärhistorikern verbraucht worden ist.

Ist die neue rheinische Fabrikantenwelt um 1830 wirklich schon die ›kapitalistische bourgeoise Kaste‹? Steht sie nicht in vieler Hinsicht für modernere, sozusagen vorgeschrittene Positionen? Genügt nicht die Wendung vom ›neuen Fabrikantentum, das in Richtung Industriewelt drängt‹? Und in welchem Verhältnis das zum aufkommenden Kapitalismus steht, weiß ja ohnehin jeder. Schon die Sprache Ihres Buches muss frei sein; sonderbarer Weise wirken ja selbst Entlarvung, Demaskierung, Bloßstellung stärker, wenn sie ganz aus der Analyse und Interpretation der Sache und nicht aus Begriffsschemata kommen, die mehr einer abgelebten Wissenschaftstradition als unvoreingenommener, meinetwegen gern marxistischer Befragung des Gewesenen herrühren.

Um es auf eine Formel zu bringen: Ihre – unsere – Bismarck-Biographie hat alle Chancen, in der Weite des Materials, der kühlen Sachlichkeit des Blicks, der unverstellten Aufdeckung verborgener Interessen weit über Gall und Eyck hinauszugehen, wenn die Diktion nicht auf instinktive Reserve und Ablehnung stößt.«

Das traf ins Schwarze: diese genaue Lektüre, die präzisen Zahlen, noch ohne Computer. Und Ernst Engelberg hatte mit über 70 Jahren die Souveränität und Kraft, sich zu korrigieren, er war bereit, sich von der starr gewordenen DDR-Geschichtswissenschaft so weit zu lösen, dass er in breiten Kreisen wirken konnte, ohne Erkenntnisse und Erfahrungen seiner wissenschaftlichen Arbeit und der von Kollegen zu verwerfen. Sagen wir es so, wie es Ernst Engelberg beabsichtigte: Er wollte seine Arbeit als ein führender DDR-Historiker im Hegelschen Sinne aufheben.[3]

---

3 In diesem Bemühen war er nicht allein, sein Altersgenosse und Universitätskollege

In diesem Sinne verfasste er fortan seine Texte. Welcher Stil ihm für den Theorieband vorschwebte, erkennt man deutlich im Aufsatz über den Sinn der Geschichte, den es in verschiedenen, nur geringfügig variierenden Fassungen gibt.[4] *Er war das Muster bei der Bearbeitung des nach unterschiedlichen Fragestellungen geordnetem Nachlasses. Ich versuchte, die Architektur der Geschichtsbetrachtung freizulegen, indem ich Wiederholungen stark reduzierte und viele Texte vom Akademismus trockener Debatten befreite.*

Etliche Wiederholungen aber beließ ich aus zwei Gründen: sie zeigen sein spiralförmiges Denken, den Gegenstand umkreisend und zugleich tiefer vorstoßend, und sie ermöglichen dem Leser, die einzelnen mit Fragen bezeichneten Kapitel nicht nur nacheinander zu lesen, sondern ganz nach Belieben.

Mit anderen Worten: den Strom pulsierenden Lebens, der durch das Werk Ernst Engelbergs fließt, aber gerade in seinen Arbeiten vor seinem Schicksalsjahr 1983 arg gebremst und durch die Dogmatik von Phrasen verengt war, versuchte ich freizulegen.

Enden möchte ich mit einer den Autor charakterisierenden Aussage aus einem seiner Texte vor 1983. Trotz seines lebenslangen Interesses an der theoretischen Durchdringung der Geschichte blieb er der Überzeugung treu, mit der er immer wieder Leser jenseits seines Faches erreichte: »Das Nur-Wissenschaftlertum schränkt ebenso den wissenschaftlichen Erkenntnisbereich ein, wie ein untheoretischer Praktizismus die schöpferische Bewältigung der Aufgaben hemmt. Reiner Intellektualismus wird der Würde und Größe der Geschichtswissenschaft nicht gerecht. Zum Beziehungsreichtum von Denken und Handeln gehört das dialektische Wechselverhältnis von Vernunft und Gefühl. Ohne Hass und Liebe wird das krönende Werk des Historikers, die Geschichtsschreibung, blass in Inhalt und Form.«[5]

---

in den 1950er Jahren Walter Markov sei hier genannt, aber auch – um nur wenige Namen zu nennen – Manfred Kossok etwa in seinem 1989 erschienenen »In Tyrannos – Revolutionen der Weltgeschichte«.

4 In »Die Deutschen. Woher wir kommen«, hrsg. von A. Engelberg, findet man eine minimal andere Variante (S. 326–339).

5 Ernst Engelberg, Theorie, Empirie und Methode in der Geschichtswissenschaft, hrsg. von W. Küttler und G. Seeber, Berlin 1980, S. 33. Der Text ist eine überarbeitete Fassung von *»Über Gegenstand und Ziel der Geschichtswissenschaft«*, in: Zeitschrift für Geschichtswissenschaft 9 (1968), S. 1117–1145

Für die Durchsicht des Manuskripts gilt mein Dank Dr. Karl-Heinz Noack, der seit 1965 an der Seite von Ernst Engelberg tätig war, und meiner Mutter Dr. Waltraut Engelberg, die seit 1959 an allen Texten meines Vaters mitarbeitete und der er die beiden Bande seiner Bismarck-Biographie widmete.

Theoretische Schriften von Ernst Engelberg (Auswahl)[1]

- Liberale und antiliberale Geschichtsschreibung, Genf 1937[2]
- Über das Problem des deutschen Militarismus
  in: Zeitschrift für Geschichtswissenschaft, 6 (1956), S. 1113–1145[3]
- Politik und Geschichtsschreibung. Die historische Stellung und Aufgabe der Geschichtswissenschaft der DDR
  in: Zeitschrift für Geschichtswissenschaft, 6 (1958), S. 468–495
- Zum Methodenstreit um Karl Lamprecht
  in: Karl-Marx-Universität 1409 bis 1959. Beiträge zur Universitätsgeschichte, Leipzig 1959, Bd. 2, S. 23–38
  durchgesehene Fassung in: Studien über die deutsche Geschichtswissenschaft, Bd. 2, hrsg. von J. Streisand, Berlin 1965, S. 136–152
- Fragen der Evolution und Revolution in der Weltgeschichte
  in: Zeitschrift für Geschichtswissenschaft, 13 (1965) Sonderheft: Evolution und Revolution in der Weltgeschichte, S. 9–18
- Deutsche Historiographie der 70er-90er Jahre des 19. Jahrhunderts
  Deutsche Historiographie zu Beginn des 20. Jahrhunderts
  in: Historiographie der Neuzeit der Länder Europas und Amerikas, Red.: I. S. Galkin, Moskau 1967, S. 303–316, S. 480–497 (russisch)

- Über Gegenstand und Ziel der marxistisch-leninistischen Geschichtswissenschaft
  in: Zeitschrift für Geschichtswissenschaft, 16 (1968), S. 1145–1147
- Gesellschaft, Klassen und Individuum im Denken von Karl Marx
  in: Spektrum, 14 (1968), S. 309–314
- Parteilichkeit und Objektivität in der Geschichtswissenschaft
  in: Zeitschrift für Geschichtswissenschaft, 17 (1969), S. 74–79
- Über Theorie und Methode in der Geschichtswissenschaft
  Zu methodologischen Prinzipien der Periodisierung
  in: Probleme der Geschichtsmethodologie, hrsg. von E. Engelberg, Berlin 1972, S. 11–31, S. 121–154
- Dasselbe, in: Probleme der marxistischen Geschichtswissenschaft, Beiträge zu ihrer Theorie und Methode, hrsg. von E. Engelberg, Köln 1972, S. 11–31, S. 121–154
- Dasselbe, Vorabdruck in: Zeitschrift für Geschichtswissenschaft, 19 (1971), S. 1347–1366, S. 1285–1305

1 Die Auswahl basiert auf dem von Karl-Heinz Noack zusammengestellten Schriftenverzeichnis Ernst Engelberg, in: Das lange 19. Jahrhundert. Personen – Ereignisse – Ideen – Umwälzungen, Ernst Engelberg zum 90. Geburtstag, hrsg. von W. Küttler, 1. Halbband, Berlin 1999, S. 309–320

2 Erstveröffentlichung in: M. Keßler (Hrsg.), Deutsche Historiker im Exil (1933–45), Ausgewählte Studien, Berlin 2005, S. 29–83
Der Herausgeber bemerkt zur Entstehung: »Geschrieben 1937. Ernst Engelberg war zu dieser Zeit am Internationalen Hochschulinstitut des Völkerbundes sowie am Institut für Sozialforschung tätig, dessen Direktor Max Horkheimer Engelberg auch zu einem (ursprünglich fingierten) Lehrauftrag in Istanbul verhalf.«
Das Geleitwort – es ist der letzte Text Ernst Engelbergs – endet mit folgenden Worten über das Exil: »Alles hängt ab vom Grad der menschlichen Selbstverwirklichung, den man den Verhältnissen abringen kann, sofern Leben für einen bedeutet seine menschlichen Möglichkeiten realisieren zu können. Und so möchte ich denn wünschen, dass über der sorgfältigen Untersuchung des in ›finsteren Zeiten‹ Geschehenen nicht vergessen wird: Exil, das ist kein Status aus der Vergangenheit, es gibt auch heute noch ins Exil Gezwungene, ihre Zahl wächst sogar – schon wieder.«
Zu den Exilerfahrungen Ernst Engelbergs und vergleichbare Schicksale siehe auch: Achim Engelberg, Wer verloren hat, kämpfe, Berlin 2007
Als unveröffentlichtes Manuskript in Form der damals üblichen Schreibmaschinendurchschläge wirkte *»Liberale und antiliberale Geschichtsschreibung«* aber unter den Mitarbeitern von Ernst Engelberg.

3 Nachdruck in: Militarismus, hrsg. von V.R. Berghahn, Köln 1975, S. 236–266 (Neue Wissenschaftliche Bibliothek 83)

- Nochmals zur ersten bürgerlichen Revolution und weltgeschichtlichen Periodisierung
  in: Zeitschrift für Geschichtswissenschaft 20 (1972), S. 1285–1305
- Probleme der gesetzmäßigen Abfolge der Gesellschaftsformationen. Betrachtungen zu einer Diskussion
  in: Zeitschrift für Geschichtswissenschaft, 22 (1974), S. 145–173
- Über die Revolution von oben. Wirklichkeit und Begriff
  in: Zeitschrift für Geschichtswissenschaft, 22 (1974), S. 1183–1212
- Ereignis, Struktur und Entwicklung in der Geschichte
  in: Zeitschrift für Geschichtswissenschaft 23 (1975), S. 613–635
- Zu methodologischen Prinzipien der Periodisierung
  in: Renaissance-Barock-Aufklärung, hrsg. von W. Bahner, Berlin 1976, S. 24–40
- Theorie und Praxis des Formationswechsel (1846 bis 1852)
  in: Formationstheorie und Geschichte. Studien zur Untersuchung von Gesellschaftsformationen im Werk von Marx, Engels und Lenin, hrsg. von E. Engelberg und W. Küttler, Berlin 1978, S. 91–153
- Die Einheit in der Vielfalt der Revolutionen 1789–1871
  in: Berlin 1979 (Sitzungsberichte der Akademie der Wissenschaften der DDR, Jg. 1979, 14G)
- Immer noch Meinungsverschiedenheiten über die Epoche der sozialen Revolution von 1789–1871
  in: Zeitschrift für Geschichtswissenschaft 33 (1985), S. 728–736
- Die Evolution in der Geschichte macht früher oder später eine Revolution notwendig, 1988
  in: Erben deutscher Geschichte. DDR-BRD: Protokolle einer historischen Begegnung, hrsg. von S. Miller und M. Ristau, Reinbek 1988, S. 100–108

Personenregister

Auf die vollständige Aufführung aller erwähnten Personen wurde verzichtet. So entfallen die Namen von Herausgebern der zitierten Bücher oder die Aufzählungen im Kapitel 8.